Mathematik   Einblicke in die Wissenschaft

Helmut Neunzert
Bernd Rosenberger

Oh Gott, Mathematik!?

In der populärwissenschaftlichen Sammlung

Einblicke in die Wissenschaft

mit den Schwerpunkten Mathematik – Naturwissenschaften – Technik werden in allgemeinverständlicher Form

- elementare Fragestellungen zu interessanten Problemen aufgegriffen,
- Themen aus der aktuellen Forschung behandelt,
- historische Zusammenhänge aufgehellt,
- Leben und Werk bedeutender Forscher und Erfinder vorgestellt.

Diese Reihe ermöglicht interessierten Laien einen einfachen Einstieg, bietet aber auch Fachleuten anregende, unterhaltsame und zugleich fundierte Einblicke in die Wissenschaft.

Jeder Band ist in sich abgeschlossen und leicht lesbar.

Helmut Neunzert/Bernd Rosenberger

Oh Gott, Mathematik!?

2., überarbeitete Auflage

 B. G. Teubner Stuttgart · Leipzig 1997

Prof. Dr. Helmut Neunzert
Prof. Dr. Bernd Rosenberger
Universität Kaiserslautern
67653 Kaiserslautern

M. C. Escher's "MOEBIUS STRIP II" (S. 190) und
"SUN AND MOON" (S. 212) © 1997 Cordon Art – Baarn – Holland.
All rights reserved.

Umschlagbild: „Johannes Kepler" mit freundlicher Genehmigung von Michael Mathias Prechtl.

Die restlichen Abbildungen stammen, sofern nicht anders angegeben, aus dem Archiv der Autoren.

Gedruckt auf chlorfrei gebleichtem Papier.

Die Deutsche Bibliothek – CIP-Einheitsaufnahme

Neunzert, Helmut:
Oh Gott, Mathematik!? / Helmut Neunzert/Bernd Rosenberger. -
2., überarb. Aufl. - Stuttgart ; Leipzig : Teubner, 1997
Früher u.d.T.: Neunzert, Helmut: Schlüssel zur Mathematik

ISBN-13:978-3-8154-2514-5   e-ISBN-13:978-3-322-81038-0
DOI: 10.1007/978-3-322-81038-0

Das Werk einschließlich aller seiner Teile ist urheberrechtlich geschützt. Jede Verwertung außerhalb der engen Grenzen des Urheberrechtsgesetzes ist ohne Zustimmung des Verlages unzulässig und strafbar. Das gilt besonders für Vervielfältigungen, Übersetzungen, Mikroverfilmungen und die Einspeicherung und Verarbeitung in elektronischen Systemen.

© B. G. Teubner Verlagsgesellschaft Leipzig 1997

Umschlaggestaltung: E. Kretschmer, Leipzig

Mathematik ist nicht trocken, sondern voller Phantasie, nicht langweilig, sondern voller Schönheit, logisch, aber dennoch von ungeheurer Kreativität, uralt, aber voll neuer Ideen. Mathematik ist wie das Spiel, wie die Kunst ein Bestandteil, ja vielleicht sogar ein besonders sensibler Repräsentant der Kultur und nicht zuletzt ein unersetzliches Hilfsmittel der Naturwissenschaften, der Technik, der Wirtschaft. Mathematik ist Werkzeug und Spiel und notwendigerweise beides. Mathematik liefert auch oft genug einen Anreiz, zu philosophieren, zur rationalen Reflexion in einem irrationalen Hin und Her zwischen Fortschrittsgläubigkeit und Fortschrittsfeindlichkeit!

Vorwort zur 2. Auflage

Dies ist die zweite, leicht überarbeitete Fassung unseres erstmals 1991 in der „Schlüssel"-Reihe des ECON Verlages erschienenen Buches „Schlüssel zur Mathematik". Wie schon in der ursprünglichen Einleitung bemerkt, erschien uns der mit diesem Titel verbundene Anspruch fast nicht erfüllbar. Es ging – und es geht – uns vor allem darum, das Bild von der Mathematik als weltabgewandter Wissenschaft, in deren „eisigem Kalkül so mancher erfriert", und von Mathematikern als weltfremden Menschen zu korrigieren.

Mathematik ist – das zeigen neue Umfragen – das in der Schule meistgeliebte, aber auch das meistgehaßte Fach. „Ach Gott: Mathematik" sagen fast zwei Drittel aller Schüler – die einen als Stoßseufzer, die anderen mit Freude. Wir möchten einerseits den Stoßseufzenden die Einsicht vermitteln, daß sie – aus welchen Gründen auch immer – ein falsches Bild von der Mathematik hatten oder haben; andererseits sollen die Begeisterten bestärkt werden. Die restlichen Leser sollten zum Nachdenken darüber ermuntert werden, daß sie möglicherweise etwas versäumt haben (so, wie man auch etwas versäumt, wenn man keinen Sinn für die Kunst hat). Im ECON Verlag ist die erste Auflage ausverkauft, und zwischenzeitlich wurde die „Schlüssel"-Reihe beendet: Für uns war das zunächst eine Enttäuschung, weil es doch noch recht viele Nachfragen nach unserem Buch gab. Deshalb sind wir dem Verlag B. G. Teubner sehr dankbar, daß er sich schnell und mit offenbarer Begeisterung entschloß, unser Buch mit neuem Titel in seine populärwissenschaftliche Reihe „Einblicke in die Wissenschaft" aufzunehmen. Und dies möchten wir nun wirklich sehr gern leisten: Einen Einblick geben in das, was Mathematiker tun. Wir freuen uns über die neue Chance, dem Leser zu beweisen: „Oh Gott, wieviel Spaß macht doch Mathematik!"

Kaiserslautern, Januar 1997   H. Neunzert
                                      B. Rosenberger

Inhalt

Einleitung 9

1. Ach Gott, ein Mathematiker! 14
2. Findet oder macht man Mathematik? 30
   Von der Entstehung mathematischer Ideen 30
3. Homo ludens – Homo faber
   oder Ameise und Ameisenbär 56
4. Wie fällt wem etwas Mathematisches ein? 104
5. Mathematik, die Wissenschaft von den Ordnungen 122
6. Der Rohstoff für die Bildung von Modellen –
   mit Beispielen mathematischer Modelle 143
   *Wie man mit Mathematik aus der Vergangenheit
   für die Zukunft lernt* 152
   Wieviel Menschen leben auf der Erde im Jahr 2700? ... 156
   Der Hecht im Karpfenteich 163
   Der kürzeste Weg ist nicht immer der beste 170
   Spiel mit Seifenblasen: Das Kind im Mathematiker 187
   Mathematik, Detektiv im menschlichen Körper 196
7. Mathematik und Computer 210
8. Von der Verantwortung der Wissenschaftler 229

Anhang 241

Literaturverzeichnis 241

Personenregister 247

Einleitung

Zuerst: Liebe Kolleginnen und Kollegen, dieses Buch ist nicht für Euch geschrieben. Wir wissen: Ihr hättet alles ganz anders gesagt – mit gutem Recht.

Alle anderen, die Nicht- oder Nochnichtmathematiker, können dieser ersten Bemerkung entnehmen: Auch über eine Wissenschaft wie die Mathematik, deren Ergebnisse so eindeutig sind, gibt es vielfältige Meinungen. Wir – wie sollte es anders sein – beschreiben in diesem Buch die unsere, ohne den Anspruch auf Allgemeingültigkeit zu erheben.

Der Titel des Buches verspricht einen »Schlüssel zur Mathematik«. Schlüssel öffnen Türen, erlauben zumindest einen Blick in das Innere eines Raumes. Wir wollen es gleich gestehen: Einen solchen Schlüssel zur »Wissenschaft Mathematik« können wir nicht liefern. Eine Wissenschaft ist viel mehr als eine Ansammlung von Begriffen und Aussagen; sie hat ihren eigenen Geist, hat etwas von einem lebendigen Organismus. Man erschließt sich die Wissenschaft Mathematik nur, indem man sie betreibt, nicht dadurch, daß man über sie liest. Damit ist klar, was wir nicht wollen: einige Mathematik-Splitter auflesen und herzeigen. So ist es auch nicht unser Ziel, in allgemeinverständlichen Worten zu beschreiben, was etwa Mengen, Zahlen, Funktionen sind. Das würde dem Laien den Geist der Mathematik eben nicht erschließen. Überdies gibt es schon eine große Anzahl Bücher dieser Art. Wenn sie gut sind, machen sie dem Kenner großes Vergnügen – wie etwa Davis & Hersh: Erfahrung Mathematik [41]. Oft sind es aber nur Kurzfassungen von Schulbüchern und alles andere als Schlüssel.

Unser Ziel ist daher viel bescheidener: Wir versuchen einen »Schlüssel zur Mathematik als Beruf«, vielleicht besser einen »Schlüssel zum Mathematiker«. Als Leser stellen wir uns einen jungen Menschen vor, der überlegt, was er einmal werden will. Es ist unsere Erfahrung aus vielen Begegnungen mit Schülern der letzten Klassen eines Gymnasiums: Sie wollen wissen, was einer tut, der Mathematik zum Beruf hat, was er tut, warum er es tut, wo er es tut. Oft schwanken sie zwischen Mathematik und Physik, Mathematik und einem technischen Fach, meist zwischen Mathematik und Informatik. Was bedeutet es, sich hier für die Mathematik zu entscheiden? Nun unterscheiden sich diese Wissenschaften meist in den Motiven für die Beschäftigung mit ihnen. Man muß also auch darüber reden, warum man Mathematik macht. Was tut man als Mathematiker und warum tut man es – da muß man auch gegen viele Vorurteile angehen, die Schule und Gesellschaft bereithalten. Wird man nicht gerade Lehrer, so hat die Mathematik, die man in der Schule macht, wenig zu tun mit jener, die man später im Beruf, etwa in der F-&-E-Abteilung einer Automobilfirma betreibt. Und schon gar sind Mathematiker nicht jene weltfremden, vertrockneten Bücherstubengelehrten, als die sie in der Öffentlichkeit oft dargestellt werden. Dieses Bild richtigzustellen ist auch ein Anliegen dieses Buches.

Deshalb beginnen wir mit einem soziologischen Aspekt: Das Bild der Mathematik und des Mathematikers in der Öffentlichkeit. Unser Ziel dabei ist natürlich, den Leser zu einer Standortbestimmung zu veranlassen: Was ist seine Vorstellung von Mathematik? Fragt man nach der Rolle der Mathematik in der Gegenwart, so ist selbstverständlich ein Blick in die Geschichte nicht zu vermeiden. Nun ist es wiederum nicht unser Ziel, einen Abriß der Mathematikgeschichte zu schreiben; es geht uns vielmehr darum, anhand von Beispielen eine These zu untermauern, die wir für wichtig halten: Mathematik ist wie etwa Kunst und Philosophie Bestandteil der Kultur – und deshalb hat auch jede geschichtliche Kulturform »ihre« Mathematik.

Nun ist sich der einzelne Mathematiker im allgemeinen dieser historischen Zusammenhänge, in denen auch er steht, nicht bewußt; er hat seine Motive, seinen ganz persönlichen Spaß an der Mathematik. Im dritten Kapitel wollen wir diesen »psychologischen« Motiven nachspüren, anhand einiger berühmter Beispiele wie Gauß und Riemann, aber auch anhand eigener Erfahrungen. Dabei stößt man, ob man will oder nicht, auf jenen Gegensatz von reiner und angewandter Mathematik, der zwei unterschiedliche Motivationsmuster prägt; ein solcher Streit ist natürlich nicht mathematikspezifisch; in allen Wissenschaften sind ähnliche Polaritäten erkennbar. Es ist eine andere These dieses Buches, daß für die Entwicklung der Mathematik ein Zusammenspiel dieser beiden, an sich verschiedenen Aspekte von größter Bedeutung ist – jeder einzelne Mathematiker sollte etwas vom Homo ludens und vom Homo faber in sich haben. Dafür gibt es auch gute philosophische Gründe (die wir erläutern). Doch ehe wir im fünften Kapitel »richtig philosophisch« werden, werden wir nochmals »psychologisch«: Wie hat man mathematische Ideen? – eine Frage, die vielleicht auch manchen Schüler in Klassenarbeiten bewegt. Es ist ein Bereich voller Anekdoten und seltsamer Theorien – aber auch ein Bereich mit so ernsthaften Fragen wie etwa der, warum außerhalb des Lehrerberufs so wenige Frauen in der Mathematik zu finden sind, oder etwa der, ob Schulmathematik zur Kreativität erzieht.

Bezüglich des fünften, philosophischen Kapitels bitten wir den Leser um Nachsicht: Wir glaubten sagen zu müssen, was Mathematik »ist«. Nun gab es schon viele Antworten auf diese Frage – und wahrscheinlich auch solche, die unserer Antwort ähnlich sind. Trotzdem: Dies ist eben »unsere« Antwort, die wir selbst fanden und an die wir glauben, die wir für vernünftig halten. Vernünftig in dem Sinne, daß sich viele Dinge, die zur Mathematik gehören, gut einfügen, einen ordentlichen Platz in unserem Gebäude finden. Und deshalb können wir im sechsten Kapitel endlich konkret werden. Wir wollen an Beispielen verdeutlichen, was man unter einem mathematischen Modell versteht, wie man es aufstellt, was man damit bewirken kann. Diese Beispiele stammen aus verschiedenen Anwendungsgebieten – der Kontrolltheorie, der Bevölkerungsdynamik, der Optimierung, handeln von Zeltdächern und Computertomographen. Da geht es natürlich nicht ohne Mathematik – der Leser kann sich ja jene Beispiele auswählen, die er gut verkraftet. Auch diese Auswahl ist von unserem Geschmack und natürlich auch von unseren pädagogischen Ambitionen geprägt – wiederum wird keinerlei Anspruch auf Vollständigkeit erhoben.

Im vorletzten Kapitel versuchen wir, die unvermeidliche Frage zu beantworten, ob es wegen des Computers etwa gar keine oder eher viel mehr oder auch eine ganz andere Mathematik gibt. Es ist auch die Frage nach dem Verhältnis von Mathematik und Informatik, die viele Studienanfänger bewegt. Unsere Antwort ist natürlich eine von Mathematikern – von Mathematikern aber, die viel Respekt und Sympathie für Informatik und etliche Informatiker haben.

Schließlich, last, but not least, berühren wir noch eine Frage, die heute jedem Wissenschaftler und deshalb auch dem Mathematiker gestellt wird – die Frage nach der Verantwortung des Wissenschaftlers für das, was seine Erkenntnisse bewirken. Wir haben versucht, die heute so heftig diskutierten, vielfältigen Antworten zu ordnen; ein einfaches Rezept läßt sich daraus nicht gewinnen, aber vielleicht eine größere Aufmerksamkeit für solche Fragen. Damit schließt sich auch der Kreis: Wir sind wieder bei der Wechselwirkung von Mathematik und Öffentlichkeit, bei der Stellung des Mathematikers in der Gesellschaft. Wie ist es, wenn man Mathematiker ist? Vielleicht weiß man am Ende des Buches ein wenig mehr darüber als am Anfang.

Wie schon mehrfach erwähnt, ist dieses Buch von unseren eigenen Erfahrungen geprägt. Der eine von uns (H. N.) verbrachte immerhin zwölf Jahre seines Mathematikerdaseins außerhalb der Hochschule in einer Forschungseinrichtung, die interdisziplinäre Arbeit, den Kontakt zu Ingenieuren, Physikern, Biologen und Medizinern geradezu erzwang. Zurückgekehrt an die Hochschule, hat er versucht, diese Erfahrungen in Forschung und Lehre an der Universität Kaiserslautern zu integrieren. Es entstanden in gemeinsamer Arbeit mit anderen, zu denen auch der zweite von uns gehört, neue Studiengänge, wie die Technomathematik, und neue Ansätze des Brückenschlages zwischen Hochschule und Außenwelt. Dabei waren wir uns aber auch immer der Gefahr bewußt, die ein enger Kontakt zur Praxis mit sich bringt: der Gefahr des Verlustes einer Distanz zu zeitlichem oder materiellem Druck, eine Distanz, die notwendig für Kreativität und die ein Privileg der Hochschule ist. Will man aus Angst vor dieser Gefahr nicht im Elfenbeinturm verharren, so bleibt nur die aufmerksame Beobachtung, die kritische Reflexion von einem Standpunkt außerhalb der täglichen Arbeit. Deshalb wurden die dreitägigen sogenannten Philosophie-Wanderseminare eingeführt, die Wanderungen während des Tages mit Diskussionen über grundlegende Fragen im Umfeld der Mathematik während der Abendstunden verbinden. Diesen Wanderseminaren, deren zwanzigstes im Oktober 1990 dem Thema Symmetrie gewidmet war, verdankt dieses Buch fast alles: es ist ein Ausfluß der Diskussionen dieser Seminare. Den Teilnehmern – Studenten, Mitarbeitern, Kollegen, auch aus anderen Fächern und von anderen Orten – gebührt deshalb zuallererst unser Dank.

Daneben danken wir aber auch allen »Nichtmathematikern«, an denen wir in den vergangenen Jahren unsere Argumente wetzten:

unseren Familien und Freunden. Einer von uns (H. N.) hat einige Abschnitte während kurzer Aufenthalte an anderen Orten geschrieben und dankt daher dem mathematischen Forschungsinstitut Oberwolfach, dem phantastischen Gästehaus Mishkenot Sha'Ananim der Stadt Jerusalem und der Universität Bologna für die anregende Atmosphäre. Wir danken unserer Universität Kaiserslautern, die beweist, daß auch im Kreis der Universitäten Jugend kein Nachteil gegenüber dem Alter sein muß. Wir danken Frau I. Woltmann für die sorgfältige Erstellung des Manuskripts und dem ECON Verlag dafür, daß er genügend Geduld, aber auch genügend Beharrlichkeit aufbrachte, ohne die wir sicher nicht zu Ende gekommen wären.

Kaiserslautern, im Frühjahr 1990

Helmut Neunzert   Bernd Rosenberger

1. Ach Gott, ein Mathematiker!

Wie immer man diesen Ausspruch betont, mit Respekt in der Stimme oder etwas herablassend, er beschreibt einfach und oft zutreffend die Reaktion eines »normalen« Menschen, wenn er bemerkt, daß sein Gesprächspartner ein Mathematiker ist; Schulerinnerungen steigen in ihm hoch und damit oft auch Erinnerungen an seinen verzweifelten Kampf mit dieser so schrecklich trokkenen, fast lebensfeindlichen Materie – wo er doch sonst recht clever und eher lebenslustig war. Manchmal kann man auch so etwas wie Stolz heraushören: Was immer aus ihm später wurde, in Mathematik war er jedenfalls nicht schlecht.

Respekt, ja Schaudern ruft der Gedanke an die Mathematik hervor, weil sie unbestechlich und streng über Stärken und Schwächen der jugendlichen Intelligenz zu urteilen scheint – genauer, weil Schule und Intelligenztests, weil die öffentliche Meinung der Mathematik gerade diese Rolle zuschreiben. Jemand, der diese Prüfung be- oder überstanden hat, jemand, der sich gar dazu berufen fühlt, dies als seinen Beruf zu wählen, muß eben eine »Respektsperson« sein.

Herablassung erfährt der Mathematiker, weil er sich einer so abstrakten, weltabgewandten Wissenschaft verschrieben hat, die ihren in der Schule erhobenen hohen Anspruch im Leben nicht einlösen konnte. »Schau, was für ein toller Kerl ich geworden bin, obwohl, nein weil ich mathematisch nicht sonderlich begabt war!« ist die unterschwellige Botschaft mancher Arrivierter. Nicht selten scheint dieses Begabungsdefizit geradezu die Voraussetzung dafür zu sein, ein echter Schöngeist, ein erfolgreicher Geschäftsmann, ein machtvoller Politiker werden zu können. So sagt man gerade einigen besonders einflußreichen Politikern des letzten Jahrzehnts nach, sich selbst als Beweis dafür zitiert zu haben, daß mathematische Kenntnisse für den eigenen Erfolg völlig überflüssig seien.

In der Tat müssen wir feststellen, daß, zumindest in Deutschland, sich an den Schalthebeln der Macht, der ökonomischen wie der politischen, keine Mathematiker finden oder wenigstens keine, die sich als solche zu erkennen geben. Dabei handelt es sich aber wohl eher um ein Phänomen dieses Landes in dieser Zeit. So war nämlich der Gründer der irischen Republik, Eamon de Valera (1882–1975), ein mathematischer Physiker (er gründete auch ein Forschungsinstitut für mathematische Physik und keltische Sprachen, das später viele Jahre von dem deutschen Physiker und Nobelpreisträger Erwin Schrödinger [1887–1962] geleitet wurde), und so gilt der französische Mathematiker Jacques-Louis Lions, der eine bedeutende Rolle in der französischen Wissenschaftspolitik dieser Tage spielt und das französische Raumforschungsprogramm leitet, durchaus als »ministrabel«.

Ob die Situation in unserem Land ein schlechtes Zeichen für die Mathematik oder für die Politik ist, sei dahingestellt, denn so wichtig ist es einem Naturwissenschaftler oder Mathematiker nicht, seine eigene Bedeutung durch die politische Machtposition von Fachkollegen unter Beweis zu stellen. Uns geht es hier mehr um die Rolle der Mathematik im öffentlichen Bewußtsein; aber als Test hierfür lassen sich die eben ausgeführten Gedanken nochmals aufgreifen: Was würden Sie eigentlich eher erwarten oder befürchten, wenn ein »typischer« Mathematiker zum Beispiel Bundeskanzler würde? Mehr Vernunft, klarere Analysen, rationales Abwägen möglicher Alternativen oder weniger Menschlichkeit, weniger Verständnis gegenüber Gefühlen, weniger Volksnähe? Selbst wenn es für Sie bedeutungslos ist, welchen Beruf ein Politiker ursprünglich ausgeübt oder welches Fach er studiert hat, Geschichte, Jura, Soziologie oder Chemie: Würde nicht gerade ein Mathematiker einige Überraschung hervorrufen, wenn er eine größere Rolle im öffentlichen Leben spielte? Könnte man sich nicht eher einen Computerfachmann als einen Mathematiker als jemanden an den Schalthebeln der Macht vorstellen?

Gibt es andererseits eigentlich einen Unterschied zwischen Computerfachmann oder Mathematiker? Hat der Computer nicht etwas mit Mathematik zu tun? Mehr noch: Ist Mathematik heute nicht etwa gar ein Zweig der Computerwissenschaft, von Computer Science, wie es in der englischen Sprache heißt? Oder ist es etwa umgekehrt? Was macht dann das »Mehr« an Mathematik aus? Was tun Mathematiker eigentlich, wenn sie sich nicht gerade mit dem Computer befassen? Gibt es denn überhaupt noch etwas Neues in der Mathematik zu tun? Und wenn ja, wozu ist das dann gut? Dies sind keine erfundenen Fragen. In vielen Gesprächen mit Abiturienten traten und treten sie wieder und wieder auf, bei Freunden und Bekannten, die nicht an der Hochschule arbeiten und die offensichtlich ihre eigene Vorstellung von einem typischen Mathematiker haben, eine Vorstellung, in die man nicht hineinzupassen scheint. Alle diese Fragen und Erfahrungen zeigen, wie wenig präsent ist, was Mathematiker sind und was sie wirklich tun, wie wenig Mathematik als Bestandteil unserer Kultur verstanden wird.

Wenn man behauptet, Mathematik sei mit der Kunst verwandt, so erntet man noch mehr ungläubiges Staunen: Kunst, ein Ausfluß der Phantasie, und Mathematik, dieses Kind der Logik, des Verstandes? 1988 erscheint ein Buch von Douglas R. Hofstadter mit dem Titel »Gödel, Escher, Bach« [1]; schon in dem Titel wird eine Gemeinsamkeit des Mathematikers Kurt Gödel (1906–1978) mit dem Maler Maurits Cornelis Escher (1898–1972) und dem Musiker Johann Sebastian Bach (1685–1750) angedeutet. Daß dieses Buch schließlich ein Bestseller wird, scheint der These zu widersprechen, Mathematik werde kaum als Bestandteil der Kultur verstanden. Die Werbung allerdings deutet auf eine andere Interpretation: Das Buch wird als Bibel des Computerzeitalters empfohlen. Und in der Tat beschreibt es einen sehr speziellen Zweig der Mathematik, der für Theorie und Praxis der Computer eine große Rolle spielt, in der Mathematik heute allerdings keine zentrale Bedeutung hat, so daß vom Autor unserer Meinung nach weder der Geist der Mathematik getroffen noch eine mehr als nur formale Verbindung zur Kunst hergestellt wird. Nein, ein Indiz für die Einbeziehung der Mathematik in die Kultur liegt hier wohl nicht vor.

Eher noch kann man eine Präsenz der Mathematik in der Öffentlichkeit in den spärlichen Meldungen der Tages- und Wochenzeitungen über die Verleihung der Fields-Medaille, der höchsten, dem Nobelpreis vergleichbaren Auszeichnung für Mathematiker, im Jahre 1986 an den jungen Deutschen Gerd Faltings (geb. 1954), finden. Aber wenn man diese Meldungen vergleicht mit jenen über Musik- und Literaturpreisverleihungen oder auch über die Verleihung des Nobelpreises 1985 an den deutschen Physiker Klaus von Klitzing (geb. 1943), dessen grundsätzlicher Forschungsgegenstand dem Nichtfachmann auch nicht leichter zu erklären ist als jener von Faltings, so wird deutlich, wie recht Edward E. David auch heute noch mit seiner Behauptung hat, die er 1984 in einem Vortrag vor amerikanischen Mathematikern in seiner Eigenschaft als Vorsitzender eines Komitees der amerikanischen Forschungsförderungsorganisation NRC (National Research Council) zur Untersuchung der nationalen Förderung der Mathematik machte: »Ein nicht geringer Teil der Schwierigkeiten, in denen die mathematische Forschung steckt [gemeint sind hier die nicht ausreichenden finanziellen staatlichen Unterstützungen für die mathematische Forschung], entstammt der unglücklichen Tatsache, daß die Amerikaner glauben, Mathematiker haben sich von der Wirklichkeit entfernt. Diese Fehleinschätzung gelangt ganz gewiß in die Hallen des Kongresses, wenn der Bedarf für die mathematische Forschung dort angesprochen wird« [2]. Dieses Bild von Mathematikern ist nicht nur in Amerika weit verbreitet, auch wenn einige wenige, wie hier David, dies für eine Fehleinschätzung halten.

Ist dieser Eindruck von der Weltfremdheit der Mathematiker berechtigt, ist er unvermeidlich, ist er etwa in der Natur der Mathematik begründet, war dies immer so, oder hat sich die Situation in diesem Jahrhundert verschlechtert? Es gibt viele Berichte darüber, ob und wie sehr Mathematiker in den vergangenen Jahrzehnten und Jahrhunderten in das öffentliche Leben einbezogen waren. Am intensivsten geschieht dies offenbar im 18. Jahrhundert. »In der Mitte des 18. Jahrhunderts waren die Naturwissenschaften in einem weder früher noch später erreichten Ausmaß Teil der Allgemeinbildung und des kulturellen Lebens der gebildeten Kreise, sie waren im wahrsten Sinne des Wortes salonfähig geworden« [3, S. 245]. Der Dialog zwischen einer adligen Dame und einem Philosophen, in dem die kopernikanische Astronomie und die kartesische Physik erläutert werden, ist in dieser Zeit nicht ungewöhnlich. Die genannten Themen sind durchaus mathematischer Natur; man würde sie heute zur mathematischen Physik rechnen. Es geht um die Darstellung eines Aspektes der Welt mittels mathematischer Begriffe, es geht um - wie wir es heute nennen würden - mathematische Modellbildung.

Natürlich gibt es im 18. Jahrhundert, wie in jeder Kulturerscheinung, auch Übertreibungen. So wird Isaac Newton (1643-1727), der für viele auch einer der größten Mathematiker ist, populärwissenschaftlich mißbraucht. Francesco Algarotti (1712-1764) schreibt 1737 ein Buch mit dem Titel »Il Newtonianismo per le dame« (»Newtons Welt - Wissenschaft für ein Frauenzimmer«). Darin wird sogar die Liebe der mathematischen Modellbildung unterzogen und das »Gesetz« aufgestellt, die Liebe eines Liebhabers nehme mit der dritten Potenz des Abstandes von der Geliebten und mit dem Quadrat der Zeit der Abwesenheit ab. So jedenfalls interpretiert Voltaire (1694-1778) die Texte von Algarotti und bezweifelt, daß dies intelligenten Menschen gefallen könne. Aber man muß ja nicht übertreiben: Auch Voltaire (sein eigentlicher Name ist François Marie Arouet), schreibt 1738 ein populärwissenschaftliches Buch über die Newtonsche Physik. Vielleicht zeigen heute Wissenschaftler eine weit geringere Bereitschaft, ihre Ergebnisse der breiten Öffentlichkeit verständlich zu machen, und vielleicht ist dies (zumindest) mitverantwortlich für das geringe öffentliche Interesse, ja sogar für das wachsende Mißtrauen gegenüber der Mathematik.

Als weiteres Beispiel für die stärkere Einbindung der Mathematik in das kulturelle Leben vergangener Jahrhunderte kann die Tatsache angesehen werden, daß der polnische Fürst Joseph Alexander Jablonowski 1768 in Leipzig eine wissenschaftliche Gesellschaft* mit einem von ihm gestifteten Kapital ins Leben ruft, die 1774 schließlich die kurfürstliche Genehmigung des Kurfürsten von Sachsen erhält. Gemäß den vom Stifter festgelegten Satzungen besteht die Aufgabe der auf neun beschränkten Mitglieder (»Inhaber gewisser Nominalprofessuren« der Universität zu Leipzig) darin, Preisaufgaben aus den Gebieten der Mathematik, der Physik, der Geschichte und der Ökonomie zu stellen. Die preisgekrönten Ergebnisse werden publiziert und dienen als Anstoß für wichtige Forschungsarbeiten der Universität [4]. Zu den Mitgliedern gehört um 1860 unter anderem der Mathematiker August Ferdinand Möbius (1790-1868), nach dem das sogenannte Möbiusband benannt ist.

Preise, wenn auch nicht für die Lösung gegebener konkreter Preisaufgaben, werden auch heute noch vergeben. Der berühmteste Preis ist wohl der Nobelpreis, der ausgerechnet für die Mathematik nicht vergeben wird, obwohl 1983 auch ein Mathematiker, nämlich Gérard Debreu (geb. 1921), diesen erhalten hat - allerdings für seine Leistungen in der Theorie der ökonomischen Gleichgewichte. Vielleicht ist die Nichteinbeziehung der Mathematik sogar ein Segen für die Mathematik, wie es etwa der Mathematiker Michael F. Atiyah (geb. 1929) in Oxford sieht [5, S. 15], wenn er den Nobelpreis als eher schädlich für die Physik einstuft. Seiner Mei-

---

* Wir möchten an dieser Stelle Frau Dr. Renate Tobies, Karl-Sudhoff-Institut, Leipzig, danken, die uns auf die Gründungsgeschichte dieser Gesellschaft aufmerksam machte.

nung nach liegt es an dem ungeheuer hohen Prestige, das dieser Preis vor allem in den USA besitzt: Die (oft privaten) Universitäten benutzen den Ausgezeichneten dann vor allem als Werbeträger und statten ihn eben auch als solchen aus, indem sie ihm riesige Laboratorien bauen und hohe Gehälter zahlen. Der oft nur knapp unterlegene, aber deswegen nicht weniger erfolgreiche Konkurrent dagegen geht nicht selten genug leer aus.

Natürlich war es nicht die vorausschauende Fürsorge für die Mathematiker, die Alfred Nobel (1833–1896) diese Wissenschaft vergessen ließ, und die Frage nach dem wirklichen »Warum« ist eine Quelle für Anekdoten. Die bekannteste (französisch-amerikanische) besagt, daß Magnus Gustaf Mittag-Leffler (1846–1927), der führende schwedische Mathematiker jener Tage, eine Affäre mit Frau Nobel gehabt habe. Diese Geschichte spiegelt wohl eher den Spaß der seit Algarottis Zeiten auf diesem Gebiet nicht gerade verwöhnten Mathematiker an »Histörchen« wider und weniger die Wahrheit. Diese ist schlicht die, daß Mathematik nicht im Interessenbereich von Nobel lag und er deshalb nicht an sie dachte. Nobels Wunsch, »daß jene, die durch Schreiben und Tun erfolgreich die seltsamen Vorurteile der Völker und Regierungen gegen ein europäisches Friedenstribunal bekämpften, besonders in Betracht gezogen werden sollen«, wird in dieser Zeit, Ende des 19. Jahrhunderts, nicht mit Mathematikern in Verbindung gebracht [6, S. 73]. Hat sich daran heute, hundert Jahre später, etwas geändert?

Nun gibt es, wie schon erwähnt, einen nicht zu unterschätzenden Ersatz für den Nobelpreis, die sogenannte Fields-Medaille. Sie wird seit 1936 in vierjährigem Abstand (mit einer 14jährigen Unterbrechung wegen des Zweiten Weltkriegs) an herausragende Mathematiker unter Vierzig vergeben, als »Ermutigung zu weiteren Fortschritten«.

John Charles Fields (1863–1932), Professor für Mathematik an der Universität von Toronto, setzte sich nach dem internationalen Mathematikerkongreß 1924 in Toronto für die Schaffung eines internationalen Preises in Mathematik ein – vor allem auch aus der Überzeugung heraus, daß Wissenschaft nationale Grenzen überschreiten müsse und könne. Aus diesem Grunde war er nicht glücklich darüber, daß Mathematiker aus Deutschland und den anderen Ländern, die den Ersten Weltkrieg verloren hatten, zu dem von ihm selbst mitorganisierten Kongreß in Toronto nicht eingeladen wurden. Fields-Medaillen haben (noch) nicht den Werbewert eines Nobelpreises, und die negativen Folgen eines Nobelpreises sind daher (noch) nicht vorhanden, aber auch sie haben öffentliche Wirkung. So ist eben auch einer der wenigen deutschen Mathematiker, der in den letzten Jahren öffentliches Aufsehen erregte, Gerd Faltings, der erste und einzige deutsche Fields-Medaillen-Träger (1986). Erwähnt sei, daß auch Atiyah, der genannte Kritiker des Nobelpreises, Fields-Medaillen-Träger von 1966 ist. Eine im Volumen dem Nobelpreis vergleichbare Stiftung ist der Wolf-Preis, der in Israel vergeben wird und mit dem 1988 Friedrich Hirzebruch (geb. 1927) aus Bonn ausgezeichnet wurde.

Das Aufsehen, das Faltings erregte, verdankte er nicht so sehr der Fields-Medaille, sondern vielmehr seinem Beweis einer Vermutung von Louis Joel Mordell (1888-1972) aus dem Jahre 1922. Die Arbeit des damals 27jährigen Faltings hat Beziehung zum großen Fermatschen Satz - eine ihrer Folgerungen ist, daß die Gleichung $x^n+y^n = z^n$ für ganzzahlige x,y,z und natürliche Zahlen $n > 3$ höchstens endlich viele Lösungen haben kann, genauer: Zu jeder natürlichen Zahl $n > 3$ gibt es höchstens endlich viele Tripel (x,y,z) natürlicher Zahlen (wobei ein gemeinsamer Faktor immer rausgekürzt gedacht sein soll), die der Gleichung $x^n+y^n = z^n$ genügen. Die Vermutung von Pierre de Fermat (1601-1665) besteht darin, daß es *keine* solche Lösungen gibt - bewiesen ist jetzt, daß es nicht unendlich viele geben kann. Dies ergibt sich gerade als Folgerung davon, daß die Mordell-Vermutung jetzt (dank Faltings) eben keine Vermutung mehr ist, sondern eine mathematisch bewiesene Tatsache - der Mathematiker bezeichnet so etwas als »Satz« oder »Theorem«.

Aber was besagt diese Mordell-Vermutung? In diesem Zusammenhang kommt einem ein Ausspruch in den Sinn, den David Hilbert (1862-1943) getan haben soll: »Eine mathematische Aussage hat man so lange nicht wirklich verstanden, bis man sie der erstbesten Person, der man auf der Straße begegnet, für sie verständlich erklären kann.« Natürlich ist dieser Ausspruch nicht wörtlich zu nehmen, aber versuchen wir doch, wenigstens in etwa zu verstehen, worum es geht - dies müßte doch auch mit Schulmathematik zu schaffen sein.

Es geht um die Lösungen von Gleichungen der Art $x^2+y^2-1 = 0$ oder $y^2-x^3-1 = 0$ oder $y^2-x^5-1 = 0$, allgemein um die Nullstellen von Polynomen in 2 veränderlichen x und y; dabei sollen die Koeffizienten der Polynome ganze Zahlen sein. Die erste Gleichung ist den meisten sicher bekannt; es ist die Gleichung des Kreises mit dem Radius 1 und dem Nullpunkt als Mittelpunkt. Und die anderen Gleichungen? Bitte versuchen Sie doch einmal, die entsprechenden Kurven aufzuzeichnen. (Man kann ein Buch über Mathematik nicht lesen, ohne mit Papier und Bleistift etwas Mathematik zu betreiben. Vielleicht liegt hier auch ein Grund für die geringe öffentliche Präsenz der Mathematik: Sie paßt nicht in eine Konsumgesellschaft.)

Falls Sie richtig gezeichnet haben, sind alle Punkte auf den Kurven Lösungen der entsprechenden Gleichung. Aber es interessieren eben nicht alle Punkte, sondern nur solche Zahlen x und y, die rational sind, also von der Form $x = p/q$ und $y = s/t$ sein müssen, wobei p,q,s und t ganze Zahlen sind. Mordells Vermutung besagt nun, daß für fast alle Polynome (alle »Polynome vom Geschlecht größer oder gleich 2«; dieses Geschlecht hängt auch vom Grad des Polynoms ab) höchstens endlich viele solcher rationalen Lösungen existieren.

In der Schule haben wir gelernt, daß es ziemlich viele irrationale, das heißt nichtrationale, Zahlen gibt, und vielleicht fällt dem einen oder anderen sogar der Beweis ein, daß $\sqrt{2}$ irrational ist. Ja, es gibt viel mehr Irrationales auf der Zahlengeraden als Rationales, aber es gibt natürlich unendlich viele rationale Punkte in jedem Intervall der Zahlengerade.

Und wie steht es mit dem Kreis? Wie viele rationale Punkte liegen auf ihm, das heißt, wie viele rationale Lösungen hat die Gleichung $x^2+y^2-1 = 0$? Man rechnet leicht nach: Für jede natürliche Zahl k sind $x_k = \frac{k^2-1}{k^2+1}$ und $y_k = \frac{2k}{k^2+1}$ rationale Lösungen der Gleichung $x^2+y^2-1 = 0$; die Gleichung $x^2+y^2-1 = 0$ hat also wieder unendlich viele rationale Lösungen. Ist damit die Mordell-Vermutung bereits widerlegt? Nein, denn das »Geschlecht des Kreises« ist 0, der Kreis ist eine der Ausnahmen, und wir erhalten keinen Widerspruch. Für größeres Geschlecht aber gibt es in der Tat – und das ist das Ergebnis von Faltings – nur endlich viele rationale Lösungen, so zum Beispiel auch für die Gleichung $y^2-x^5 = m$, wobei m eine beliebige von Null verschiedene ganze Zahl sein darf. Wenn Sie wirklich selbst Mathematik betreiben möchten, so versuchen Sie nicht, gerade dies zu beweisen, denn immerhin haben sich sehr viele Mathematiker bis 1984 daran vergeblich versucht.

Es mag nun einige Leser geben, die uns mit verständnislosem Kopfschütteln entgegenhalten, daß es gewiß schwer gewesen sei, diese zweiundsechzig Jahre alte Vermutung zu beweisen, daß man aber nicht einsehe, warum man denn in aller Welt dies beweisen möchte und wozu das Ganze denn gut sein soll. Es mag dem nationalen Ansehen dienen, es mag Aufsehen erregen, es mag so etwas wie ein sportlicher Weltrekord sein, aber das kann doch nicht alles sein! Es ist auch nicht alles – um das Mehr ein wenig besser zu verstehen, wollen wir uns daher intensiver mit Sinn und Zweck der Mathematik befassen (das versuchen wir in den Kapiteln vier und fünf).

Richtig ist aber schon: Diese Mathematik löst zumindest zum jetzigen Zeitpunkt keine Probleme, die von außerhalb der Mathematik kommen – sie dient nicht dazu, Physikern, Ingenieuren, Biologen, Sozialwissenschaftlern und anderen Nichtmathematikern bei der Lösung ihrer Probleme zu helfen. Sie ist eine noch nicht anwendbare Mathematik – vielleicht wird sie einmal »angewandt«.

Das andere mathematische Ergebnis, das in den letzten Jahren großes Aufsehen erregte und das wir deshalb kurz beschreiben wollen, entstammt dagegen der angewandten Mathematik. Am 7. November 1979 schreibt die *New York Times* unter der Schlagzeile »A Soviet Discovery Rocks World of Mathematics« auf der Titelseite unter anderem: »Neben ihrer tiefen theoretischen Bedeutung kann die neue Entdeckung auch anwendbar bei der Wettervorhersage, bei komplizierten industriellen Prozessen, bei der Petroleumverarbeitung, bei der Arbeitsplanung von Arbeiten in großen Fabriken sein.« Der *Guardian* formuliert in diesem Zusammenhang die Schlagzeile: »Soviet Answer to Traveling Salesman« [7].

Beide Artikel behandeln die Arbeit des sowjetischen Mathematikers L. G. Khachiyan, in der ein neues Rechenverfahren für Aufgaben der linearen Optimierung vorgeschlagen wird. Worum geht es denn bei Aufgaben der linearen Optimierung? Wir verwenden ein Beispiel [aus 8, S. 191], um dies ein wenig zu verdeutlichen ...

Eine ernährungswissenschaftlich geschulte, preisbewußte Hausfrau plant ihren wöchentlichen Einkauf im Supermarkt. Sie berechnet zunächst den wöchentlichen Bedarf ihrer Familie an wichtigen Nahrungsbestandteilen wie Eiweiß, Vitamine, Mineralien usw. Nehmen wir an, sie habe 30 verschiedene wichtige Elemente ausgewählt. Von dem ersten Element benötigt sie mindestens a_1 Gramm, von dem zweiten Element mindestens a_2 Gramm, vom dritten a_3 Gramm usw. und von dem 30. Element mindestens a_{30} Gramm. In dem Supermarkt gibt es nun 1000 verschiedene Nahrungsmittel; jedes enthält einen gewissen Anteil (der auch Null sein kann) der notwendigen Elemente. Wenn nun 1 Gramm des j-ten Nahrungsmittels (für j kann jede der ganzen Zahlen von 1 bis 1000 gewählt werden), sagen wir, $c_{j,k}$ Gramm des k-ten Elements enthält (für k kann hier jede der ganzen Zahlen von 1 bis 30 gewählt werden), dann ist $0 \leq c_{j,k} \leq 1$. x_j Gramm des j-ten Nahrungsmittels enthalten also $c_{j,k} \cdot x_j$ Gramm des k-ten Elements. Die Hausfrau kauft somit insgesamt

$$c_{1,k} \cdot x_1 + c_{2,k} \cdot x_2 + \ldots + c_{1000,k} \cdot x_{1000} \text{ [Gramm]}$$

des k-ten Elements ein. Von diesem Element benötigt sie aber mindestens a_k Gramm, so daß also

$$c_{1,k} \cdot x_1 + c_{2,k} \cdot x_2 + \ldots + c_{1000,k} \cdot x_{1000} \geq a_k$$

gelten muß. (Natürlich werden die meisten der Zahlen $x_1, x_2, \ldots, x_{1000}$ Null sein, da die Hausfrau wohl nicht mehr als 50 verschiedene Dinge in ihrem Warenkorb haben wird.) Insgesamt sind also 30 Bedingungen der Form

$$c_{1,k} \cdot x_1 + c_{2,k} \cdot x_2 + \ldots + c_{1000,k} \cdot x_{1000} \geq a_k$$

zu erfüllen, da ja für k jede der Zahlen 1 bis 30 gewählt wird. Allein 1000 Zahlen $x_1, x_2, \ldots, x_{1000}$ zu finden, die alle diese 30 Bedingungen erfüllen, ist ein größeres Problem, auch wenn die meisten dieser Zahlen Null sein können.

Nun ist die Hausfrau aber, wie gesagt, noch preisbewußt und will den Bedarf so billig wie möglich decken. Sie studiert daher die Grammpreise $b_1, \ldots, b_{1000}$ der 1000 Nahrungsmittel und überlegt, daß damit ein Einkauf genau

$$b_1 \cdot x_1 + b_2 \cdot x_2 + \ldots + b_{1000} \cdot x_{1000} \text{ [DM]}$$

kosten wird. Sie versucht nun, diesen Einkauf, das heißt die Zahlen $x_1, \ldots, x_{1000}$, so zu wählen, daß die Kosten des Einkaufs minimiert werden unter Berücksichtigung des Bedarfs, das heißt der 30 oben angegebenen Ungleichungen. Man sieht schnell, daß dieses Problem mit seinen 31030 Daten (man zähle nach) für die Hausfrau nicht zu bewältigen ist – dabei haben wir noch gar nicht davon geredet, wie gut das Essen schmecken würde, das mit einer Lösung dieses Problems überhaupt zubereitet werden könnte. Natürlich wird die Hausfrau mit Intuition und vor allem Erfahrung auch so eine gute Näherung finden. (Hausfrauen sind nach unserer Erfahrung ohnehin oft sehr geschickte Spezialistinnen und als solche manchem hochgeschätzten »bezahlten« Beruf weit überlegen.)

Aber es ist auch klar, daß es viele Bereiche in Ökonomie und Technik gibt, bei denen solche oder ähnliche Fragestellungen auftauchen und bei denen es eben nicht mehr mit »Näherungslösungen aus Erfahrungen« getan ist. Gerade die Tatsache, daß solche Probleme – auch wenn es sich um mehr als 1000 unbekannte Größen und um mehr als 30 Ungleichungen handelt – heute lösbar sind, macht die Konkurrenz härter. Es geht nämlich oft nur um Bruchteile von Prozenten, um die das den Markt erobernde Produkt besser – und das heißt: oft günstiger produziert und schärfer kalkuliert ist.

Wir werden auf diesen »Optimierungsgesichtspunkt« noch manchmal zurückkommen, doch hier geht es zunächst einmal um ein Beispiel aus dem Bereich der Mathematik, das Aufsehen erregt hat. Was hat also die Welt der Mathematik »gerockt«? Aufgaben der oben beschriebenen Art – man nennt sie lineare Optimierungs- oder auch lineare Programmierungsaufgaben (wobei das Programmieren hier wenig mit dem üblichen Programmieren von Computern zu tun hat) – benötigen auch auf sehr modernen Computern viel Rechenzeit. Diese wächst natürlich mit der Anzahl N der Unbekannten (in unserem Beispiel $N = 1000$) und der Anzahl M der Ungleichungen (im Beispiel $M = 30$) typischerweise in der Größenordnung von MN^3.

Nun hat man schon 1972 Beispiele konstruiert, bei denen $M = 2N$ und die Rechenzeit mit dem heute üblichen Simplex-Verfahren, das recht häufig bereits im Mathematikunterricht der Oberstufen vorgeführt wird, etwa 2^N ist. Für große Zahlen N ist aber 2^N sehr viel größer als $M \cdot N^3 = 2N^4$; so ist schon bei $N = 20$ 2^N größer als 10^6, während $2 \cdot N^4$ etwa $3{,}2 \cdot 10^5$ beträgt, und von $N = 20$ an wächst der Unterschied zwischen 2^N und $2N^4$ rapide. Da N im Exponenten von 2^N steht, spricht man von einem exponentiellen Wachstum mit N, während bei $2 \cdot N^4$ das Wachstum polynomial ist. Es gibt also Fälle, in denen der Simplexalgorithmus exponentielles Wachstum hat, und das bedeutet, daß er in diesen Fällen für sehr große N nicht verwendet werden kann, weil die Rechenzeiten zu lang sind und damit die Berechnung zu teuer wird.

Khachiyan beschreibt nun einen Algorithmus, der immer, in allen Fällen, polynomial ist. Kann man jetzt also alle linearen Optimierungsprobleme angehen? Bedeutet dies wegen des häufigen Auftretens solcher Probleme vielleicht eine Revolution für Technik und Ökonomie? Bedeutet dies etwa gar einen technologischen Vorsprung der Sowjetunion gegenüber den USA? Diese Fragen beschäftigen 1979 insbesondere die amerikanische Presse, und so läßt sich selbst Mathematik publikumswirksam verkaufen, besonders dann, wenn noch eine Prise »James Bond« oder einige Körnchen »Angst um Arbeitsplätze« hinzugefügt wird. Und wie häufig bei einem solchen gemischten Verkaufsangebot geht dann auch die Wahrheit verloren.

Khachiyans Ergebnis ist durchaus ein Fortschritt und kann auch praktische Bedeutung haben. Dennoch ist sein neuer Algorithmus für die meisten Fälle wesentlich langsamer als der erwähnte Simplexalgorithmus; er ist nur in jenen nicht zu häufigen Fällen überlegen, in denen der Simplexalgorithmus ganz schlecht abschneidet. Im Normalfall ist er dagegen keine Konkurrenz und wird somit die Welt nicht revolutionieren. Mit dem vom *Guardian* erwähnten »Problem des reisenden Handelsmannes« hat er ohnehin wenig zu tun.

So wird ein im Grunde positiver Versuch von Zeitungen (insbesondere der *New York Times*), gewisse mathematische Fortschritte zu popularisieren, durch eine falsche Rahmenhandlung entwertet. Vermutlich sind alle Beteiligten, Journalist, Leser und Wissenschaftler, durch solche Erfahrungen nicht gerade zu weiteren Versuchen ermutigt. Und so bleiben dann die Fragen: Benötigen die Ergebnisse der Mathematik wirklich solche Aufreißer, um auch für Laien interessant zu sein? Gibt es nicht andere Wege und Möglichkeiten, etwas von der Faszination, von der Freude an der Mathematik weiterzuvermitteln? Genau dies wollen wir in diesem Buch versuchen – wenig ist hier mehr als nichts.

Seltsamerweise gibt es mathematische Probleme, die immer und immer wieder Hobbymathematiker anziehen, obwohl diese Probleme längst gelöst sind. Die Fälle dieser »Winkeldreiteiler«, »Kreisquadrierer«, »Würfelverdoppler« sind manchmal geradezu tragikomisch; fast jeder Mathematiker an einer Universität kennt sie aus Briefen, Telefonaten oder Besuchen. Die Ergebnisse findet man manchmal sogar auf Plakaten aller Litfaßsäulen einer Stadt als großartige Verkündigung: »Das alte Problem, einen beliebigen gegebenen Winkel nur mit Zirkel und Lineal in drei genau gleich große Teile zu teilen, ist endlich gelöst!«, belegt mit einer wilden geometrischen Konstruktion, die ein, ja viele Dreiecke und auch etwas, was ungefähr wie eine Dreiteilung aussieht, zeigt, sowie mit einer »beweisenden« Formelzeile ohne Bezug zur Zeichnung – so geschehen zum Beispiel in den fünfziger Jahren in München. Ähnlich, wenn auch viel länger, sehen Briefe aus, die ebenfalls dreiteilen, die zu einem gegebenen Kreis ein flächengleiches Quadrat mit Zirkel und Lineal konstruieren, die zu gegebenem Würfel die Kante eines anderen Würfels konstruieren, der dann doppeltes Volumen hat, usw. Natürlich gibt es auch Widerlegungen der Relativitätstheorie, Beweise der Fermatschen Vermutung (schön wäre es), manchmal publiziert in einem eigenen Verlag.

Es gibt Mathematiker, die solche Abhandlungen sammeln, ja psychologische Analysen über diese »Winkeldreiteiler« anstellen [9]. Ihre Berichte unterstreichen eher den tragischen Charakter. So sind Dreiteiler oft Besessene und deshalb Unbelehrbare; ihre Konstruktionen sind mehr oder weniger gute Näherungen, und sie werden es nur selten akzeptieren, wenn sie hören, daß die Unmöglichkeit ihres Unterfangens, der exakten Teilung etwa, schon seit über hundert Jahren bewiesen ist. Dies ist kein Wunder, wenn man bedenkt, daß sie in vierzig Jahren über 120 000 Arbeitsstunden in ihr Werk gesteckt, Hunderte von Briefen geschrieben haben, um Anerkennung zu finden, und die Unmöglichkeitsbeweise einfach nicht verstehen. Es ist offenbar auch nicht leicht zu erfassen, was es heißt, mathematisch sei etwas unmöglich; oft wird eine solche Aussage als Eingeständnis der Schwäche der Mathematiker interpretiert.

Das folgende Bild zeigt eine sehr einfache Konstruktion einer Dreiteilung eines gegebenen Winkels $\sphericalangle$ 0AB.

Diese Zeichnung erhält man (hoffentlich liegen wieder Papier und Bleistift bereit, um selber etwas zu tun und nicht nur zu lesen) auf folgende Weise: Zeichne durch den Punkt B eine Parallele zu der Geraden, die durch die Punkte 0 und A geht, markiere auf der Geraden durch 0 und A die Punkte C und D so, daß die Strecken $\overline{0A}$,

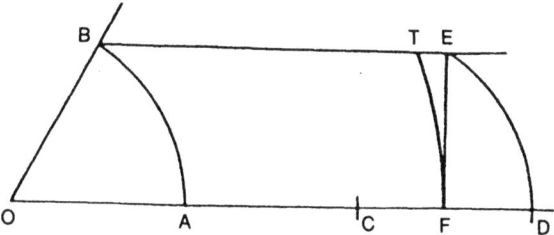

$\overline{AC}$ und $\overline{CD}$ gleich lang sind, zeichne um C einen Kreis mit dem Radius $\overline{CD}$, dieser schneidet die Parallele zu $\overline{OA}$ in dem Punkt E, fälle von E das Lot auf die Strecke $\overline{OD}$, markiere den Fußpunkt F, und zeichne um 0 einen Kreis mit dem Radius $\overline{OF}$. Dieser Kreis schneidet die Parallele zu $\overline{OA}$ in einem Punkt T. Die Gerade durch die Punkte 0 und T soll nun den Winkel 0AB dritteln. Diese Konstruktion ist »so gut« wie die Formel $\sin\frac{\alpha}{3} = \frac{\sin\alpha}{2+\cos\alpha}$, also wunderbar für $\alpha = 0$ und $\alpha = \frac{\pi}{2}$ (d. h. $\alpha = 90°$) und sonst nicht schlecht, aber eben nicht exakt, nicht »gleich«, sondern »ungefähr gleich«. Es gibt eben keine Konstruktion nur mit Zirkel und Lineal, die für alle nur denkbaren Winkel eine genaue Dreiteilung vornimmt, und dies ist seit 1837 bekannt. Genausowenig gibt es eine reelle Zahl x mit $x^2 = -1$. Diese Tatsache sieht allerdings (fast) jeder ein – nun es gibt eben auch kein x, dessen Quadrat »ungefähr gleich« -1« ist.

Wenn auch Hobbymathematiker dieser Art eher den Eindruck verstärken, daß Mathematiker weltfremde Menschen sind, die sich von der Wirklichkeit, vom eigentlichen Leben entfernt haben, so zeigen sie doch immerhin, daß das Spielerische in der Mathematik, das Lösen mathematischer Rätsel, im Prinzip eine große Anziehungskraft besitzt, die Begeisterung, ja Leidenschaft zu entfachen versteht, und es ist nur zu bedauerlich, daß soviel Begeisterung in die falsche Richtung geht. Dennoch scheint uns heute diese Anziehungskraft so wenig sichtbar, die Freude an der Mathematik kaum spürbar. Werden Anziehungskraft und Freude in der Schule verschüttet, etwa durch zu hohe und zu frühe Abstraktion? Wenn dies so ist: Wie kann dann diese Freude wiedererweckt werden? Durch den verstärkten Umgang mit Computern, weil für viele der Umstand, Mathematik zu betreiben, gleichbedeutend damit ist, Computer zu nutzen?

Computer genießen in der Tat genügend öffentliches Interesse; sie sind zum Lieblingsspielzeug geworden, zum Weihnachtsschlager; es gibt Computerzeitschriften, Computermessen, Computerkurse, Computerspiele usw. Computer bedrohen die Arbeitsplätze oder retten den Wohlstand, steuern Raketen und entscheiden so vielleicht über Fortbestand oder Untergang der Menschheit. Hat sich vielleicht nicht einfach das Interesse von der allgemeinen Mathematik weg hin zu ihrem scheinbar wichtigsten Aspekt verlagert?

Nun ist das Verhältnis der Mathematik zur Informatik, wie die Wissenschaft vom Computer in Deutschland heißt, in der Tat eher komplex, und wir werden ausführlich im siebten Kapitel darauf eingehen. Die Meinung, daß trotz aller – zugegebenermaßen äußerst intensiven – Kooperation dieser beiden Wissenschaften Mathematik und Informatik im Grund verschieden sind, wird heute von den meisten Fachleuten geteilt. Allerdings werden die Unterschiede oft gerade auch von Abiturienten, die vor ihrer Studienwahl stehen, nicht klar gesehen. Wir sind überzeugt, daß ein nennenswerter Prozentsatz an Informatikstudenten dieses Fach wegen ihrer mathematischen Neigungen aus falschem Verständnis hinsichtlich der Rolle der Mathematik in der Informatik bzw. der Informatik in der Mathematik wählt.

So gehört zum Beispiel das Problem der linearen Programmierung, das wir weiter oben näher erläuterten, trotz des irreführenden Namens und trotz der Tatsache, daß man zur Durchführung des Rechenverfahrens natürlich einen Computer benötigt, eindeutig zur Mathematik. Auf der anderen Seite ist die Aufgabe, einen Rechner, einen Prozessor zu entwickeln, der diese Verfahren besonders effizient, schnell, genau ausführt, ein Problem für die Informatik. Sie ist eine technische Disziplin, die wie alle technischen Disziplinen, sicher sogar in einem besonderen Maße, der Mathematik bei ihren Forschungs- und Entwicklungsaufgaben bedarf und die überdies der Mathematik ein wertvolles Werkzeug, den Computer, zur Verfügung stellt. Aber sie ist ebensowenig Mathematik, wie sich umgekehrt Mathematik in der Benutzung von Computern erschöpft. Deshalb ist das Interesse an den Computern auch nicht ein Interesse an der Mathematik, obwohl es natürlich jenes nach sich ziehen oder aus ihm entstehen kann.

Jetzt haben wir uns aber lange genug über fehlendes oder vorhandenes Interesse an der Mathematik, über Zerrbilder von der

Mathematik ausgelassen. Wir wollen auf den folgenden Seiten überzeugen, daß es sich dabei wirklich um Zerrbilder handelt: »Mathematik ist nicht trocken, sondern voller Phantasie, nicht langweilig, sondern voller Schönheit, logisch, aber dennoch von ungeheurer Kreativität, uralt, aber voll neuer Ideen. Mathematik ist wie das Spiel, wie die Kunst ein Bestandteil, ja vielleicht sogar ein besonders sensibler Repräsentant der Kultur und nicht zuletzt ein unersetzliches Hilfsmittel der Naturwissenschaften, der Technik, der Wirtschaft. Mathematik ist Werkzeug und Spiel und notwendigerweise beides. Mathematik liefert auch oft genug einen Anreiz, zu philosophieren, zur rationalen Reflexion in einem irrationalen Hin und Her zwischen Fortschrittsgläubigkeit und Fortschrittsfeindlichkeit!« Sie glauben das alles nicht? Wir werden sehen!

2. Findet oder macht man Mathematik?

Von der Entstehung mathematischer Ideen

Es ist wohl die Vorstellung der meisten Menschen: Mathematik zu betreiben besteht darin, mathematische Wahrheiten zu entdecken. Nach dieser Vorstellung gibt es irgendwo ein Reich der Mathematik, in das der Mensch eindringt, das er erforscht, dessen Schönheiten er findet, dessen Wahrheit er entdeckt. Wie die Entdecker vergangener Jahrhunderte Teile Afrikas, Asiens, Amerikas fanden und beschrieben, so entdecken Mathematiker Teile eines Ideenreiches. Dieses Ideenreich, das Reich der mathematischen Wahrheiten, der mathematischen Objekte, ist ewig und unveränderlich, unabhängig vom menschlichen Geist. So haben beispielsweise Newton und Gottfried Wilhelm Leibniz (1648–1716) mit der Existenz mathematischer Objekte in einer Ideenwelt keine Probleme, da für sie als Christen die Existenz eines göttlichen Geistes selbstverständlich ist. Nicht umsonst sagt man noch heute im Volksmund: zwei und zwei ist vier, wenn man ein Beispiel für eine unveränderliche, nicht zu diskutierende Wahrheit sucht.

Die Ideen sind das eigentlich Wirkliche, und alles andere sind Erscheinungen, die kommen und gehen, verändert werden können. Wirklich ist dann allein die »Idee eines Dreiecks«, und all die ungenauen Dreiecke, die wir zeichnen, sind vergängliche, vage Abbilder dieser einzig wahren Idee. Dieses ideale Dreieck hat eine Winkelsumme von 180°, und man kann dies mit einer gewissen Genauigkeit an einem gezeichneten Dreieck nachprüfen:

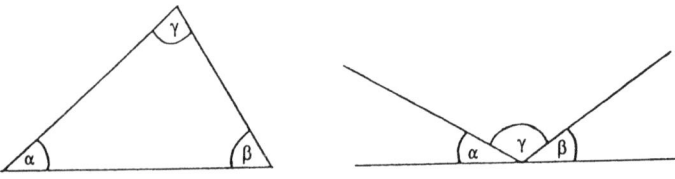

(Man schneide das Dreieck aus, reiße die Winkel ab, und füge sie wie rechts gezeigt aneinander.)

Ein idealer Winkel kann auch mit perfektem Zirkel und Lineal nicht dreigeteilt werden, ein realer im Rahmen einer gegebenen, nicht zu großen Genauigkeit vielleicht.

Man nennt diese philosophische Auffassung »Platonismus« nach dem griechischen Philosophen Platon (ca. 427-347 v. Chr.), bei dem Ideen den höchsten Wirklichkeitsgrad besitzen. Für ihn besteht die Aufgabe der Philosophie darin, die eigentliche Wahrheit hinter dem Schein von Ansichten und Erscheinungen, von Veränderungen und Illusionen der irdischen Welt aufzudecken. Der Mensch sitzt gleichsam in einer Höhle, mit dem Rücken zum Eingang, und sieht von der Wirklichkeit draußen – dem Reich der Ideen – nur einen Schatten an der Höhlenwand. Die Wahrheit, die diesem Schatten zugrunde liegt, erkennt er nur durch seinen Verstand, seine Vernunft. Für Platon sind auch Sterndaten, wie die Positionen der Sterne und ihre Bewegungen, nur Ergebnisse von Beobachtungen materieller Dinge – Schatten –, sagen aber nichts aus über die Wahrheit, die in der Veränderung »wahrer Zahlen und Figuren« besteht. Diese Wahrheit kann ebenfalls nur durch den Verstand, nicht aber durch das Experiment erforscht und gefunden werden.

Platon räumt der Mathematik bei dieser Aufgabe eine zentrale Bedeutung ein, da das mathematische Wissen das herausragende Beispiel eines Wissens ist, das unabhängig von der sinnlichen Erfahrung ist, ein Wissen um ewige und notwendige Wahrheiten. Mathematik ist ein Teil jenes Ideenreiches, Mathematik als Wissenschaft fördert daher Wahrheit zutage. Da dieses mathematische Ideenreich bereits vorhanden ist und nur entdeckt werden muß, könnte es eines Tages in seiner ganzen Fülle entdeckt werden; und es ist daher nicht selten verwunderlich, daß Mathematiker gefragt werden, ob es denn in der Mathematik überhaupt noch etwas zu entdecken gebe.

Heute gilt der Platonismus als unhaltbar, obwohl man den Eindruck haben kann, daß mehr als 90 Prozent aller Mathematiker diese philosophische Grundhaltung haben [10]. Wir wollen an dieser Stelle vermerken, daß auch solche Mathematiker, die sich nicht zum Platonismus bekennen bzw. diese philosophische Grundhaltung sogar strikt ablehnen, dennoch oft genug in ihrem täglichen Verhalten wie Platoniker handeln und sprechen. Ein Mathematiker, der seinen Kollegen fragt: »Glauben Sie, daß eine Funktion mit diesen und jenen Eigenschaften existiert?«, spricht wie ein Platoniker, selbst wenn er keiner ist. Ein Mathematiker, der Stunden und Tage damit verbringt, ein Gegenbeispiel zu einer Vermutung zu finden, handelt wie ein Platoniker insofern, als er die Existenz eines solchen Beispiels vermutet. So betrachtet, ist die weite Verbreitung des Platonismus als informelle und stillschweigend geduldete Arbeitsphilosophie eine bemerkenswerte Tatsache.

Dennoch, so ganz spurlos ist die Geschichte der Philosophie seit Platon, sind René Descartes (1596–1650), Thomas Hobbes (1588–1679), Immanuel Kant (1724–1804) oder in neuerer Zeit Bertrand Russell (1879–1970), Karl Raimund Popper (1902–1991), Imre Lakatos (1922–1974), Paul Feyerabend (geb. 1924) usw. am Selbstverständnis der Mathematik nicht vorübergegangen. Wir wollen in nachfolgenden Kapiteln eine moderne Metamorphose dieses Platonismus zu skizzieren versuchen.

Der völlig entgegengesetzte Standpunkt wird verdeutlicht in den Behauptungen: Mathematik existiert nicht und muß daher auch nicht entdeckt werden, sondern Mathematik macht man, sie entspringt einem menschlichen Schöpfungsakt. Der Mensch erschafft Mathematik, so wie er ein Kunstwerk oder manchmal auch ein technisches Werk schafft. Mathematik gehört zur Kultur wie Kunst und Technik, und sie hat auch ihre soziologischen Aspekte. Jede Kultur hat ihre Mathematik, oder, genauer ausgedrückt, sie leistet ihren spezifischen Beitrag zur Mathematik, einen Beitrag, der ihren sozialen und historischen Gegebenheiten und Bedürfnissen entspricht.

Schauen wir uns einige einfache Beispiele an. Jeder kennt »Bruchrechnung«. Manchen ist sie zwar nicht ganz geheuer, aber dennoch ist

$$\frac{1}{2}+\frac{1}{3}=\frac{3}{6}+\frac{2}{6}=\frac{5}{6} \quad \text{oder allgemein} \quad \frac{a}{b}+\frac{c}{d}=\frac{ad+cb}{bd},$$

wobei $b \neq 0$ und $d \neq 0$ sein müssen, eine »ewige Wahrheit«, fast wie $2 + 2 = 4$. Manchmal findet man ja in Mathematikklassenarbeiten oder sogar in Mathematikklausuren eine unbewußte Anwendung der Formel

$$\frac{a}{b}+\frac{c}{d}=\frac{a+c}{b+d},$$

aber dann ist das selbstverständlich falsch, wird zu Recht als fast unverzeihlicher Fehler angesehen.

Dies liegt an der Bedeutung der Zahlen $\frac{a}{b}$, $\frac{c}{d}$ usw. und an der Bedeutung der Addition; es liegt daran, daß wir eine bestimmte Anwendung im Sinn haben. Wir denken, daß wir Mengen, deren Maße wir durch a/b bzw. c/d beschreiben, zusammenlegen; so lernen wir Bruchrechnung in der Grundschule schon dadurch, daß wir fragen: »Wenn Franz ⅓ der Geburtstagstorte und Hans die Hälfte von ihr essen wollen, wieviel bleibt dann für Hilde übrig?« Abgesehen davon, daß Hilde – zu Recht – denkt, es bleibe ihr zu wenig, sind doch alle nach einiger Zeit der einhelligen Meinung, daß man den Kuchen in 6 Teile teilen muß (zum Glück läßt sich ein Winkel von 180° in drei gleiche Teile teilen) und Franz 2, Hans 3 und Hilde 1 Stück bekommen.

Nehmen wir aber an, daß eine Klasse mehr an Fußball als an Kuchen interessiert ist – eine doch nicht ganz unvernünftige Annahme – und daß die Aufgabe lautet: »Eine Mannschaft spielt am ersten Sonntag 1 : 3, am zweiten 1 : 2, welches Torverhältnis hat sie dann?« Die Rechnung ergäbe schnell 2 : 5, also

$$1 : 3 + 1 : 2 = 2 : 5 \text{ oder } \frac{1}{3} + \frac{1}{2} = \frac{2}{5}.$$

Unsere »falsche Regel« von vorhin ist also eine richtige Fußballregel. Die Bedeutung von a/b ist jetzt aber kein Maß, sondern das Verhältnis der geschossenen zu den erhaltenen Toren, und das Zeichen »+« bedeutet nicht die übliche Addition, sondern die Zusammensetzung zweier Fußballresultate. Man kann auch eine vollständige Fußballarithmetik entwickeln; diese ist dann nicht falscher als die übliche. Weil Zahlen aber meist als Maße für Mengen interpretiert werden und die Addition der Vereinigung dieser Mengen angepaßt ist, deshalb rechnen wir so, wie wir rechnen, und nicht, weil diese Rechnung wahrer ist. Eine reine Fußballkultur hätte eine andere Regel, genauso wahr und richtig.

Man kann hier einwenden, daß dies ein erfundenes Beispiel ist, aber die Geschichte ist voll von wirklichen Beispielen. Raymond L. Wilder (1896–1982) hat davon einige zusammengetragen [11]. Da gibt es zum Beispiel Indianerstämme, die nur wenige Zahlen benötigen, und viele, die dafür aber zehnmal so viele Namen für verschiedene Gräser haben wie wir. Gräser sind in ihrer Kultur eben sehr viel wichtiger als Zahlen, die Kenntnis ihrer Wirkung wichtiger als die Größe ihrer Familie. Ihre Mathematik ist kaum entwickelt, weil ihr Leben keine Mathematik benötigt.

Diese Beispiele zeigen, wie gesellschaftliche Bedürfnisse oder auch nur Gegebenheiten den Entwicklungsgang der Mathematik beeinflussen. Nach Wilders Auffassung verhält sich eine Kultur, auch eine »mathematische Kultur«, wie eine Gattung von Lebewesen, die sich entwickelt; so stirbt die griechische Mathematik nicht aus, und die arabische Mathematik entsteht nicht zu diesem Zeitpunkt aus dem Nichts, sondern Mathematik wandert von den Griechen zu den Arabern und ändert den Verlauf ihrer Entwicklung, bedingt durch andere kulturelle Kräfte, das heißt, sie paßt sich der neuen Umgebung an. Und so sind für Wilder auch Mathematiker soziale Wesen, die Probleme bearbeiten, welche die zugrundeliegende Kultur für wichtig erachtet, das heißt, es gibt kulturelle Kräfte, die bestimmen, welche Probleme gelöst werden sollen [10].

Es gibt daher auch mathematische Stile oder wenigstens mathematische Moden. Sicher werden Moden auch von Modemachern bestimmt, aber diese Modemacher sind eingebunden in den Geist ihrer Zeit und spiegeln ihn wider. Heute, in einer Zeit des raschen Informationsaustausches, des Wissenschaftstourismus mit seinen unzähligen Kongressen, Symposien, Workshops – oder wie immer solche Treffen heißen –, sind mathematische Moden weniger beeinflußt durch einzelne große Geister, sondern mehr von Schulen, Familien. Fast jeder Mathematiker gehört aufgrund seines Arbeitsgebietes naturgemäß zu der mehr oder weniger großen Familie ebenjener Wissenschaftler, die dasselbe Forschungsgebiet bearbeiten. Außerhalb einer Familie zu leben, gar Hochschulkarriere zu machen ist fast unmöglich; nur wenigen gelingt ein solcher Ausbruch und die Gründung einer eigenen neuen Familie.

Wodurch die Mode letztendlich bestimmt wird, ist nur schwer zu erkennen: Oft ist es der Erfolg einer bestimmten neuen Idee bei der Lösung eines alten Problems, der die ganze Familie dazu veranlaßt, diese Idee restlos auszubeuten. Alle untersuchen dann, in welchen Fällen die Idee von, sagen wir, Meier noch trägt, erfinden und beweisen dann »Sätze vom Meier-Typ«, nennen mathematische Räume, in denen man diese Idee anwenden kann, »Meier-Räume«, erfinden den »Meier-Index« als Gradmesser dafür, wieviel die Idee für ein Problem bringt. Das geht so lange, bis Huber eine andere Idee hat. Es bilden sich interessante Familien mit spannenden, schönen, lohnenden Problemen, und (fast) jeder Mathematiker wird diese Einschätzung teilen.

Es gibt einen mathematischen Geschmack, der für Mathematiker deutlich spürbar ist, der im Laufe der Zeit aber wechselt; einige sprechen sogar von einem mathematischen Stil, so wie man daran gewöhnt ist, in der Geschichte, der Literatur, der Musik, der Kunst und der Architektur von Stilen zu sprechen. So stellt der Mathematiker Karl Heinrich Hofmann 1981 in einem Vortrag die These auf, »daß auch die Mathematik in ihrem geschichtlichen Werden durch Stile gekennzeichnet ist, die sich mit dem Ablauf der Zeiten wandeln« [12, S. 171]. Wenn man eine solche These als sinnvoll akzeptiert, dann ist auch eine Untersuchung darüber berechtigt, »in welcher Beziehung die Stile der Mathematik zu den Stilformen in anderen kulturgeschichtlichen Bereichen stehen, inhaltlich sowohl als auch zeitlich« [12, S. 171]. Eine solche Untersuchung wäre in der Tat sehr interessant, ist aber nach unseren Kenntnissen noch nicht sehr intensiv betrieben worden. Da man Mathematiker sein sollte, um auch von Mathematikern akzeptiert zu werden, und da Mathematiker solcher Art von Untersuchungen (Hofmann spricht von Spekulationen) meist mißtrauisch gegenüberstehen, wird man auch in Zukunft wohl kaum große Fortschritte in dieser Richtung erwarten können.

Hofmann untersucht die Frage nach der Beziehung der mathematischen Stilformen zu den anderen Stilformen mit aller Vorsicht, wenn er sich zum Vergleich der Kunstgeschichte und da auch nur einem »den bildenden Künsten (einschließlich der Architektur) und der Mathematik gemeinsamen Grundproblem« zuwendet, nämlich dem »der geistigen Bewältigung des Raumes«. Anhand der Geschichte des Raumbegriffes und der Raumvorstellung versucht er einen Stilvergleich zwischen Mathematik und bildender Kunst, nicht systematisch, was den Rahmen seines Vortrages sprengen würde, sondern durch Darlegung von Beispielen aus der griechischen Kulturgeschichte, der Kulturgeschichten des Mittelalters, der Renaissance und des Barocks.

So behauptet Hofmann, »daß der Raumbegriff, der seinen mathematischen Ausdruck in Euklids Elementen gefunden hat, im Innern verträglich ist mit dem Raumgefühl, das sich in den klassischen Formen griechischer Architektur ausdrückt«. Ein Schlüsselbegriff der Begründung ist der der Symmetrie, der Symmetrie im Raum, ihrer engen Beziehung zu den sogenannten regulären Polyedern, zu Tetraeder, Würfel, Oktaeder, Dodekaeder und Ikosaeder (mehr gibt es nicht).

36 Findet oder macht man Mathematik?

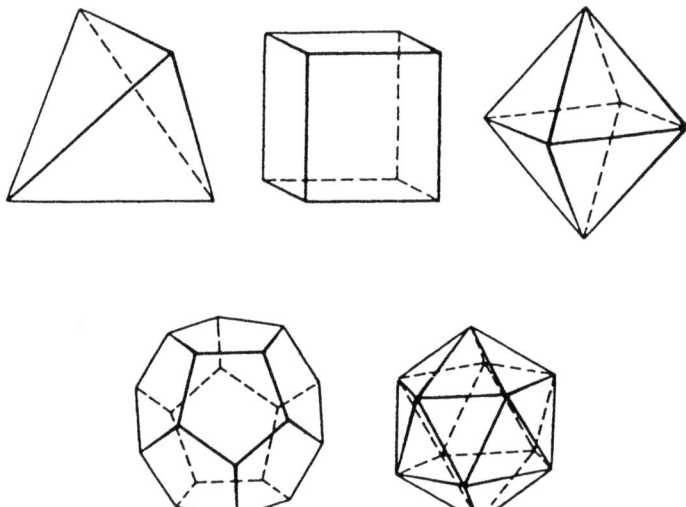

Von diesen fünf regulären Polyedern ist der Würfel ohne Zweifel der unmittelbaren Erfahrung am nächsten, eine Eigenschaft, der er der »Allgegenwart rechter Winkel in seiner Geometrie« verdankt. Rechte Winkel und verwandte Begriffe stehen im Zentrum der euklidischen Geometrie *und* der griechischen Architektur. »Die wesentlichen Elemente des Kerns der euklidischen Geometrie, *Gerade, rechter Winkel, Parallelität, Symmetrie, Rhythmus*, haben in der griechischen Architektur einen bleibenden Ausdruck gefunden« [12, S. 177]. Aber Hofmann muß auch feststellen, daß ihre künstlerische Formulierung ihrer endgültigen mathematischen Formulierung um rund zweihundert Jahre vorauseilt. »Die künstlerische Durchformung des Stils der Raumerfassung bereitet den Boden für die begriffliche« [12, S. 177].

Ob diese Beobachtungen ausreichende Beweise für eine tiefliegende Verwandtschaft zwischen griechischer Mathematik und Kunst liefern, scheint fragwürdig. Erkennbar jedoch ist: Die griechische Kunst benutzt intensiv aus ästhetischen, vielleicht auch aus funktionalen Gründen gewisse Ordnungsprinzipien. Die Mathematik in diesem Kulturraum versucht, diese Ordnungsprinzipien zu beschreiben und weiterzuentwickeln. Hier zeigt sich etwas, was man als einen direkten Zusammenhang bezeichnen könnte: die Kunst als Ursache, die Mathematik als Wirkung, die Kunst wird mathematisiert, die Mathematik beschreibt künstlerische Phänomene. In diesem Sinn ist die griechische Mathematik, normalerweise die erste »reine Mathematik« der Geschichte, dann eine angewandte Mathematik, angewandt auf die Kunst.

Es mag aber einen noch tieferliegenden, indirekten Zusammenhang geben: Vielleicht liegen griechischer Mathematik und griechischer Kunst das gleiche Streben, ähnliche Wünsche und Gefühle zugrunde, etwas, was man mit »Zeitgeist« bezeichnen könnte. Natürlich ist dies eine sehr vage Vermutung, solange man nicht in der Lage ist, den »Zeitgeist« zu beschreiben, eine gemeinsame Basis für Kunst und Mathematik zu finden, gewissermaßen Oberstrukturen, in die beide Bereiche eingebettet werden können. Nach unserer Auffassung wäre das eine faszinierende, möglicherweise hoffnungslose Aufgabe, die uns aber immer wieder begegnen wird. Eine Lösung, auch nur einigermaßen überzeugende Lösungen von kleineren Detailproblemen, können wir nicht anbieten. Vielleicht aber liefert die sozio-mathematische Sichtweise, wie wir sie auch bei Wilder finden, bedenkenswerte Hinweise. Lassen wir uns deshalb ein wenig auf die Geschichte der Mathematik ein.

Als Stammvater der antiken griechischen Wissenschaft wird Thales von Milet (ca. 624–546 v. Chr.) angesehen, als Begründer der sogenannten milesischen (nach der Stadt Milet an der kleinasiatischen Küste) oder ionischen (nach dem griechischen Stamm der Ionier) Schule. Ihre bekanntesten Vertreter nach Thales sind Anaximander (ca. 611–546 v. Chr.) und Anaximenes (ca. 584–525 v. Chr.), beide aus Milet. Das anfängliche mathematische Wissen der Griechen entsteht wohl durch Übernahme der mathematischen Kenntnisse der Ägypter und Babylonier. So nimmt man an, daß Thales Ägypten und Babylonien besucht hat und dort mit diesen Kenntnissen in Berührung gekommen ist. Es ist wohl kaum zu bezweifeln, daß solche elementaren Feststellungen wie die Gleichheit der Winkel an der Grundlinie im gleichschenkligen Dreieck oder die Teilung des Kreises durch den Durchmesser in zwei Hälften, die Thales zugeschrieben werden, auch schon in Ägypten und Babylonien bekannt waren. Aber im Verlauf von nur ein, zwei Jahrhunderten verstehen es die Griechen, sich das mathematische Erbe ihrer Vorgänger anzueignen, das in Jahrtausenden angesammelt worden ist.

Insofern übernehmen die Griechen das Ausgangsmaterial für ihre Mathematik von ihren Vorgängern; die Gattung »mathematische Kultur« wandert nach Griechenland. Doch: »Zu Thales' Zeiten waren die ägyptische und babylonische Mathematik schon längst tote Weisheiten. Man konnte die Rechenvorschriften entziffern und Thales mitteilen, aber man kannte den Gedankengang nicht mehr, der ihnen zugrunde lag« [13]. Neu ist nun die Art und Weise der Aneignung und Bearbeitung dieses Materials. Die Besonderheit besteht vor allem in dem Versuch, mathematische Erkenntnisse zu begründen, sie mit Hilfe der Vernunft zu rechtfertigen; die Beweisbarkeit erscheint als hervorstechender Charakterzug der griechischen Mathematik. So ist Thales bestrebt, das zu beweisen, was empirisch erhalten und in der ägyptischen und babylonischen Mathematik ohne hinreichende Begründung benutzt worden ist. Dabei interessiert hier nicht die empirische Begründung, sondern der tatsächliche Zusammenhang zwischen mathematischen Lehrsätzen.

Warum aber vertrauen die Griechen mehr der eigenen Vernunft, den eigenen Kräften als der Überlieferung, als der Autorität? Woher nimmt das Streben nach wissenschaftlichen Erkenntnissen, das tiefe Interesse an der Wahrheit seinen Anfang?

Im Griechenland, vor allem im Ionien dieser Zeit (8. bis 6. Jh. v. Chr.) vollzieht sich ein gesellschaftlicher Umbruch. Grund und Boden konzentrieren sich in den Händen einer mächtigen Stammesaristokratie, während eine immer größer werdende Anzahl einst freier Grundbesitzer ihren Anteil verliert. Handwerk und vor allem Handel (die geographische Lage Ioniens begünstigt dies in hohem Maße) gewinnen an Bedeutung, so daß die Beziehung zwischen der Aristokratie und dem Demos (das heißt den ruinierten Grundbesitzern, den Handwerkern, den Händlern) durch immer heftigere Auseinandersetzungen gekennzeichnet ist. Die Lebensumstände, die gesamte Lebensweise, die vielfältigen Arten der Tätigkeit, mit denen sich die Menschen auseinanderzusetzen haben, veranlassen sie, sich weniger auf die Überlieferung als vielmehr auf ihre eigenen Kräfte, auf ihre Vernunft zu verlassen. Darüber hinaus führen die Bekanntschaft mit anderen Religionen, mit anderen Kulturen, das Vorhandensein verschiedener religiöser Lebensweisen in den Mauern einer Polis (als Folge der gemischten ethnischen Zusammensetzung in vielen griechischen Stadtstaaten) zur Gegenüberstellung, zum Vergleich, zur geistigen Auseinandersetzung.

Dies alles mag erklären, warum sich die Griechen die mathematischen Kenntnisse Ägyptens und Babyloniens intensiv anzueignen beginnen und die mathematischen Zusammenhänge zu durchdenken und zu präzisieren versuchen. Nun braucht eine Präzisierung noch keineswegs die Form des Beweises anzunehmen. Daß dies dennoch so geschieht, mag als Ausfluß des Zeitgeistes angesehen werden, von dem wir sprachen. Es zeigt sich der Glaube an die menschliche Vernunft, an ihre Kraft, ihre kritische Auseinandersetzung mit den Errungenschaften der Vorgänger. Während bis zu den Griechen mathematisches Wissen fast ausschließlich der Befriedigung praktischer Bedürfnisse dient, ver-

Pythagoras-Skulptur (Jörg Sylin, d. Ä.) Historia Photo

wenden Thales und seine Nachfolger dieses Wissen zwar auch vor allem im Interesse der Befriedigung technischer Bedürfnisse, aber die wissenschaftliche Erkenntnis ist für sie mehr als nur ein dafür geeigneter Apparat.»Einzelne, höchst abstrakte, spekulative Elemente der Mathematik wurden in das naturphilosophische System eingeflochten und spielten hier zusammen mit astronomischen Behauptungen des Typs ›die Erde ist kreisförmig‹ oder allgemeinen naturphilosophischen Prinzipien der Art ›alles entstand aus dem Wasser‹ die Rolle von Antipoden gegenüber zweifelhaften mythologischen und religiösen Glaubensvorstellungen« [14].

Bei Pythagoras von Samos (ca. 560-480 v. Chr.) - jeder, der Mathematikunterricht gehabt hat, kennt den nach ihm benannten Satz - und seinen Anhängern lassen sich die gleichen Grundzüge der geistigen Tätigkeit feststellen. Doch gibt es eine Reihe wesentlicher Unterschiede. Mathematische Objekte werden als Urwesen der Welt betrachtet, und damit wird das Verständnis der Natur der mathematischen Gegenstände radikal verändert. Mathematik wird zum Bestandteil einer Philosophie, einer Religion, zum Mittel der »Reinigung der Seele«, der »Teilnahme am Göttlichen«, des »Erlangens der Unsterblichkeit«.

Einer der ersten, der die Ursachen für das Auftreten der pythagoräischen Auffassung der Mathematik zu erklären versucht, ist Aristoteles (384-322 v. Chr.): »... die sogenannten Pythagoräer [wandten sich] als erste der Mathematik zu; sie förderten diese und glaubten, als sie in ihr zu Hause waren, daß die Quellen der Mathematik die Quellen aller Dinge seien« [15; A5, 985b, S. 23]. Während die milesische Schule abstrakte, theoretische Forschung noch mit den Kenntnissen der angewandten Mathematik verbindet, um konkrete Aufgaben lösen zu können, erheben die Pythagoräer die Abtrennung der theoretischen Forschung von der praktischen Anwendung zum Prinzip.

Der Wohlstand Griechenlands jener Zeit gestattet einem bedeutenden Teil der »Freigeborenen«, sich nicht um die alltäglichen materiellen Nöte kümmern zu müssen, die körperliche Arbeit Sklaven übertragen zu können und deshalb über die erforderliche freie Zeit und die materiellen Mittel für eine aktive Teilnahme am politischen Leben sowie für die Beschäftigung mit Wissenschaft und Kunst zu verfügen. Philosophische Entwürfe und grundlegende Eigenschaften des mathematischen Denkens sind weiten Kreisen bekannt, Beschäftigung mit Musik und Theaterbesuch sind nicht Privileg eines nur kleinen Liebhaberkreises. Die Notwendigkeit, mit Darstellungen der eigenen Ansichten vor den Mitbürgern aufzutreten, scharfsinnige Streitgespräche zu führen, gerichtliche Angelegenheiten erfolgreich abzuschließen, erziehen zur Achtung der Redegewandtheit, der logischen Folgerichtigkeit und der Überzeugungskraft. Mathematik erscheint als untrennbare Komponente des kulturellen Lebens und geht als Pflichtdisziplin in das Bildungssystem ein [14, S. 35].

Gerade bei Platon lassen sich eine verstärkte Einflußnahme der Mathematik auf die Lösung einer Reihe philosophischer Probleme und ein großes Interesse an der Untersuchung methodologischer Fragen der Mathematik erkennen. So läßt in Platons »Menon« Sokrates (470–399 v. Chr.) – durch den Platon seinen Standpunkt zum Ausdruck bringen will – einen jungen Sklaven namens Menon, der nie Geometrie erlernt hat, zu sich kommen und führt ihn mittels einfacher und klarer Fragen zur Erkenntnis der geometrischen Wahrheit, daß die Fläche des großen Quadrats (vgl. Figur) zweimal die Fläche des Quadrats ABCD ist, dessen Diagonale gleich der Seite des großen Quadrats ist. Woher kann der Sklave dies wissen? Sokrates argumentiert, daß der Junge dies nicht in seinem irdischen Leben gelernt habe, daß dieses Wissen also eine Erinnerung aus dem Leben vor der Geburt sein müsse.

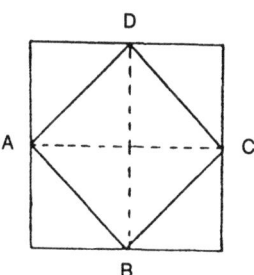

Erkenntnis ist also Rückerinnerung dessen, was die Seele in der jenseitigen Welt gesehen hat. Der Weg vom Unwissen zum Wissen ist die Methode des Fragens und Antwortens. Platon stützt sich beim Erarbeiten grundlegender Teile seiner Philosophie (im Konzept der Erkenntnis als Rückerinnerung, in der Lehre vom Wesen des materiellen Daseins, vom Aufbau des Kosmos, in der Deutung sozialer Erscheinungen usw.) auf die Mathematik, indem er ihr eine bedeutende Rolle bei der logisch-konstruktiven Ausgestaltung seines philosophischen Systems zukommen läßt.

Wir haben an einigen Beispielen den Zusammenhang zwischen Mathematik und Philosophie darzulegen und in ihren Wechselbeziehungen dem Zeitgeist etwas klarere Konturen zu verschaffen versucht. Erkennbar ist, daß in jener Zeit der Wunsch nach Erkenntnis, die Suche nach Wahrheit nicht mehr durch mystische Erfahrungen befriedigt werden, sondern kraft der eigenen menschlichen Vernunft, kraft einer kritischen Denkhaltung. Eine Reihe von Forschern betrachtet diese Charakteristiken der Denktätigkeit als von vornherein gegeben, als »angeborene Eigenschaften des griechischen Geistes«, wobei hierzu kritisch zu bemerken ist, daß ebendieser »griechische Geist« jene Eigenschaften nach der hellenistischen Epoche verliert.

Es wäre sicher recht interessant – würde aber den Rahmen dieses Buches sprengen – den Zeitgeist im Spiegel der griechischen Musik zu suchen, war doch die Musik für die Griechen die Kunst schlechthin.

Aber wenden wir uns nun kurz dem Europa des Mittelalters zu. Hier müssen wir feststellen, daß eine Fortentwicklung der Mathematik so gut wie nicht stattfindet, daß das europäische Mittelalter ausgesprochen arm an Mathematik ist. Folgen wir Hofmann und beschränken uns auf das Raumgefühl als Indikator für Stilformen oder für den Zeitgeist, so bezeugt die mittelalterliche Malerei, daß der Raum des mittelalterlichen Menschen eher ein spiritueller ist, in dem sich hauptsächlich für seine unsterbliche Seele Wesentliches ereignet. »Dem mittelalterlichen Raumempfinden jedoch steht kein schöpferisch neuer Raumbegriff im mathematischen Sinn gegenüber«, schreibt Hofmann [12, S. 180]. Die Hochachtung für die Mathematik ist allerdings nicht verlorengegangen. So wird Christus als Weltenschöpfer dargestellt, der mit einem Zirkel in der Hand das Universum ausmißt; die Schöpfung wird als eine mathematisch verstandene Ingenieurleistung angesehen, Mathematik als Hilfe zur Bewältigung von Ingenieurproblemen, als Hilfe für Bauingenieure, diejenigen Bauwerke zu errichten, die dem Raumempfinden ihrer Zeit entgegenkommen.

Die Einschränkung auf das Raumempfinden scheint uns aber auch keine befriedigende Antwort auf die Frage nach der Wechselbeziehung zwischen Mathematik und Kunst, ihrem gemeinsamen

Von der Entstehung mathematischer Ideen 43

Weltenschöpfer – Christus mit Zirkel

Grund, zu liefern. Wenn, wie wir glauben, Mathematik und Kunst Ausdruck einer gemeinsamen Kultur sind, dann müssen wir uns fragen, warum dem vom mittelalterlichen Geist geprägten neuen Raumempfinden ein mathematischer Raumbegriff entspricht, der keinerlei Entwicklung aufweist.

Was ist das für ein Zeitgeist, der gotische Kathedralen hervorbringt, in denen Wände nicht mehr die Aufgabe haben zu tragen, sondern eher innen von außen zu trennen, den mittelalterlichen Menschen im Gottesdienst gleichsam schon dem Diesseits zu entrücken? Ordnet dieser Geist die Erforschung der physikalischen Welt und die Anwendung menschlicher Vernunft der alles beherrschenden Notwendigkeit der menschlichen Erlösung durch den christlichen Glauben unter? Sehen die Menschen die Aufgabe der Mathematik nur darin, die »universellen« Wahrheiten der Metaphysik zu präzisieren, wie es Jahrhunderte später Galileo Galilei (1564-1642) in seinem Dialog über die Weltsysteme Simplicio, dem Repräsentanten der Scholastik, in den Mund legt: »Die Philosophen beschäftigen sich wesentlich mit dem Universellen; sie ermitteln die Definitionen und allgemeinsten Kriterien, im einzelnen aber überlassen sie die nötigen Kunstgriffe und Nebendinge, welche dann nur mehr Kuriositäten sind, den Mathematikern.« [16, S. 172]? Haben die mittelalterlichen Menschen zu wenig Muße, den Raumbegriff neu zu durchdenken? Haben sie eine vorwiegend praktische Einstellung im Ringen mit dem Problem des Raumes, sind sie zu sehr von den praktischen Problemen beansprucht? Befriedigt die Naturalwirtschaft dieser Zeit die menschlichen Bedürfnisse an konkreten Gebrauchsgütern so sehr, daß der Tauschwert dieser Güter kein besonderes Interesse erweckt und sich deshalb die Rechen- und Meßgewohnheiten nur außerordentlich langsam entwickeln? Dies alles sind Fragen, deren Antworten dem Geist jener Zeit ein wenig plastischere Formen geben könnten, Fragen aber, auf die wir keine überzeugenden Antworten zu geben imstande sind.

Setzen wir uns wieder in den Zug der Geschichte und lassen uns in die Epoche bringen, die mit der letzten Hälfte des 15. Jahrhunderts beginnt, eine Zeit, die für uns Deutsche mit Reformation und Humanismus, für Franzosen und Italiener mit dem Begriff Renaissance verbunden ist.

Schon im späten 14. und im frühen 15. Jahrhundert erkennen wir in der Malerei Bestrebungen, den Raum, der uns umgibt und den wir beobachten können, realistisch wiederzugeben, also einen dreidimensionalen (Umgebungs-)Raum auf einer zweidimensionalen (Zeichen-)Ebene darzustellen. Dabei wird aber noch nicht erkannt, daß dies eigentlich ein mathematisches Problem ist, und die Bilder weisen deshalb auch noch keine geometrisch konstruierte Perspektive auf.

Mit dem wiedererwachten Interesse an der Antike (dies bedeutet ja »Renaissance«) entsteht ein neuer Stil, in dem das Problem der Perspektive auch als mathematisches Problem erkannt wird: Die mit den Sinnen wahrgenommene dreidimensionale Realität muß in ein zweidimensionales Bild verwandelt werden – und zwar so, daß aus diesem die Realität wiedererkannt werden kann. Dieses Problem der Perspektive wird auch zunächst von Künstlern gelöst, etwa von Donatello (1386-1466) in seinen Reliefs und von Masaccio (1401-1428) in seinen Fresken. Die erste theoretische Abhandlung zu den mathematischen Problemen der Perspektive durch einen Maler stammt von Piero della Francesca (1416-1492), während in Deutschland etwas später Albrecht Dürer (1471-1528) Schriften zur Geometrie der Zentralperspektive und ihre Anwendungen verfaßt. Für alle diese Lösungen wird aber keine neue mathematische Theorie benötigt – die (alte) euklidische Geometrie stellt alle erforderlichen Grundlagen bereit. Die Renaissance macht sich den euklidischen Raumbegriff wieder völlig zu eigen und eröffnet ihm somit neue Anwendungen. Daß hinter der Perspektive eine neue, von der euklidischen Geometrie verschiedene Ordnungsstruktur steckt (die Mathematiker nennen sie »projektive Geometrie«), wird noch nicht erkannt.

Die Beziehung zu einem anderen »Kulturbereich« muß hier noch angesprochen werden, obwohl die wiedererlangte Bedeutung der euklidischen Geometrie nicht in ausreichendem Maß erklärt, warum jetzt, etwa zweitausend Jahre nach Aristarchos von Samos (3. Jh. v. Chr.) das heliozentrische Weltbild, das die Sonne zum Mittelpunkt unseres Universums macht, erneut als Idee vorgeschlagen wird und sich schließlich durchzusetzen beginnt. Nikolaus Kopernikus (1473-1543) stellt in seinem Buch »De revolutionibus orbium coelestium« dieses heliozentrische System vor, ist aber so vorsichtig, daß er die Veröffentlichung seiner Idee lange, bis kurz vor seinem Tod im Jahre 1543, zurückstellt; und in der Tat wird dieses Buch 1616 durch Papst Paul V. (1552-1621) auf den Index der verbotenen Bücher gesetzt. Hier wird dank der Mathematik eine Idee aus Beobachtungsmaterial gewonnen und in beweiskräftiger Form dargestellt; sie erhält den Status einer wissenschaftlichen Behauptung.

Galileo Galilei nimmt weder die Verbannung auf den Index noch die Verurteilung des Astronomen und Philosophen Giordano

Bruno (1548-1600) zum Tod auf dem Scheiterhaufen durch die Inquisition im Jahre 1600 ernst genug, um sich auf diesem Wege aufhalten zu lassen. Der Widerstand gegen die Ideen Kopernikus', gegen dieses neue Weltverständnis hatte sich in großem Maße verstärkt, da sie die religiös-scholastische Weltanschauung der kirchlichen Autoritäten in Frage stellten. Trotzdem veröffentlicht 1632 Galilei seinen »Dialog über die beiden hauptsächlichen Weltsysteme, das ptolemäische und das kopernikanische«, indem er das Für und Wider des heliozentrischen Weltbildes erörtert. Dies bringt ihn in Konflikt mit der Kirche, es kommt zum Prozeß, zu seiner Verurteilung, zu seinem Widerruf und zum Hausarrest im Alter von 70 Jahren.

Schon 1602 entdeckt Galilei, daß schwere Steine so schnell wie leichte Steine auf den Boden fallen, und schließt daraus, daß alle reibungsfrei fallenden Körper unabhängig von ihrer Beschaffenheit (am gegebenen Ort) gleich schnell fallen – oder präziser: die gleiche Beschleunigung erfahren, daß also die Fallbeschleunigung (weniger gut Erdbeschleunigung) konstant ist. Er benutzt diese Entdeckung, um ein altes Problem zu lösen, nämlich die Bahnkurve eines Balles zu bestimmen, der in die Luft geworfen wird. Galilei behauptet und beweist, daß solch ein Ball sich auf einer Parabel bewegt (wenn man weiterhin den Luftwiderstand vernachlässigt). Dies ist wohl das erstemal, daß eine Kurve, die kein Kreis, Kreisabschnitt oder Gerade ist, benutzt wird, um ein physikalisches Phänomen zu beschreiben.

Gerade am Beispiel des Wirkens Galileis wird deutlich, daß die Mathematik eine wesentliche Rolle in der Formulierung des neuen weltanschaulichen Systems spielt. Die Mathematik wird als Instrument der Entdeckung und der wissenschaftlichen Begründung allgemeiner Bewegungsgesetze sowohl von irdischen als auch von Himmelskörpern verwendet. Solche bemerkenswerten Erfolge wären wohl nicht errungen worden, wenn nicht der Verstand in den gemachten Beobachtungen und Erfahrungen Antwort auf vorher gestellte Fragen gesucht hätte, wenn er nicht die Rolle eines die Natur befragenden Richters eingenommen hätte. Mit Hilfe der Mathematik wird ein erdachter Plan einer naturwissenschaftlichen Situation, ein möglichst exaktes Modell der Wirklichkeit, geschaffen. Die ganze Auseinandersetzung um die Durchsetzung des heliozentrischen Weltbildes kann somit auch als eine Auseinandersetzung um die Berechtigung angesehen werden, die Mathematik als Instrument zur Aufdeckung von Gesetzmäßigkeiten der Wirklichkeit zu verwenden.

Die Neuorientierung mathematischer Modelle an Beobachtungsdaten läßt sich besonders eindrucksvoll im Wirken von Johannes Kepler (1571-1630) verfolgen. Im »Mysterium Cosmographicum« von 1596 versucht Kepler, ausgehend von der Überlegung, daß zwischen den Planetenbahnen unseres Sonnensystems mathematisch exakte Abhängigkeiten bestehen, diese durch ein System einbeschriebener Polyeder auszudrücken. Obwohl Kepler von einigen wahren Grundsätzen wie der Idee des heliozentrischen Aufbaus des Sonnensystems ausgeht, erweist sich diese Idee trotz aller platonischen Schönheit als falsch. Der Grund dafür besteht darin, daß die mathematische Beschreibung nicht auf der Verarbeitung von Beobachtungsdaten basiert, sondern daß vielmehr theologische oder metaphysische Ideen, wie die von der höchsten Harmonie des Weltalls, unkritisch übernommen werden. Die Vorstellung der Kreisförmigkeit der Planetenbahnen, die unbedingt durch reguläre Polyeder miteinander verbunden sein müssen, stützt sich eben nicht auf Beobachtungsergebnisse oder mathematische Berechnungen, sondern auf Spekulationen im Sinne platonischer Harmonie.

1600 kommt Kepler nach Prag, um dort als Assistent des berühmten dänischen Astronomen Tycho de Brahe (1546-1601) zu arbeiten. Dieser verfügt über eine enorme Menge neuer astronomischer Daten. Erst nachdem Kepler nach dem Tode Tycho de Brahes jahrelang über den genauen Beobachtungsdaten gebrütet hat, erkennt er seinen früheren Irrtum, versucht sein mathematisches Modell mit diesen Daten in Einklang zu bringen und schließt, daß die Planetenbahnen nicht aus reinen Kreisbewegungen zusammengesetzt werden können – es muß sich um Ellipsen mit der Sonne in einem der Brennpunkte handeln. Keplers beharrliches Festhalten an der Vorstellung, daß das mathematische Modell für Beobachtbares mit den Daten der Beobachtung übereinstimmen muß, ist ein prinzipiell neuer Weg, die Mathematik anzuwenden. Hier zeigt sich nun ein neues Gesicht des Zeitgeistes – »erklären«, »verstehen« bedeutet plötzlich, eine mathematische Beschreibung zu finden, die den Beobachtungen gerecht wird.

Wir wollen hier anmerken, daß ein solches Verfahren, das aus gegebenen Daten lernen will, um ein – möglichst einfaches –

mathematisches Gesetz zur Beschreibung dieser Daten zu finden, heute noch unter dem Namen *Systemidentifikation* insbesondere auch in der Ökonomie angewandt wird. Man beobachtet sogenannte Zeitreihen – das sind Folgen von Daten, die von der Zeit abhängen, wie etwa Fieberkurven, ökonomische Größen, wie etwa Zinsen oder Börsenkurse, oder eben die Positionen von Planeten zu verschiedenen Zeitpunkten. Leicht »erstickt« man dann in den Datenmengen – ein heute überall zu beobachtendes Phänomen. Man hat alle Daten, man weiß sozusagen alles, aber man verliert den Überblick über dieses Wissen, und dies wird dadurch wertlos.

Datenreduktion ist gefordert – am besten ein einfaches Gesetz, dem diese vielen Daten genügen. Erkennt man zum Beispiel, daß die Planetenbahnen Ellipsen sind, so muß man nur diese Ellipse beschreiben und eventuell noch Angaben über die Geschwindigkeit des Planeten auf dieser Ellipsenbahn haben, um seine Position in Vergangenheit und Zukunft zu kennen. Wenige Parameter, wie unter anderem die Halbachsen der Ellipse, genügen, um alle Beobachtungsdaten wegwerfen zu können.

Wie wir heute wissen, folgen die Planetenbahnen ja schon aus dem sogenannten Gravitationsgesetz, wonach die Kraft zwischen zwei Körpern in Position x und y durch $\gamma m_1 m_2 \frac{x-y}{\|x-y\|^3}$ gegeben ist; m_1, m_2 sind hier die Massen der Körper. Kennt man nun Orte und Geschwindigkeiten der Planeten nur zu einem einzigen Zeitpunkt sowie die Massen der Planeten, so kennt man ihre Bahnen zu allen Zeiten: Aus Millionen von Daten werden (bei sieben Planeten und der Sonne) gerade 56 Parameter.

Doch kehren wir zu Kepler zurück, dem dieses Gravitationsgesetz ja noch nicht bekannt ist. Das Gesetz über die elliptischen Bahnkurven der Planeten ist nur das erste von drei fundamentalen Gesetzen über die Bewegung von Planeten, das er entdeckt. Das zweite Keplersche Gesetz kümmert sich um die Geschwindigkeit von Planeten und besagt, daß, wenn ein Planet von Punkt A nach Punkt B in einer bestimmten Zeit wandert und für die Bewegung von A' nach B' dieselbe Zeit benötigt, in diesem Fall die Flächen SAB und SA'B' gleich sein müssen. Das erklärt, warum Planeten in der Nähe der Sonne eine größere Geschwindigkeit besitzen als in weiterer Entfernung. Keplers drittes Buch, »Harmonices mundi« aus dem Jahre 1619, enthält das dritte seiner Gesetze, das die Umlaufzeiten der Planeten mit ihren mittleren Abständen von der

Sonne verbindet, genauer: Das Quadrat der Zeit T, die der Planet benötigt, um eine Umlaufbahn zu vollenden, ist proportional der dritten Potenz der großen Achse a seiner elliptischen Umlaufbahn: $T^2 = K \cdot a^3$, wobei K eine vom Planeten unabhängige Konstante ist.

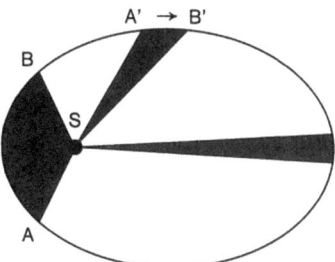

Zum zweiten Keplerschen Gesetz

Aber es ist erst Isaac Newton, der das dritte Keplersche Gesetz als die wesentliche Aussage aus dem Buch von 1619 herausliest. Auf seiner Basis und der Grundlage der beiden in der »Astronomia Novia« veröffentlichten ersten Gesetze begründet er die neue (heute klassisch genannte) Mechanik, zu der das eben erwähnte Gravitationsgesetz gehört. Unter den konkurrierenden naturwissenschaftlichen Konzeptionen in der mechanischen Weltanschauung, der Gravitationstheorie Newtons und der Winkeltheorie Descartes', setzt sich jene durch, die auf Beobachtung und mathematischer Berechnung gegründet ist. Newton widerlegt Descartes' Wirbellehre mathematisch, während die experimentelle Widerlegung 1736 durch die Lappland-Expedition zur Gradvermessung von Pierre-Louis Moreau de Maupertius (1698-1759) vollzogen wird, da so der Nachweis erbracht ist, daß die Erde entsprechend der Theorie Newtons an den Polen abgeplattet ist, während sie nach Descartes dort zugespitzt sein müßte.

Newton und Leibniz finden mit Hilfe der Differentialrechnung ein Mittel zur mathematischen Beschreibung physikalischer Systeme, während René Descartes durch Einführung des »kartesischen Koordinatensystems« in die Theorie des Raumes neue Möglichkeiten der Verbindung von Raumstruktur und Zahlen schafft; Maße, Quantitäten, Zahlen erhalten eine neue Bedeutung, der Raum wird »quantifiziert«, durch Zahlen beschreibbar gemacht. Die Mathematisierung erfaßt immer neue Seiten der Weltan-

Isaac Newton (Gemälde von G. Kneller) Historia-Photo

Gottfried Wilhelm Leibniz (Kupferstich von Ficquet) Historia-Photo

schauung bis hin zur Ethik, die man mehrfach als eigentümliche rationale Buchhaltung der Leidenschaften darzustellen versucht.

Was aber sind die Ursachen für die Entstehung und so stürmische Entfaltung der mathematischen, quantitativen Analyse als einem untrennbaren Bestandteil der mechanischen Weltanschauung? Welches Streben, welche Wünsche und Gefühle liegen zugrunde, wie läßt sich der Zeitgeist beschreiben, und, vor allem, welche Auswirkungen hat dieser auf die anderen Künste, auf die Musik, die Dichtkunst? Wiederum Fragen, die einer intensiven Untersuchung bedürfen, um dann auch nur vielleicht ausreichend beantwortet werden zu können.

Nicht haltbar scheint uns allerdings Hofmanns These, daß die Artikulation des Raumbegriffes einer Stilepoche im Bereich der bildenden Künste der Artikulation des entsprechenden Raumbegriffes in der Mathematik vorauseilt, in der Regel um anderthalb bis zwei Jahrhunderte, mit einer der allgemeinen Beschleunigung des Geschichtsablaufs entsprechenden abnehmenden Tendenz dieser Phasenverschiebung [12, S. 189]. Ein fast regelmäßiges Vorauseilen der Kunst um einen solchen Zeitraum scheint uns kaum verständlich; zweihundert Jahre bedeuten auch schon vor fünfhundert Jahren eine gewaltige Differenz. Warum sollte gerade die Mathematik so viel Erinnerung aufbewahren, so sehr nachhinken, wenn alles andere sich schon weiterentwickelt hat? Warum sollte das Raumgefühl des Barock, jener Kulturepoche von etwa 1600 bis 1750, die der Renaissance und dem Manierismus folgt bzw. aus ihnen hervorgeht, warum sollte dieses Raumgefühl, das nach Hofmann das euklidische übersteigt und in dem »die Bindung an die Geraden, die Parallelität, die Orthogonalität, den Kreisbogen, das heißt an die Grundelemente der euklidischen Geometrie bedeutungslos geworden ist« [12; S. 187], erst hundertfünfzig Jahre später ein entsprechendes Geometriekonzept in der Mathematik erhalten, wenn Mathematiker wie Gauß, Riemann, Poincaré eine »neue Geometrie« konzipieren? Reicht für dieses Raumgefühl nicht die Mathematik in der Barockzeit mit dem Studium von Kurven, ihrem Verlauf mit Knicken und Verzweigungen im *euklidischen* Raum als mathematisches Analogon aus?

Ist zur Erklärung der angesprochenen Fragen da doch nicht eher das Bild von einem »einzigen« Zeitgeist hilfreich, der bildende Kunst, Literatur, Musik, Technik, Naturwissenschaften und Mathematik hervorbringt? Dabei brauchen die verschiedenen Kinder dieses Geistes natürlich nicht immer gleich kräftig entwickelt zu sein; das geistige Klima mag manchmal das eine, manchmal das andere Kind begünstigen. Manche spielen miteinander, manche können sich nicht ausstehen. Aber aus genügend großem zeitlichen Abstand betrachtet, sollten doch bei allen Kindern ähnliche Züge erkennbar sein. Wir kennen jedoch keine Untersuchung, die sich mit diesen Fragen auseinandersetzt.

Noch schwieriger wird es, wenn wir uns der jüngeren Geschichte zuwenden, fehlt uns doch hier auch noch der genügend große zeitliche Abstand. Wie bei einem Bild, das nahe vor das Gesicht gehalten wird, wird man vielleicht Einzelheiten sehr genau erkennen und ihnen eine zu große Bedeutung im Vergleich zum Ganzen beimessen, das Werk in seiner Gesamtheit aber nur schwer beurteilen können.

Dennoch ist in den letzten fünfzig Jahren eine große Vielzahl von Richtungen nicht nur in der Mathematik, aber eben auch dort, zu beobachten. Zunächst gibt es, schon im letzten Jahrhundert beginnend, eine Entwicklung hin zur mathematischen Strenge und zur größeren Abstraktion. Diese wird noch gefördert von der Vorstellung, das ganze mathematische Gebäude auf einige wenige Grundprinzipien zurückzuführen, auf denen es dann »Stein für Stein« aufbaut. Gemeinsamkeiten verschiedener Bereiche bekommen dadurch klarere Konturen, daß soviel wie möglich an Unwichtigem, Zufälligem weggelassen wird; schließlich bleibt die reine »Struktur«, ein Ordnungsmuster. Man denke etwa daran, bei der Betrachtung eines Orientteppichs alle seine materiellen Attribute, wie die Fasern, aus denen er geknüpft ist, wie die Knüpftechnik usw., außer acht zu lassen und nur sein geometrisches Muster eventuell unter Einbeziehung der Farben in Betracht zu ziehen. Oder man denke daran, bei der Untersuchung einer Gesellschaft nur die Regeln zu beachten, die das Zusammenleben dieser Gesellschaft bestimmen, wie es beispielsweise die Ethnologie tut, wenn sie überschaubare Gesellschaften, etwa Indianerstämme, untersucht und deren Heiratsregeln, die Aufteilung des Stammes in Clans usw. herausarbeitet. Das Offenlegen solcher Ordnungsstrukturen erfordert nachträglich eine neue Systematisierung: Auch mathematische Einzelergebnisse werden in ein größeres System eingebunden, Zusammenhänge neu erkannt. Es entstehen neue Disziplinen, die die alten Hauptrichtungen der Mathematik vertiefen und bereichern.

In den fünfziger Jahren dieses Jahrhunderts wachsen dann eine ganze Reihe junger Mathematiker heran, die mit Begeisterung das Ziel vor den Augen haben, viele, ja fast alle wichtigen Sätze der Mathematik aus zwei Theoremen (Theorem A und Theorem B) herleiten zu können. Natürlich dauert diese »Herleitung« manchmal länger, ist schwieriger als manch direkter Beweis, aber dies ist kein zulässiger Einwand – der Gewinn dieses Mehraufwandes ist die Erkenntnis eines gemeinsamen Grundprinzips.

Eine Gruppe französischer Mathematiker, zu der unter anderen Henri Cartan (geb. 1904), Jean Alexandre Dieudonné (geb. 1906), Laurent Schwartz (geb. 1915) und André Weil (geb. 1906) gehören und die unter dem Pseudonym Nicolas Bourbaki, Professor in Nancago, veröffentlicht (man hat dieser fiktiven Person sogar Geburtstag, Geburtsort und eine Stelle gegeben; der Ort ist eine Mischung aus Nancy und Chicago), bildet die Hauptvertretung, ja wird zum Symbol dieser Richtung. Sie baut die Mathematik mit Hilfe axiomatischer Methodik, vom Allgemeinen zum Besonderen fortschreitend, nach strukturellen Gesichtspunkten auf. Bourbakis mathematische Strukturen sind hierarchisch gegliedert und stammen von drei Typen von Grundstrukturen ab, die als *Ordnungsstrukturen, algebraische Strukturen* und *topologische Strukturen* bezeichnet werden. Das Zusammenspiel zwischen ihnen liefert, wenn es gewisse Verträglichkeitsbedingungen erfüllt, die zahlreichen anderen Strukturen der Mathematik.

Bourbakismus – ein »Ismus« wie Konstruktivismus, Dadaismus, Strukturalismus? Dieser Bourbakismus lebt kein einsames Leben im Elfenbeinturm, ganz im Gegenteil – mit großem Schwung verläßt er die Universitäten, dringt in Schulen, Kindergärten, Familien: Die »Mengenlehre«, »new mathematics«, wird geboren, ein »Bourbakismus« für Anfänger, ein Zerrbild, schließlich auch für viele Eltern ein Schreckensruf, eine Quelle für Witze, ein Stoff für Chansons.

Heute scheint die Zeit des Bourbakismus weitgehend vorüber; ein neuer »Realismus« breitet sich aus. Ob damit das Ende einer mathematischen Stilepoche gekommen ist, ist schwer zu beurteilen. Immerhin wird die Frage nach dem Verhältnis der Mathematik zur realen Welt wieder intensiver gestellt; auch die »reinste« Mathematik sucht und findet Anwendungen etwa in der modernen Physik; mathematische Modellbildung und Modellauswertung für Biologie, Technik, Ökonomie, Kunst, Soziologie bekommen eine immer größer werdende Bedeutung. Dabei spielt auch eine nicht zu unterschätzende Rolle, daß der Mathematik ein neues, äußerst effizientes Hilfsmittel, der Computer, erwachsen ist.

Dem Kunst- oder Kulturhistoriker wäre nun die Frage zu stellen, ob nicht ähnliche Entwicklungen wie zunächst die der Abstraktion, der Entgegenständlichung, des Strukturalismus und dann die des wieder wachsenden Realismus, des größeren Interesses am Detail, der Frage nach dem Nutzen – dem Nutzen für mich, aber auch dem Nutzen für andere – auch in anderen Bereichen der Kultur während dieser Zeit auftreten. Bücher von Claude Levi-Strauss (geb. 1908) mit ihren schon kurz erwähnten Untersuchungen »primitiver Gesellschaften« deuten darauf hin, daß in Philosophie, Anthropologie, Linguistik usw. ein dem Bourbakismus ähnlicher Strukturalismus in Erscheinung tritt. Ob gewisse Richtungen der bildenden Kunst wie Jugendstil, Expressionismus, Konstruktivismus Facetten eines Zeitgeistes sind, ist für uns als Laien nur zu vermuten. Ist die Abstraktion der Zwölftonmusik, das Formale des Dadaismus verwandt mit der Suche nach allgemeinen mathematischen Strukturen? Paßt eine theoretisch konzipierte unprogrammatische Musik (»programmatisch« im Sinne einer direkten Beziehung zu außermusikalischen Bereichen) gut zur abstrakten Mathematik dieser Zeit? Hat vielleicht sogar das Vergnügen, die Genugtuung, die man bei Ausübung dieser Mathematik und dieser Musik erfährt, dieselben Wurzeln?

Es kann natürlich auch sein, daß diese vermutete Verwandtschaft aus dem direkten Kontakt der Menschen, aus dem heute so einfachen Informationsaustausch herrührt. Schließlich hören auch Mathematiker Musik, treffen Mathematiker Maler, lesen sie Abhandlungen von Philosophen, nehmen am Zeitgeschehen teil. Wie viele Stunden Schulmathematik hat auf der anderen Seite nicht jeder am Ende seiner Schulkarriere hinter sich, gleich ob er Musiker, Maler oder Philosoph geworden ist! Auch wenn Mathematik nicht sein Lieblingsfach war, wenn er »immer schlecht darin« war – es wird doch irgend etwas hängengeblieben sein.

In dem Buch »Wittgensteins Wien« der beiden Amerikaner Allan Janik und Stephen Toulmin [17] wird beschrieben, welch intensiver Austausch zwischen den so verschiedenen Bereichen der Politik, der Literatur, der bildenden Kunst, der Physik und der Philosophie in den letzten zwanzig bis dreißig Jahren der Donaumonarchie herrscht, wie sich viele kulturelle Aktivitäten auf eine Stadt, eben Wien, konzentrieren. Sigmund Freud (1856-1939), Arnold Schönberg (1874-1951), Oskar Kokoschka (1886-1980), Ludwig Boltzmann (1844-1906), Ernst Mach (1838-1916) sind Repräsentanten einer Kultur, in der der Philosoph Ludwig Wittgenstein (1889-1951) aufwächst. Seine Abstraktion, seine Zielsetzungen erscheinen in einem anderen Licht, wenn man eben bedenkt, in welchem kulturellen Umfeld er aufgewachsen ist. Welche Bedeutung die Mathematik in diesem Zusammenwirken erhält, müßte noch untersucht werden, doch wäre es sehr sonderbar, wenn ausgerechnet die Mathematik eine Außenseiterrolle spielen würde. Wie dem auch sei: Eine Rückschau aus der Zukunft wird ein klareres Bild von diesen Zusammenhängen liefern.

Dem Mathematiker sind wie fast allen Menschen solche kulturellen Einflüsse auf seine Arbeit meist kaum bewußt. Sie wirken gleichsam unter der Oberfläche seines Bewußtseins. Er selbst hat seine persönlichen Motive, wenn er forscht, folgt »dem inneren Entwicklungsgesetz« seiner Wissenschaft, bearbeitet die Fragen, die »ganz natürlich« auftreten. Oft genug hat er nur eine einzige wirklich tragfähige mathematische Idee in seinem Leben, und diese beutet er nach Kräften aus - nur wenige Genies wie Hilbert haben viele originelle Ideen. Dann hat der Mathematiker auch seine Vorstellung davon, wie Mathematik sein soll, was gute, schöne, was die »richtige« Mathematik ist. Wir wollen uns daher im nächsten Kapitel mit den bewußten oder unbewußten Antrieben zur Beschäftigung mit der Mathematik auseinandersetzen.

3. Homo ludens – Homo faber
oder
Ameise und Ameisenbär

Betreibt man Mathematik, weil man ein reales Problem, dem man sich gegenübersieht, lösen möchte, oder betreibt man Mathematik spielerisch, zum Spaß, zur Freude, wie etwa die Musik? Ist Mathematik also Werkzeug oder Spiel? Ist Mathematik eine profane oder eine mehr geistige Liebe?

Gemälde von Tizian:
Himmlische und irdische Liebe (um 1515) Galleria Borghese zu Rom Historia-Photo

In den zwanziger Jahren hing dieses berühmte Gemälde von Tizian (um 1477- oder 1488/90–1576) in der damaligen Hochburg der mathematischen Welt, im mathematischen Institut der Universität Göttingen. Was würden Sie einander zuordnen, denn an eine Zuordnung hatte man wohl gedacht, als man dieses Bild aufhing: die reine Mathematik, das Spiel, dargestellt durch die nackte Dame, die angewandte Mathematik, das Werkzeug, symbolisiert durch die bekleidete Dame? Rein impliziert durch nackt, »angewandt« nahe bei angewandt? Oder umgekehrt? Die Nackte als Symbol der profanen Liebe, die Gewandete als jenes der geistigen und damit die Gleichstellung rein = nackt = profan und angewandt = angewandt = geistig? Aber denkt man nicht eher an Profanes, wenn man an Werkzeug denkt, an Spielerisches im Zusammenhang mit Geistigem? Wie dem auch sei, Tizian hat sicher nicht an Mathematik gedacht. Dennoch bleibt die Frage: Ist der Mathematiker mehr Homo ludens oder mehr Homo faber, tut er also, was er tut, mehr aus spielerischen Gründen oder mehr zum Zwecke der Bewältigung ihn bedrängender Probleme?

Oft verbunden ist damit auch die Frage, was denn nun richtiger oder wichtiger sei, die reine oder die angewandte Mathematik. Diese Frage löst unter den Mathematikern sehr häufig heftige Reaktionen und Emotionen aus, die Empfindlichkeiten bei Vertretern der einen oder anderen Richtung sind groß, die heimliche Sorge, der eventuell schwächeren und damit bedeutungsloseren Seite anzugehören, wird durch die Betonung der eigenen Bedeutung kompensiert. Andere Mathematiker versichern, sie sähen überhaupt keinen Unterschied zwischen der reinen und der angewandten Mathematik; Mathematik sei Mathematik, und es gebe höchstens schlechte und gute Mathematik. Aber diese Wertung ist eben nicht unabhängig vom eigenen Geschmack, von der eigenen Sichtweise, und diese ist verschieden bei reinen und angewandten Mathematikern.

Nein, es sind schon verschiedene Impulse, die zur Beschäftigung mit der einen oder der anderen Art von Mathematik führen; man bezieht die Spannung während der Arbeit, die Freude bei der Lösung eben aus verschiedenen Quellen. Der eine interessiert sich für das Sonnensystem, macht ein mathematisches Modell für die Bewegung der Sonne und der Planeten, studiert die Meßdaten, entdeckt Abweichungen von seinen Berechnungen, sagt aus mathematischen Gründen, weil es eben eine höhere Übereinstimmung von Messung und Rechnung, von Beobachtung und Theorie erfordert, schließlich die Existenz eines weiteren, wenn auch kleinen Planeten (Ceres) voraus, sagt auch, wo man diesen suchen soll – und man findet in der Tat 1801 dort den rechnerisch Vermuteten. Der andere beschäftigt sich mit Zahlen, experimentiert mit ihnen, kommt zwangsläufig zur Entdeckung vieler Gesetzmäßigkeiten, die es dann zu beweisen gilt, stellt Primzahltabellen her, Tabellen der sogenannten quadratischen Reste und Nichtreste oder der Brüche $1/p$ für $p = 1$ bis $p = 1000$, in Dezimalbrüchen ausgedrückt – stets bis zur vollen Periode, was bei einigen Brüchen Stellenzahlen bis zu mehreren Hunderten bedeutet, um auf diese Weise empirisch die Abhängigkeit der Periode von dem Nenner p zu ergründen. So ist die Zahl $1/7$ als Dezimalzahl gleich $0,\overline{142857}$.

Wir haben diese Beispiele als erste ausgewählt, weil sie zeigen, daß beide Interessen, beide Antriebe durchaus in einem Menschen vereint sein können. Es sind Forschungsthemen von Carl Friedrich (eigentlich Johann Friedrich Karl) Gauß, geboren am 30. April 1777 in Braunschweig und gestorben am 23. Februar 1855 in Göttingen, sicher einem der größten Mathematiker aller Zeiten.

In einer Anzeige der Deutschen Bundesbank vom Frühjahr 1990 zur Einführung eines neuen Zehnmarkscheins kann man in allen deutschen Tageszeitungen lesen: »Für jeden Mathematiker ist die ungeordnete Menge der Zahlen ein Chaos, in das erst die Mathematik mit ihren Regeln und Systemen ordnend eingreift. Ihre Aufgabe ist es, dem Chaos Stabilität zu verleihen. Ob dieses übergeordneten Auftrags galt sie Carl Friedrich Gauß als die Königin unter den Wissenschaften. Und im Umgang mit ihr war Gauß der unangefochtene Meister seiner Zeit. Seine Fähigkeit, Ordnung und damit Stabilität zu schaffen, ehrt die Bundesbank mit seinem Abbild auf dem neuen Zehnmarkschein.«

Zehnmarkschein mit Abb. von Carl Friedrich Gauß Deutsche Bundesbank

Carl Friedrich Gauß kommt als Sohn des Gärtners und Maurers Gerhard Dietrich Gauß in Braunschweig zur Welt. Schon als Kind fällt er durch seine außergewöhnliche mathematische Begabung auf, die von seinem Lehrer Johann Christian Martin Bartels, Sohn eines Zinngießers und später Professor für Mathematik an der Universität Kasan, gefördert wird. Dieser sorgt dafür, daß der Junge von 1788 an das Gymnasium Catharineum besucht. Auf Empfehlung des Gymnasiallehrers August Wilhelm Zimmermann erhält

Gauß ein Stipendium des braunschweigischen Landesfürsten, Herzog Karl Wilhelm Ferdinand, eines Neffen des Preußenkönigs Friedrich II., und tritt als vierzehnjähriger Primaner in das Collegium Carolinum, Vorschule für ein Universitätsstudium, ein. Schon als Zwölfjähriger zweifelt Gauß an der alleinigen Gültigkeit der euklidischen Geometrie, so daß ihm im Collegium der Gedanke kommt, eine nichteuklidische Geometrie zu konstruieren. Darunter versteht man eine Geometrie, in der zwar alle Axiome des Euklid (ca. 365–300 v. Chr.) gelten, nicht aber das Parallelenaxiom, nach dem es zu einer Geraden durch einen nicht auf ihr liegenden Punkt genau eine Gerade gibt, die die gegebene Gerade nicht schneidet.

Dieses Parallelenaxiom war jahrhundertelang umstritten. Immer und immer versuchte man, dieses Axiom aus den anderen euklidischen Axiomen herzuleiten; man sagt, daß mancher aus Erfolglosigkeit dabei fast den Verstand verlor. Nun stellt sich in solchen Fällen natürlich immer die Frage: Kann man nicht, oder kann nur ich nicht? Man kann nicht, wenn es schlicht nicht aus den anderen Axiomen folgt, also wenn man es mit einer Geometrie zu tun hat, die allen Axiomen mit Ausnahme ebendieses Parallelenaxioms genügt. Die Axiome handeln von Punkten und Geraden (besagen zum Beispiel, daß durch zwei verschiedene Punkte genau eine Gerade geht). Unsere normalen Punkte und Geraden scheinen das Parallelenaxiom zu erfüllen. Will man also zeigen, daß dieses Axiom nicht aus den anderen folgt, muß man seine eigene Anschauung anzweifeln: Kann ich mir andere Dinge, die ich dann »Punkte« und »Geraden« nenne, andere Beziehungen zwischen ihnen, die ich dann »liegen auf« nenne, vorstellen, so daß alle Axiome erfüllt sind, das Parallelenaxiom aber offenbar nicht? Ein solcher Weg fordert ein hohes Abstraktionsvermögen, das Wissenschaftler jahrhundertelang nicht aufbrachten.

Gauß denkt bereits als junger Mensch zumindest schon in diese Richtung, ohne Anleitung oder fremde Hilfe. Es gilt heute aufgrund von Briefen an den Kieler Astronomen Heinrich Christian Schumacher und von Notizen, gefunden im Gaußschen Nachlaß, als sicher, daß Gauß eine nichteuklidische Geometrie gekannt hat.

Gauß entwickelt noch vor seiner Studienzeit die Methode der kleinsten Quadrate, ein Verfahren, das bis heute jeder anwendet, der aus einer Reihe von Einzelmessungen das wahrscheinlichste Meßergebnis ablesen möchte. Er experimentiert mit Zahlen, spielt mit ihnen, und ein geradezu leidenschaftliches Interesse insbesondere an den ganzen Zahlen erfaßt ihn. Er rechnet unermüdlich, legt große Tabellen an, Tabellen von Primzahlen, Tabellen von Brüchen 1/p für p = 1 bis p = 1000, in Dezimalbrüchen ausgedrückt, usw. – und dies alles ohne Kenntnis irgendwelcher mathematischer Literatur. Er erschafft sich alles selbst und erlangt die erstaunliche Virtuosität der Rechentechnik, die ihn während seines ganzen Lebens auszeichnet. Sein phänomenales Gedächtnis hilft ihm, einen Kenntnisstand über die Zahlen zu erlangen, wie ihn vor ihm niemand und nach ihm wohl kaum jemand besessen hat. Von den Erfahrungen, die er an den Zahlen macht, also auf »experimentellem« Weg, kommt er zu der Erkenntnis allgemeiner Beziehungen und Gesetze, die er dann in zum Teil härtester Arbeit beweist. Als Beispiel dafür sei das »theorema aureum« genannt, ein fundamentales Ergebnis in der Zahlentheorie, aus dem sich unter anderem der gesuchte Zusammenhang der Zahl p und der Periode bei 1/p ergibt.

1795 beginnt Gauß sein Studium in Göttingen, wobei er sich zunächst nicht zwischen einem Studium der klassischen Philologie und der Mathematik entscheiden kann. Eine große Entdeckung läßt die Entscheidung zugunsten der Mathematik ausgehen. Am Morgen des 30. März 1796 fällt ihm – er liegt noch im Bett – plötzlich ein, daß das reguläre Siebzehneck mit Zirkel und Lineal konstruiert werden kann – oder anders ausgedrückt: daß die Auflösung der Gleichung

$$x^{17}-1 = 0 \quad \text{bzw.} \quad x^{16}+x^{15}+x^{14}+\ldots+x+1 = 0$$

durch Quadratwurzeln möglich ist. – Überlegen Sie sich eine Lösung der ersten Gleichung, und stellen Sie fest, warum es dann genügt, die Lösungen der zweiten Gleichung zu bestimmen. – Noch nicht neunzehnjährig, gelingt Gauß eine Entdeckung, die mit einem Schlage das seit zwei Jahrtausenden in der Entwicklung stehengebliebene Problem der Konstruierbarkeit regulärer Vielecke um ein gewaltiges Stück fördert, ja endgültig abschließt. Denn es gelingt ihm auch bald, das Kriterium für die Konstruierbarkeit eines beliebigen regulären n-Ecks zu geben, indem er nachweist, daß diese dann – und nur dann – möglich ist, wenn die Zahl n von der Form $n = 2^{2^k}+1$ ist; für $k = 0$ ist $n = 3$, für $k = 1$ ergibt sich $n = 5$ und für $k = 2$ eben $n = 17$. Über die Konstruierbarkeit des regelmäßigen Siebenecks wird 1796 in dem »Jenenser Intelligenzblatt« eine kurze Notiz veröffentlicht. Dies ist Gauß' erste Publikation, wenn auch bei weitem nicht seine erste wissenschaftliche Leistung. Es folgt 1799 die Dissertation an der Universität Helmstedt, die den Beweis des *Fundamentalsatzes der Algebra* zum Gegenstand hat. Dieser tatsächlich fundamentale Lehrsatz besagt, daß jede Gleichung der Form $a_0+a_1x+a_2x^2+\ldots+a_nx^n = 0$, wobei n eine natürliche Zahl und $a_0, a_1, \ldots, a_n$ gegebene Zahlen sind, mindestens eine Lösung besitzt. 1801 schließt sich Gauß' erstes großes Werk an mit dem Titel *Disquisitiones Arithmeticae*. Wegen der sehr langwierigen Verzögerung des Druckes in Goslar ist der Beginn um mehrere Jahre früher anzusetzen. In den *Disquisitiones Arithmeticae* begründet Gauß im eigentlichen Sinne die moderne Zahlentheorie und bestimmt bis heute die ganze folgende Entwicklung.

Von nun an wird Gauß mehr und mehr von Fragen der angewandten Mathematik in Anspruch genommen. Für ihn – wie für die in seiner Zeit lebenden Wissenschaftler – ist es keineswegs ungewöhnlich, daß der Anlaß zu mathematischen Fragestellungen von außen an ihn herangetragen wird. Die Problemstellung wird jedoch von ihm geschaffen und ihre Lösung mit der ihn so kennzeichnenden Intensität angestrebt. Seine Tätigkeit in dieser Richtung läßt sich zeitlich in drei Abschnitte einteilen: Astronomie (1800–1820), Geodäsie (1820–1830) und Physik (1830–1840).

Ersten Anlaß dazu gibt ein Kleinplanet (Ceres, den wir schon erwähnten), der nur etwa einen Monat beobachtet werden kann, ehe er, nach einem Weg von knapp 9°, verschwindet. Gauß ersinnt eine Methode, aus einem so kleinen Bahnausschnitt die ganze Bahn mit einer Genauigkeit vorauszuberechnen, daß Ceres beim späteren Wiedererscheinen an einem anderen Ort gefunden werden kann. Das Problem führt auf eine Gleichung 8. Grades, von der eine Lösung, nämlich die Erdbahn selbst, bekannt ist; physikalische Bedingungen liefern ihm 6 weitere Lösungen, um so schließlich zu der eigentlich gesuchten Lösung zu gelangen. Dabei bedient er sich umfangreicher Näherungsmethoden, die er zu diesem Zweck erst erfinden muß. Der 24jährige Gauß löst diese Aufgabe und führt die geforderten Rechnungen bis in alle Einzelheiten durch. Tatsächlich wird Ceres an dem Ort gefunden, den Gauß vorausgesagt hat. Der Wissenschaftler baut sein Verfahren aus und schreibt sein zweites großes Werk, *Theoria motus*, das 1809 erscheint. Zwei Jahre zuvor, 1807, wird er Direktor der Göttinger

Sternwarte und erhält den Lehrstuhl für Astronomie an der Universität; die Lehrtätigkeit ist ihm aber eine Last, weil sie ihn von seiner mathematischen Forschungstätigkeit abhält; die Unterweisung einzelner hervorragend begabter Schüler lehnt er allerdings nicht ab.

An Friedrich Wilhelm Bessel (1784-1846) schreibt Gauß einen Brief, dessen Inhalt zu den Marksteinen der mathematischen Forschung gehört: Er beschreibt die Grundzüge einer Theorie der Funktionen einer komplexen Variablen. (Wenn die unabhängige Veränderliche einer Funktion f nicht wie in der Schule gewöhnlich reelle Werte, sondern komplexe Zahlen der Form $z = x+iy$ als Werte annimmt, kann man für sie auch noch definieren, was differenzieren und integrieren bedeutet; aber vieles wird dann doch ganz anders als im reellen Fall.) Leider werden seine Erkenntnisse nicht publiziert, so daß die gesamte Theorie später von Augustin-Louis Cauchy (1789-1857) und Karl Weierstraß (1815-1897) noch einmal entwickelt werden muß.

Gauß veröffentlicht dann 1812 eine bedeutende Arbeit über sogenannte hypergeometrische Reihen, in der er vor allem eine Reihe von Problemen löst, mit denen die Differentialgleichungen der Physik des 19. Jahrhunderts erfolgreich angegangen werden können. Und 1814 erscheint eine Arbeit über die mechanische Quadratur (wir würden heute »Numerische Integration« sagen): *Methodus nova integralium valores per approximationem inveniendi.* Darin wird eine Methode angegeben, mit der sich der Inhalt einer unter einer Kurve liegenden, von zwei Ordinaten begrenzten Fläche so gut wie möglich angenähert berechnen läßt, wobei möglichst wenige Funktionswerte benutzt werden sollen: Zu jeder gegebenen Anzahl von Funktionswerten wird eine optimale Auswahl der zugehörigen Abszissen (sogenannte Stützstellen) bestimmt. Vier Jahre später, 1818, veröffentlicht Gauß eine weitere Arbeit: *Über Säkularstörungen.*

Die drei zuletzt genannten Veröffentlichungen – *Über die hypergeometrische Reihe, Über mechanische Quadratur, Über Säkularstörungen* – sind das Ergebnis von Untersuchungen, die wiederum durch einen äußeren Anlaß in Gang gesetzt werden. 1802 wird der Asteroid Pallas entdeckt, der sich durch eine besonders große Exzentrizität und Neigung seiner Bahn auszeichnet. Auf der einen Seite erweckt dieser Planet wegen der daraus resultierenden starken Beeinflussung durch die anderen Planeten besonders starkes

Interesse, auf der anderen Seite erweist sich die Berechnung seiner Bahn gerade deshalb als außerordentlich schwierig. Die Pariser Akademie versucht wiederholt durch Aussetzen von Preisen zur Bearbeitung dieses Problems anzureizen, doch vergeblich. Erst Gauß wagt sich an diese Aufgabe, aber auch ihm gelingt es nicht, das Problem vollständig zu lösen; nachdem die Rechnungen der von Jupiter und Saturn ausgehenden Störungen auf den Asteroiden Pallas vollendet sind, bricht er seine Arbeit über die Pallas ab. Dennoch zeugen die drei genannten Arbeiten von Gauß' großen wissenschaftlichen Leistungen aus den Jahren, in denen er sich mit astronomischen Fragestellungen befaßt.

In den Jahren 1821 bis 1825 ist Gauß mit einem Regierungsauftrag beschäftigt, den nördlichen Teil des Landes Hannover zu vermessen, wozu er sich ein präzises Meßinstrument – den Heliotrop – erst selber schaffen muß. Während dieser Zeit (1821 und 1823) veröffentlich er endlich seine Methode der kleinsten Quadrate. Auch entsteht jetzt sein großes Werk über die Differentialgeometrie, das 1827 mit dem Titel *Disquisitiones circa superfines curvas* erscheint und in dem er den zentralen Begriff des Krümmungsmaßes für einen Flächenpunkt einführt. Die beiden wichtigen, aus der praktischen Tätigkeit hervorgegangenen wissenschaftlichen Publikationen sind: *Bestimmung des Breitenunterschiedes zwischen den Sternwarten von Göttingen und Altona* (1828), die unter anderem einen Hinweis auf die Abweichung der wahren Erdgestalt von dem annähernden Ellipsoid enthält, und *Untersuchungen über Gegenstände der höheren Geodäsie* (1843).

Durch die Vermittlung von Alexander von Humboldt (1769–1859) knüpft Gauß 1828 eine Beziehung zu dem damals 24jährigen Privatdozenten der Physik in Halle, Wilhelm Weber (1804–1890) an, die von größter Bedeutung für die weitere Entwicklung der Physik werden sollte. Gauß beruft Weber 1831 nach Göttingen, wo Weber, mit Ausnahme einer zeitweiligen Leipziger Professur (1843–1849), bis zu seinem Tode bleibt. Mit der Berufung beginnt das Jahrzehnt der gemeinsamen, so überaus fruchtbaren Zusammenarbeit, eine der berühmtesten Perioden der Göttinger Universität, die die dauernde Zusammengehörigkeit von Mathematik und Physik in Göttingen begründet. Als erstes großes Ergebnis dieser Zeit ist Gauß' Abhandlung über das absolute Maß bei magnetischen Messungen (1832) zu nennen; die Rückführung aller Messungen auf drei Grundgrößen, Masse m, Länge l, Zeit t, ist der gewaltige Fortschritt, den sie bringt. Bei der Prüfung des Ohmschen Gesetzes und der Verzweigungsgesetze, die später von Gustav Robert Kirchhoff (1824-1887) verfeinert werden und heute als Kirchhoffsche Gesetze bekannt sind, kommen Gauß und Weber auf die Idee, elektromagnetische Kräfte zum Zwecke der Telegraphie zu nutzen – sie erfinden den Telegraphen. Es folgen die in den Heften der »Resultate aus den Beobachtungen des magnetischen Vereins« veröffentlichten Arbeiten: *Allgemeine Theorie des Erdmagnetismus* (1838/39) und *Allgemeine Lehrsätze in Beziehung auf die im verkehrten Verhältnisse des Quadrats der Entfernung wirkenden Anziehungs- und Abstoßungskräfte* (1839/40).

Um die Jahrhundertmitte lassen Gauß' geistige Kräfte infolge einiger Schicksalsschläge nach; er zieht sich privat immer mehr zurück und stirbt am 23. Februar 1855 in Göttingen. Der König von Hannover läßt eine Gedenkmünze prägen; sie zeigt sein Bildnis, umrahmt von den Worten: »Mathematicorum Princeps«. Wie recht er hat! Lassen wir Felix Klein (1849-1925), der sich als Mathematiker und Historiker sehr eingehend mit Gauß beschäftigt hat, zur Bedeutung dieses Genius zu Wort kommen: »Wenn wir uns nun fragen, worin das Ungewöhnliche, Einzigartige dieser Geisteskraft liegt, so muß die Antwort lauten: es ist die Verbindung der größten Einzelleistung in jedem ergriffenen Gebiet mit größter Vielseitigkeit; es ist das vollkommene Gleichgewicht zwischen mathematischer Erfindungskraft, Strenge der Durchführung und praktischem Sinn für die Anwendung bis zur sorgfältig ausgeführten Beobachtung und Messung einschließlich; und endlich, es ist die Darbietung des großen selbstgeschaffenen Reichtums in der vollendetsten Form« [18, S. 60].

Ein anderes Beispiel für einen Mathematiker, dessen Interesse nicht nur für die reine Mathematik, sondern auch für die mathematische Physik eine so weite, fruchtbare Ausstrahlung auf das gesamte Gebiet der Mathematik zeigt, ist Georg Friedrich Bernhard Riemann, der am 17. September 1826 als Sohn eines Landpfarrers in Breselenz/Niedersachsen zur Welt kommt. Riemanns äußeres Leben ist frei von großen Ereignissen. Er wächst in Quickborn auf, besucht von 1840 bis 1842 das Gymnasium in Hannover und von 1842 bis 1846 das Johanneum in Lüneburg. Dort, also mit neunzehn Jahren, befaßt er sich mit Schriften von Leonhard Euler (1707-1783) und Adrian Marie Legendre (1752-1833) über Analysis und Zahlentheorie, die zu dieser Zeit als mathematische

Klassiker gelten. Ostern 1846 immatrikuliert er sich in Göttingen, um zunächst Theologie zu studieren. Bald sattelt er jedoch um und wendet sich ganz der Mathematik zu.

Obwohl er nicht viel bei dem damals schon siebzigjährigen Gauß, der ja eine Abneigung gegen Vorlesungen hat, gehört haben und als junger, schüchterner Student erst recht kaum menschliche Beziehungen zu dem großen, von ihm wie einen Gott verehrten Gauß angeknüpft haben kann, muß Riemann als Schüler von Gauß

Georg F. B. Riemann (Stich von Weger) Historia-Photo

angesehen werden, zumal er wohl der einzige eigentliche Schüler von Gauß ist, der auf dessen innere Ideen eingegangen ist. Als einen ersten Beleg für den inneren Kontakt zwischen beiden, obwohl philologisch nicht unmittelbar nachweisbar, sieht Felix Klein Riemanns Arbeiten über die hypergeometrische Funktion an, weil in ihnen eine Menge von Gauß' nicht veröffentlichten Ideen benutzt wird [18, S. 249].

1847 geht Riemann nach Berlin, um seine mathematischen Grundlagen, die er sich in der Analysis (Differential- und Integralrechnung) ja hauptsächlich durch das Studium der Werke von Euler erworben hat, zu erweitern und an den damaligen Stand der mathematischen Forschung heranzuführen. In Berlin trifft der schüchterne und bescheidene Riemann einen Kreis von akademischen Lehrern, die in ihren Vorlesungen und Seminaren auch die neuen Fortschritte der Mathematik berühren und ihn sehr beeinflussen. Außer dem vielseitigen und beweglichen Carl Gustav Jacobi (1804-1851), dessen Mechanik er hört, schließt sich Riemann besonders Peter Gustav Dirichlet (1805-1859) an. Mit Dirichlet verbindet ihn eine Sympathie ähnlicher Denkweise, denn Dirichlet liebt es, sich die mathematischen Aussagen anschaulich klarzumachen, die Grundlagen dafür logisch scharf zu analysieren und lange Rechnungen möglichst zu vermeiden. Diese Art sagt Riemann zu, so daß sie bei ihm auf fruchtbaren Boden fällt. Es ist deshalb auch nicht verwunderlich, daß von Dirichlet, der auch den Fragen der Anwendungen der Analysis auf physikalische Fragen großes Gewicht beilegt, viele Impulse auf Riemanns mathematische Arbeiten ausgehen. Später (1859) soll Riemann in Göttingen dann Dirichlets Nachfolger werden, der seinerseits 1855 auf Gauß' Lehrstuhl berufen worden war. In Berlin kommt Riemann auch mit dem nur drei Jahre älteren Privatdozenten Gotthold Eisenstein (1823-1852) zusammen, vermag sich aber mit dessen Art nicht anzufreunden, bei der Mathematik stets von rechnerischen Überlegungen auszugehen hat.

1849 kehrt Riemann nach Göttingen zurück, wo er auch philosophische Studien betreibt und sich, bedingt durch den Einfluß Wilhelm Webers, intensiv mit Physik auseinandersetzt. Von Weber wird Riemanns Interesse für die mathematische Naturbetrachtung geweckt, und Riemann wird stark durch Webers Fragestellungen beeinflußt.

Anders als Gauß ist Riemann in seinem Forschen sehr bedächtig und wird »erst« 1851, mit fünfundzwanzig Jahren, Doktor und drei Jahre später Privatdozent. Aber schon seine Dissertation *Grundlagen für eine allgemeine Theorie der Funktionen einer komplexen Größe* ist eine vollendete Leistung und der Anfang einer eigenen Disziplin, der *geometrischen Funktionentheorie*, obwohl sie zunächst nach außen ganz ohne Wirkung bleibt und Riemanns anschauliche geometrisch-physikalische Denkweise erst durch eine Schrift von Felix Klein (1882) Allgemeingut der Mathematiker wird.

Im Sommer 1854 habilitiert sich Riemann und wird Privatdozent mit zwei glänzenden Leistungen, der Habilitationsschrift *Über die Darstellbarkeit einer Funktion durch eine trigonometrische Reihe*, in der er unter anderem den nach ihm benannten Integralbegriff (Riemannsches Integral), der heute in der Schule verwandt wird, darlegt, und dem Habilitationsvortrag *Über die Hypothesen, welche der Geometrie zu Grunde liegen,* der wegen der Allgemeinheit und Tiefe seiner Ideen auf Gauß einen starken Eindruck macht und dessen Kernstück die Begründung dessen ist, was man heute als *Riemannsche Geometrie*, eine nichteuklidische Geometrie, bezeichnet. Gauß war ja schon seit 1816 im Besitz der Hauptsätze der nichteuklidischen Geometrie, über die er öffentlich aber nichts hatte verlauten lassen. Riemanns Habilitationsvortrag steht mit der modernen Physik in enger Verbindung, liefert doch die Riemannsche Geometrie eine wesentliche begriffliche und formale Voraussetzung für die Allgemeine Relativitätstheorie von Albert Einstein (1879–1955).

In seiner ganzen Göttinger Zeit hat sich Riemann, angeregt von Dirichlet und Weber, eingehend mit Problemen der Physik befaßt, daneben auch mit Fragen der Physiologie, wie etwa der Mechanik des Ohres. Die Theorien der Schwere, der Elektrizität und des Magnetismus hat er ausführlich in Vorlesungen behandelt und in Schriften bereichert – 1860 erscheint seine Abhandlung *Über die Fortpflanzung ebener Luftwellen von endlicher Schwingungsweite,* die für die Gasdynamik besonders wichtig ist. Heute werden seine Ideen ausgebeutet: Die Lösung sogenannter gasdynamischer Gleichungen, die zum Beispiel die Umströmung eines Flugzeuges beschreiben, bedarf raffinierter Näherungsmethoden, die dann mit Hilfe von Computern ausgenutzt werden. In besonders schwierigen Fällen ist dies heute noch ein großes Problem: Turbulenzen und sogenannte Schallwellen (wie die berühmte Schallmauer, die so mancher Düsenjäger sehr zum Ärger der Bevölkerung unter ihm durchbricht) haben so komplexe Strukturen, daß selbst Supercomputer keine zufriedenstellenden Lösungen liefern. Allerdings wurde in den letzten zehn Jahren ein Verfahren entwickelt, das wenigstens mit Schallwellen recht gut zurechtkommt. Gemeint ist der »Riemann solver«, der auf der oben erwähnten gasdynamischen Arbeit von Riemann basiert.

Riemann hat auch Vermutungen geäußert, die heute noch unbewiesen sind. So betrifft eine Vermutung die berühmte *Riemannsche Zetafunktion*: Schon in der Schule erfährt man, daß die harmonische Reihe

$$\sum_{n=1}^{\infty} \frac{1}{n} \text{ divergiert, die Reihen } \sum_{n=1}^{\infty} \frac{1}{n^2}, \sum_{n=1}^{\infty} \frac{1}{n^3} \text{ usw. aber}$$

konvergieren; allgemeiner gilt, daß die Reihen

$$\zeta(s) = \sum_{n=1}^{\infty} \frac{1}{n^s} \text{ für } s > 1$$

konvergieren. Die Riemannsche Vermutung betrifft nun das Verhalten der Zetafunktion $\zeta(s)$, die sich auf die »Nullstellen« dieser Funktion bezieht, das heißt auf diejenigen komplexen Zahlen z, für die $\zeta(z) = 0$ ist. Riemann vermutet, daß die Nullstellen, die keine reellen Zahlen sind, alle den Realteil ½ haben, also von der Form $z = \frac{1}{2} + iy$ mit $y \neq 0$ sind. Diese Vermutung ist eines der herausragenden ungelösten Probleme der Mathematik.

Ein schweres Lungenleiden, das ihn 1862 überfällt, zwingt Riemann zu drei ausgedehnten Aufenthalten in Italien, wo er an vielen Orten Heilung sucht. Aber die Krankheit läßt ihn nicht los, und am 20. Juli 1866 erliegt Riemann in Selasca am Lago Maggiore seinem Leiden, nur vierzig Jahre alt. In der kurzen Zeitspanne von kaum fünfzehn Jahren hat Georg Friedrich Bernhard Riemann Ideen geschaffen und Werke hervorgebracht, die den mathematischen Forschungen einige neue Gebiete erschlossen haben. Viele Fortschritte der Mathematik beruhen auf seinen Gedanken und Anregungen und sind ohne seine Beiträge nicht denkbar. Und noch heute sind die von ihm aufgestellten Vermutungen Herausforderungen an viele Mathematiker.

Wenn wir die etwas ausführlicher beschriebenen Beispiele überdenken, ihre Geschichte hören, ihre Gedankenwelt zu begreifen versuchen, kommen uns doch wieder Zweifel, ob es unterschiedliche Antriebe sind, die zur Beschäftigung mit der einen oder der anderen Art von Mathematik führen. Kann man sich für Sterne und Zahlen nicht aus denselben Gründen interessieren? Für Wasserströmung und die Grundlagen der Geometrie? Natürlich braucht man auch den Spieltrieb, das scheinbar zweckfreie, sicher aber ohne äußeren Druck stattfindende Spielen, Jonglieren mit Gedanken und Ideen, um wirklich Neues über Sterne oder Strömungen herauszubekommen. Ebenso kann man der Überzeugung sein, daß es sich bei den Zahlen und den Geometrien genauso um Welt, um vom Menschen unabhängige Realität handelt wie bei Sternen und Strömungen. Hier berühren wir wieder die philosophische Frage, woraus diese »Außenwelt« besteht und wie wir Menschen sie erkennen können – für Platoniker sind Zahlen und Geometrien ja sogar wirklicher als Sternbeobachtungen und Wasserwirbel.

Dennoch liegt ein Unterschied darin, ob man die Steuerung einer Raumfähre beim Eintauchen in die Atmosphäre mathematisch bewältigt oder ob man sich dafür interessiert, wie man die Voraussetzungen eines mathematischen Satzes abschwächen kann, welche Voraussetzungen weggelassen werden können, ohne die Behauptung des Satzes ändern zu müssen. Wir wollen den Unterschied deutlicher machen anhand zweier Diplomarbeiten, die an der Universität Kaiserslautern in der Arbeitsgruppe Technomathematik in den letzten Jahren entstanden sind. Beide gehen zwar im Prinzip von »außermathematischen« Problemen aus, entwickeln sich aber doch in verschiedene Richtungen, wobei bei der einen der Mathematiker mehr als Homo faber, bei der anderen mehr als Homo ludens erkennbar wird.

Eine Firma, die Uhrwerke für Armbanduhren herstellt, hat eine Idee, wie sie den Umschaltvorgang der Datumsanzeige, der ja nur einmal pro Tag während etwa einer halben Stunde um Mitternacht erfolgt, möglichst energiesparsam gestalten könnte, wobei Energie weniger aus ökologischen Gründen gespart werden soll, sondern um die Batterie zu schonen. Die Idee besteht nun darin, das Getriebe zum Antrieb der Datumsschaltung aus einem exzentrisch gelagerten kreisförmigen Zahnrad mit geeignetem Gegenrad aufzubauen; das Gegenrad dreht sich bei gleichförmiger Bewegung des Antriebs in der durch Abbildung a angegebenen Stellung langsam, in der durch Abbildung b angegebenen Stellung schnell.

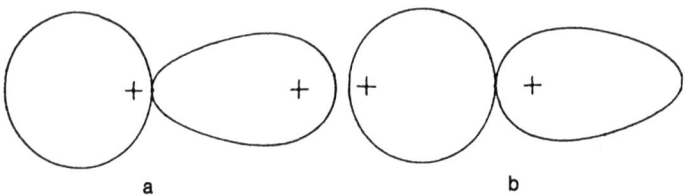

a   b

Man hat also eine ungleichförmige Übertragung des Drehmoments, die man für den erwünschten Spareffekt ausnutzen kann. Diese Idee ist bereits patentiert worden, aber ihre Ausführung bereitet Schwierigkeiten.

Natürlich ist das Problem exzentrischer Zahnradgetriebe alt. Man findet es in über hundert Jahre alten »Getriebekatalogen«; man findet auch eine Formel dafür, wie man den Abstand zu wählen hat, damit alles einwandfrei funktioniert. Aber leider funktioniert es bei dieser Firma überhaupt nicht! Kein Wunder, denn die seit über hundert Jahre benutzte Formel ist falsch, genauer gesagt: Für kleine Exzentrizitäten liefert sie brauchbare, angenäherte Werte, für große Exzentrizitäten sind die Werte unsinnig; sie ist also eine Näherungsformel, deren Fehler mit größer werdenden Exzentrizitäten wächst. Obwohl patentiert, ist die Idee nicht realisierbar, und aus diesem Grund bittet die Firma durch ihren Patentanwalt Mathematiker der Arbeitsgruppe Technomathematik um Hilfe.

Die Aufgabe der Mathematiker besteht nun darin, das Problem in eine mathematische Sprache zu übersetzen, ein »Modell« zu bilden: Aufeinander abrollen heißt hier, daß für gleiche Zeiten gleiche Bogenlängen der beiden Kurven zurückgelegt werden. Weiß man den Abstand d, so liefert dies eine Gleichung, eine sogenannte Differentialgleichung, für das Gegenrad; d ergibt sich dann nachträglich daraus, daß sich auch das Gegenrad um 360° drehen muß, wenn dies das Antriebsrad tut.

Es tritt eine Menge »kleiner« Probleme auf: Die Differentialgleichung muß mittels Computer gelöst werden; man entdeckt, daß es eine algebraische Kurve ist, daß man die Kurven, die bei falschem d entstehen, schon in einem anderen Zusammenhang gesehen hat (dann werden sie *Katastrophe* genannt, gehören zu einer Theorie, die sogar den Namen *Katastrophentheorie* trägt und vorwiegend in der Biologie Anwendung findet); man muß auf das Rad die Zähne setzen, was wegen der Exzentrizität auch nicht so einfach wie im

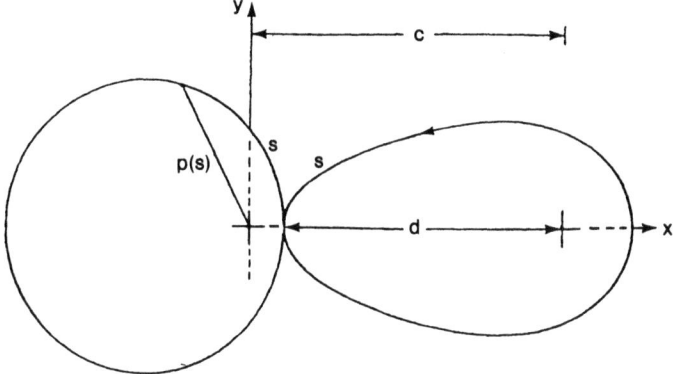

Normalfall ist; man fragt nach Zahnformen, die die Energieverluste, welche durch Reibung der Zahnflanken aufeinander entstehen, möglichst gering halten. Wie fast immer bei technischen Problemen endet es damit, daß man etwas minimieren oder maximieren, kurz optimieren will, wobei man in diesem Fall Kurven verändert, variiert (es handelt sich dann um ein *Variationsproblem*) und die günstigste sucht.

All dies ist kein »großes« mathematisches Problem, aber durchaus eine Aufgabe, bei der ein Diplomand zeigen kann, daß er in der Lage ist, selbständig wissenschaftlich zu arbeiten. Es macht auch Spaß zu sehen, was dabei herauskommt – daß zum Beispiel die Firma das von Studenten berechnete Getriebe baut und es auf einer Uhrenmesse vorstellt. Eine Homo-faber-Aufgabe, gewiß, aber das bedeutet ja nicht, daß so etwas keine Freude macht, daß man nicht gedanklich mit dem Problem herumspielt, nicht neue Ideen entwickeln muß. Es ist Mathematik, aber Mathematik, die auch Werkzeug ist und die man deshalb betreibt, weil man dieses Werkzeug benötigt, die auch deshalb Spaß macht, weil man ein technisches Problem mit ihr lösen hilft.

Das zweite Problem, jenes mit mehr Homo-ludens-Charakter, entspringt einer Grundlagenfrage der Physik, dem Begriff der *Irreversibilität*. In der Natur sind gewisse Vorgänge nicht rückgängig zu machen – man denke etwa an das Altern des Menschen, an das Mischen von Farben; selbst durch die Einnahme noch so geheimnisvoller Säfte wird der Alterungsprozeß nicht aufgehalten, durch mechanische Prozesse wie Rühren usw. wird man es nicht schaffen, die Farben wieder zu trennen. Es gibt also Vorgänge, in denen

Zeit eine Richtung hat: Indem man in der Zeit zurückgeht, kann man die Mischung nicht entmischen. Entmischte Zustände liegen in der Vergangenheit und können in der Gegenwart oder gar in der Zukunft nicht mehr erreicht werden. Das weite Feld der Thermodynamik, insbesondere der sogenannte 2. Hauptsatz der Wärmelehre, weisen irreversible Vorgänge auf. Der Bereich der Irreversibilität hat im letzten Jahrzehnt viel an Popularität gewonnen. Der Nobelpreis für Chemie 1977 an den Belgier Ilya Prigogine (geb. 1917) und dessen populärwissenschaftliche Bücher, so etwa »Vom Sein zum Werden: Zeit und Komplexität in den Naturwissenschaften« [21], haben wesentlich dazu beigetragen.

Es gibt auch *reversible* Prozesse – man denke etwa an ein Billardspiel mit vielen Bällen. Betrachten wir zwei Momentaufnahmen des Spiels, während die Bälle auf dem Tisch rollen: Zu jedem der beiden Zeitpunkte der Momentaufnahmen kennen wir Orte $q_1,...,q_N$ und die Geschwindigkeiten $v_1,...,v_N$ der N Bälle. Da auf dem Tisch jeder Ort q_i und jede Geschwindigkeit v_i durch zwei Zahlen charakterisiert wird, erhalten wir insgesamt 4N Zahlen $q_1,...,q_N, v_1,...,v_N$. Wir kürzen dieses 4N-tupel $(q_1,...,q_N,v_1,...,v_N)$ mit Z ab – Z ist der Zustand unseres Billardsystems. Der Zustand wird zu den beiden Zeitpunkten der Aufnahme jeweils ein anderer sein – er ändert sich mit der Zeit, da die Bälle laufen, einander berühren, an die Bande stoßen usw. Aus Z wird von einer Momentaufnahme zur nächsten, sagen wir nach Ablauf der Zeit τ, ein neuer Zustand $T_\tau Z$. Man kann T_τ durchaus als eine Abbildung eines 4N-tupels auf ein anderes 4N-tupel ansehen.

Der durch T_τ beschriebene Prozeß, das Billardspiel, ist, wenn wir die Reibung außer acht lassen, reversibel: Kehren wir nämlich zum späteren Zeitpunkt die Geschwindigkeiten aller Bälle um (das ist sicher ein mechanischer Eingriff in das Spiel, wenn auch praktisch nicht leicht zu bewerkstelligen) und laufen wiederum um τ in der Zeit *vorwärts*, so landen wir beim Ausgangszustand, allerdings mit falschen Geschwindigkeiten – die Bälle sind da, wo sie zu Beginn waren, haben aber die entgegengesetzten Geschwindigkeiten.

Bezeichnen wir die Geschwindigkeitsumkehr mit S, also

$$SZ = S(q_1,...,q_N,v_1,...,v_N) = (q_1,...,q_N,-v_1,...,-v_N),$$

so bedeutet dies

T_τ	$\cdot$	S	$\cdot$	$T_\tau Z$	=	SZ
man läuft um τ Zeiteinheiten weiter		Umkehr der Geschwindigkeit		das Spiel startet bei Z und läuft um τ Zeiteinheiten weiter		ursprünglicher Zustand mit falschen Geschwindigkeiten

Dabei muß man die linke Seite der Gleichung von rechts nach links lesen (obwohl hier bei falscher Reihenfolge dasselbe herauskommt!): erst T_τ auf den Zustand Z anwenden, dann darauf S anwenden, schließlich nochmals T_τ anwenden, und als Ergebnis erhalten wir SZ, die rechte Seite der Gleichung. Das gilt für jeden Zustand Z, also ist

$$T_\tau S T_\tau = S$$

das mathematische Symbol für das, was wir hier Reversibilität nennen. S ist eine »schöne« Abbildung, »schön« in dem Sinn, daß S(SZ) = Z gilt, das heißt, daß der alte Zustand Z entsteht, wenn wir die Geschwindigkeit zweimal umdrehen, S also zweimal anwenden. Solche Abbildungen nennt man *Involutionen*. Soweit die mathematisierte Physik.

Jetzt kommt das Spiel, eine Frage, die eigentlich nicht physikalisch motiviert ist, aber dennoch naheliegt: Was kommt heraus, welche Theorie der Reversibilität ergibt sich, wenn wir nicht nur jenes spezielle S der Geschwindigkeitsumkehr betrachten, sondern eine beliebige Involution S zulassen? Wir nennen dann T_τ *S-reversibel*, wenn es eine Involution S gibt, so daß

$$T_\tau S T_\tau = S$$

für alle τ gilt. Welche T_τ sind S-reversibel?

Die neue Frage entsteht also durch Verallgemeinerung, ist spannend, weil man hofft, etwas Interessantes herauszufinden. Man hat vielleicht noch keine Vorstellung davon, was hier »interessant« bedeuten könnte; interessant wären Ergebnisse, die die S-Reversibilität mit anderen, bereits definierten Eigenschaften von T_τ in Beziehung setzen würden; uninteressant wäre der Begriff, wenn fast alle vernünftigen T_τ auch S-reversibel wären. (Es sei angemerkt, daß die Diplomarbeit [22] zunächst genau das zeigt, aber daß eine kleine Einschränkung der zulässigen Klasse der Involutionen den Begriff dennoch interessant in dem angegebenen Sinne macht.) Man weiß eigentlich nicht, ob S-Reversibilität eine physikalische Bedeutung hat, spielt aber trotzdem mit dem Begriff herum, da er einfach und irgendwie naheliegend ist, und hofft auf interessante Erkenntnisse, letztlich vielleicht auch wieder darauf, daß diese Erkenntnisse auch physikalisch relevant sind. Der Homo ludens ist am Werk, macht diese Mathematik, weil er gerne »puzzelt«, aber es würde seine Freude über das Erzielte sicher noch vergrößern, wenn auch eine Anwendung außerhalb der Mathematik möglich wäre.

Die beiden Beispiele sind bewußt aus dem Hochschulalltag gewählt. Sie zeigen keine die Mathematik revolutionierenden Ideen, sondern die Arbeit von Studenten gegen Ende ihres Studiums, zeigen den Unterschied und die Gemeinsamkeit von angewandter und reiner Mathematik. Vielleicht kann sich auch ein Nichtmathematiker in eine Stimmung versetzen, die ihn verstehen läßt, warum eine Beschäftigung mit diesen Fragen Spaß macht.

Die Auseinandersetzung der beiden Richtungen, der reinen und der angewandten Mathematik, wollen wir anhand von zwei extremen Bekenntnissen von Mathematikern verdeutlichen. In *Mathematics Today* [23] trägt der erste Aufsatz, verfaßt von dem renommierten amerikanischen Mathematiker Paul R. Halmos (geb. 1916) den Titel: »Applied Mathematics Is Bad Mathematics« (»Angewandte Mathematik ist schlechte Mathematik«). Halmos beginnt seinen Beitrag mit den Worten: »Sie ist es nicht wirklich [das heißt, angewandte Mathematik ist keine wirklich schlechte Mathematik], aber sie ist anders. Klingt das so, als wollte ich Ihre Aufmerksamkeit erregen und dann, nachdem ich damit Erfolg hatte, einen Rückzieher machen und versöhnlich werden? So ist das keineswegs gemeint! Der ›versöhnliche‹ Satz ist sehr umstritten, ob Sie es glauben oder nicht; viele Menschen behaupten mit Nachdruck, daß sie [die angewandte Mathematik] überhaupt nicht verschieden ist, daß sie genau dieselbe ist wie reine Mathematik und daß jeder, der etwas anderes sagt, wahrscheinlich ein reaktionärer Vertreter des Establishment und mit Sicherheit im Unrecht ist. – Wenn Sie kein professioneller Mathematiker sind, sind Sie· vielleicht überrascht zu erfahren, daß es unterschiedliche Arten von Mathematik gibt und daß es etwas daran gibt, was sogar manche in Aufregung versetzt. Es gibt sie; und es gibt dieses Etwas . . .«

Halmos bemerkt später, daß gerade die Vertreter der angewandten Mathematik die Frage, ob reine und angewandte Mathematik dieselbe sei, meist sehr leidenschaftlich und im Sinne von: »Es gibt keinen Unterschied« behandeln, während die Vertreter der reinen Mathematik eher weniger polemisch und weniger leidenschaftlich den Unterschied hervorheben. Halmos, als Vertreter ebendieser reinen Mathematik, scheint da aber eine Ausnahme seiner eigenen Regel zu sein, wenn er behauptet, daß reine Mathematik im Vergleich zur angewandten Mathematik wie Mozartsche Musik im Vergleich zu Militärmärschen ist, wie Rubens' Gemälde im Vergleich zu medizinischen Illustrationen, wie ein Portrait von Picasso im Vergleich zu einem Polizeiphoto und daß angewandte Mathematiker zwar keine Flugzeuge und Atombomben bauen, sich aber immerhin um die allgemeinen Prinzipien kümmern, die hinter dem Fliegen von Flugzeugen und dem Explodieren von Bomben stehen.

Ein Beispiel für eine - ähnlich überzogene - Gegenposition finden wir in einer Artikelserie der sowjetischen Wochenzeitschrift *Literaturnaya Gazetta* aus dem Jahr 1979/80, die uns allerdings nur aus einer Besprechung durch den amerikanischen Mathematiker Ralph P. Boas [24, S. 172] bekannt ist, da sie nicht übersetzt ist.

Hierbei berühren wir im übrigen ein Problem, das eine wesentlich größere Bedeutung hat. Vieles, was in der Sowjetunion gerade hinsichtlich der Popularisierung der Mathematik publiziert wird - und dies ist ungeheuer viel und oft ausgezeichnet -, ist uns im Westen kaum bekannt; und obwohl Mathematik eigentlich keine politischen Grenzen kennt und man von den wichtigen wissenschaftlichen Ergebnissen grundsätzlich erfahren kann, ist die Präsenz der sowjetischen Wissenschaft bei uns im Durchschnitt deutlich geringer als etwa jene der amerikanischen. Dies ist um so bedauerlicher, als es ausgezeichnete Kenner der Mathematik gibt, die unter den zehn besten lebenden Mathematikern der Welt mindestens fünf aus Moskau, Leningrad usw. aufzählen.

Aber kehren wir zu den Artikeln zurück. Sie vertreten oder diskutieren zumindest die These, daß Mathematik in ihrer heutigen Form überflüssig sei - der Computer stellt für sie eine wissenschaftliche Revolution in einem solchen Ausmaß dar, daß alles sich an seinen Möglichkeiten zu orientieren hat. Dies sei mit der Mathematik, wie man sie seit zweitausend Jahren kenne und heute noch betreibe, nicht in Einklang zu bringen. Reine Mathematik mag als abstrakte Kunstrichtung bestehen bleiben, man dürfe dann aber nur wenige, sehr begabte Künstler ermutigen, diese Kunst auszuüben.

Auch in den Vereinigten Staaten gibt es viele Leute, die die Meinung von der überwältigenden Bedeutung des Computers vertreten. Der amerikanische Mathematiker James C. Frauenthal [25, S. 19] vergleicht die durch den Computer erzeugte Revolution mit jener in der Physik zu Beginn dieses Jahrhunderts, als Relativitätstheorie und Quantentheorie das Interesse insbesondere der jungen Physiker in einem solchen Maße anzogen, daß sich kaum mehr jemand um Probleme beispielsweise in der klassischen Mechanik kümmerte und »alte« Physiker innerhalb einer Generation aussterben. Etwas Ähnliches erwartet Frauenthal für die Mathematik: Sie wird ihre heutigen Hauptgebiete Analysis, Zahlentheorie und Topologie verlassen – wie die Physik das Gebiet der klassischen Mechanik verlassen hat – und zu computergerechten Bereichen wie Numerik, Operation Research und Statistik überwechseln. Wenn die Mathematik diesen neuen Gebieten nicht das ihnen gebührende Gewicht gibt, ja sie letztlich als nichtmathematisch oder als mathematisch uninteressant abtut, so wird sie als Forschungsrichtung verschwinden. Boas zitiert den russischen Mathematiker M. Evgrafov, der dies noch deutlicher formuliert und drei »nicht zu widerlegende« Thesen aufstellt: 1. Reine Mathematik findet innerhalb von fünfzig Jahren keine Anwendung mehr; 2. 99 Prozent aller reinen Mathematik ist nach fünfzig Jahren vergessen; 3. Jedes neue mathematische Ergebnis wird von nicht mehr als hundert Leuten beachtet und geschätzt [26, S. 172].

Beide Positionen, die von Halmos auf der einen Seite und die von Frauenthal und Evgrafov auf der anderen Seite, werden von ihren Verfechtern überzogen dargestellt. Und es ist zu bedauern, daß, wie so oft in solchen Fällen, die (sicher gewünschte) Provokation bedenkenswerte Ideen in den Hintergrund treten läßt.

So trifft Halmos eine Unterscheidung der Menschen in *Knower* und *Doer*, in *Wissende* und *Tuende*, schärfer formuliert: in *Denker* und *Macher*. »Menschen wollen wissen und tun. Sie wollen wissen, was ihre Vorfahren taten und sagten, wollen etwas wissen über Tiere und Gemüse und Mineralien, und sie wollen etwas wissen über Begriffe und Zahlen und über Sehen und Hören. Menschen wollen Nahrung anpflanzen und Kleider nähen, sie wollen Häuser bauen und Maschinen erfinden, und sie wollen Krankheiten heilen und Sprachen sprechen. – Die *Doer* und die *Knower* unterscheiden sich häufig in Motivation, Haltung, Technik und in dem, was sie befriedigt, und diese Unterschiede sind auch sichtbar in dem besonderen Fall der angewandten Mathematiker (doer) und reinen Mathematiker (knower)« [23, S. 13/14].

In der Tat will der eine Wissenschaftler die Welt erkennen, wie sie ist, hofft vielleicht dabei auf Harmonie, Schönheit, überraschende Zusammenhänge, während der andere die Welt ändern möchte, sie vielleicht nicht für die schönste aller Welten hält und sie verbessern, seine Ideen verwirklichen will. Ist dann aber wirklich nur der zuerst beschriebene Standpunkt mit dem der Kunst vergleichbar? Ist es die Aufgabe der Kunst, die ästhetische Struktur der Welt zu entdecken, so wie es der (reinen) Mathematik darum geht, die »atemberaubend komplizierte logische Struktur des Weltalls« zu erkennen? Oder wollen nicht auch Dichter die Welt verändern, Bildhauer und Architekten nicht auch ihre Ideen zum praktischen Nutzen der Menschen verwirklichen? Sind jene, die die Schönheit der Welt schauen, eher Optimisten, während jene, die die Welt verändern wollen, eher Pessimisten sind?

Oder liegen manchmal die Unterschiede woanders? Auch Mathematiker werden heute von einem Wissenschaftspessimismus, vom Zweifel am Nutzen des Fortschritts, ja sogar von der Gewißheit seiner Schädlichkeit erfaßt. Und liegt dann in der reinen Kontemplation, in der Beschäftigung mit schönen, aber bestimmt nutzlosen Dingen, nicht eine gewisse Beruhigung? »Ich bin daran jedenfalls nicht beteiligt; auch meine Schüler, leben und handeln sie nur in meinem Geiste weiter, sind ungefährdet.« Der Elfenbeinturm schützt nicht nur die in ihm Lebenden vor äußeren Störungen, er wirkt auch »als Berstschutz der Gedanken«, um eine etwas makabre Metapher des Philosophen Odo Marquard (geb. 1928) zu benutzen. Wirklich, schützt Wegschauen vor Schuld? Ist Nichtstun nicht auch Tun?!

Halmos beschreibt einen weiteren wichtigen Aspekt in der Beziehung zwischen angewandten und reinen Mathematikern: Der eine konzentriert seine Aufmerksamkeit auf ein spezielles Problem, »fokussiert« seinen Blick, während der andere eher ein Weitwinkelobjektiv benutzt. Es ist in der Tat die Haltung eines Machers, sich auf ein Problem zu konzentrieren – am deutlichsten wird dies vielleicht in der Tätigkeit des Ingenieurs, der ein Instrument für eine ganz bestimmte Aufgabe konstruiert – der Wissende interessiert sich mehr für Zusammenhänge, Verbindungen, Harmonien.

Abstraktion führt natürlich von den konkreten Gegebenheiten weg, macht oft allgemeinere Strukturen, Zusammenhänge deutlich, läßt manchmal auch wichtige praktische Details vergessen. Der angewandte Mathematiker ist in diesem Sinne eben auch Mathematiker und nicht Ingenieur oder Naturwissenschaftler. Selbst wenn er bei der Lösung des konkreten Problems helfen will, arbeitet er die Struktur des Problems durch Abstraktion heraus, erzeugt er ein mathematisches Abbild des technischen Problems und versucht, dieses Modell mit mathematischen Methoden auszuwerten. Dieses Zurücktreten, dieses »Aus-der-Ferne-Ansehen« macht die Arbeit des angewandten Mathematikers aus und ist auch seine Stärke.

Oft fragen gerade Praktiker, Leute, die technische Dinge entwickeln, warum ein Mathematiker eingestellt werden soll, ob ein Ingenieur oder Physiker das Modellbilden nicht besser könne, wobei das Modellauswerten ja ohnehin der Computer vornehme. Das folgende Schaubild kann eine Antwort auf diese Frage geben:

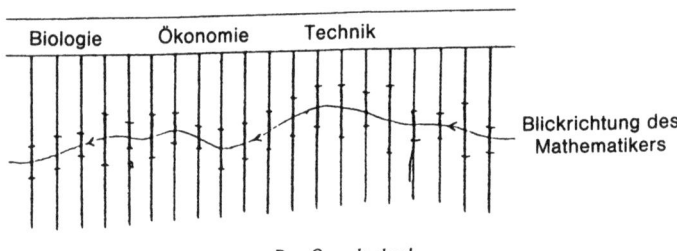

Der Querdenker!

Der Querbalken charakterisiert die technisch-wissenschaftliche Welt mit den verschiedenen naturwissenschaftlichen, ökonomischen, technischen Bereichen. Die konkreten Probleme hängen wie Fäden an dem Balken; der Ingenieur, Biologe, Wirtschaftswissenschaftler usw. bearbeitet ein konkretes Problem; er arbeitet sich an dem Faden von unten nach oben in vertikaler Richtung bis zur Lösung durch; während des Kletterns stößt er auf die Notwendigkeit, ein mathematisches Modell des Problems zu bilden, es auszuwerten; mit den gewonnenen Kenntnissen erklimmt er die obere Ebene, die Problemlösung.

Der Mathematiker, der nur das kurze Fadenstück *Modellbildung* sieht, schaut dafür mehr in horizontaler Richtung; er erkennt, daß

Probleme ganz anderer Bereiche eine ähnliche Struktur haben, daß vielleicht Gleichungen, die das Rasseln von Autogetrieben beschreiben, Gleichungen der Quantenstatistik, Gleichungen, die die Ökotrophierung des Waldes modellieren, und Gleichungen, die das Verhalten etwa von Hecht- und Karpfenpopulationen in einem Teich wiedergeben, mathematisch ähnliche Probleme aufwerfen. Oft sieht er dann, daß Lösungsideen, die dort entwickelt werden, nach hier übertragen werden können. Der Mathematiker als »Querdenker« ermöglicht Ideentransfer und schafft damit Innovation. Er ist, auch wenn er als angewandter Mathematiker seinen Blick manchmal für einen gewissen Zeitabschnitt auf ein bestimmtes Problem fokussiert, der nicht spezialisierte Problemlöser. Dieses Querdenken weckt Kreativität; in diesem Sinn ist Mathematik eine Schule der Kreativität, sie hilft, ausgetretene Denkpfade, die manchmal in Sackgassen enden, zu verlassen, sie weitet den Blick für neue Wege. Dieser Wille zum Querdenken kennzeichnet die Haltung des angewandten Mathematikers; geschaffen wird die Möglichkeit, Gemeinsamkeiten in ganz verschiedenen Problemkreisen zu erkennen, dadurch, indem man ein geeignetes Raster, eine genügend große Strukturvielfalt zur Verfügung stellt – und darin wiederum liegt die Stärke des reinen Mathematikers.

Reine Mathematik und angewandte Mathematik sind zwar verschieden, aber beide benötigen sich gegenseitig dringend; das Verhältnis ist ein »symbiotisches« in dem Sinne, daß keiner überleben kann ohne den anderen (vielleicht ist »überleben« zu übertrieben, wäre »gedeihen« angemessener). Mathematik ist trotz all ihrer Schwächen so widerstandsfähig, daß sie, auch in ihrer reinen Form, mehr als zweitausend Jahre überlebt hat, gerade weil sie letztlich doch – in ihren besten Ergebnissen – für Wissenschaft und Technik so ungeheuer wichtig und wertvoll war und ist. Allerdings erfolgt die praktische Nutzung oft mit großer zeitlicher Verzögerung, mehr noch: Vieles Nützliche wird als solches nicht erkannt, wird – unter diesem Blickwinkel – vergeudet, vielleicht deshalb auch nicht genügend gefördert. Die Ursache dafür mag in der Schwierigkeit liegen, sich mit Mathematikern zu verständigen, die Ideen der Mathematiker zu verstehen und umgekehrt, den Mathematikern die Bedürfnisse der Praktiker zu erklären. Deshalb beschreibt der Vorschlag Evgrafovs, Brückenbauer heranzubilden, die sich gut an beiden Ufern dieses Grabens auskennen – in der Mathematik und in der realen Welt – und die die Verbindung herstellen, in der Tat eine äußerst wichtige Aufgabe, die hinsichtlich ihrer Konsequenzen für Forschung und Lehre gründlich durchdacht werden muß. In Deutschland hat eine Reihe von Universitäten solche »Brückenbauer«-Studiengänge eingerichtet, die unter dem Namen Wirtschaftsmathematik bzw. Technomathematik Brücken zwischen Mathematik und dem im Namen bezeichneten Anwendungsfach schaffen.

Die Beispiele extremer Standpunkte beantworten die Frage »Werkzeug oder Spiel?« nicht, machen aber doch klar, daß die Antwort nicht eindeutig ausfallen kann – auch hier läßt die Frage »schwarz oder weiß?« mit exklusivem »Oder« keine Antwort zu. Werkzeug oder Spiel, Homo ludens oder Homo faber, Knower oder Doer – das sind keine Alternativen wie »ja oder nein«, wie »richtig oder falsch«, »wahr oder unwahr«.

Fragen wir uns nochmals: Warum denn in aller Welt macht Mathematik den Mathematikern soviel Freude? Wie können wir den Spaß, diese Freude anderen verständlich machen, insbesondere Schülern, die das nach dreizehn Jahren Schule oft gar nicht mehr begreifen können? Was hat diese Schule denn mit ihnen falsch gemacht? Kinder haben doch Spaß am Spiel und am Lösen praktischer Probleme, sie sind geradezu fasziniert vom Spielzeug »Heimcomputer«, sie lieben Rätsel, basteln nach oft komplizierten theoretischen Anleitungen, Diagrammen! Warum ist dann für so viele Mathematik nur Last, nur Klassenarbeit, nur Kampf um gute und Angst vor schlechten Zeugnisnoten? Es ist zu befürchten, daß da Werkzeug *und* Spiel verlorengegangen sind, weder der Homo ludens *noch* der Homo faber angesprochen wurden. Einige glauben, es habe einmal eine gute alte Zeit gegeben, »in der Mathematik Freude machte, wo sie nicht aus diesem bedrückenden ›Definition-Satz-Beweis-Schema‹, sondern aus dem fröhlichen ›Ich habe ein schönes Problem gefunden‹ bestand. Warum hat sich die Stimmung so geändert? Was hat die Erziehungsmethode so auf den Irrweg geführt, daß aus einer leidenschaftlichen Aktivität passives Schulstofflernen wird« [27]?

Die Situation müßte weiß Gott nicht so sein, wie sie ist. Wo wird der Spaß vernichtet statt vermittelt? Ein Erziehungsproblem, gewiß, aber ein Erziehungsproblem, das aus dem Unverständnis oder Mißverständnis der Mathematik resultiert. Wir befürchten, auch aus einem Mißverständnis der Mathematik durch Mathematiker, durch Mathematiker an den Schulen und letztendlich und hauptverantwortlich durch Mathematiker an den Hochschulen. Da werden Studenten, die später als Lehrer arbeiten, in diesem abstrakten Satz-Beweis-Stil erzogen, werden ihnen Theorien in einer immer und immer wieder geschliffenen, komprimierten, in einer ausgereiften, vollkommenen Form serviert wie geschliffene Diamanten dem Kunden im Juweliergeschäft – geschliffen bedeutet hier bereinigt von allen kleinen Schwächen, von allen Unsauberheiten, bedeutet hier Verwirklichung höchster mathematischer Strenge, in der jeder Begriff sauber definiert, jeder Beweisschritt logisch einwandfrei ist. Mathematik wird so identifiziert mit mathematischer Strenge, und es wird vergessen, daß Mathematik auch *Bedeutung* hat.»Man erreicht absolute Strenge nur durch das Ausschalten von Bedeutung... Aber wenn man wählen muß zwischen Strenge und Bedeutung, werde ich ohne Zögern die letztere wählen«, bekennt René Thom (geb. 1923), ein französischer Mathematiker, Begründer der sogenannten *Katastrophentheorie* [28].

Was ist hier mit Strenge gemeint? Vielleicht verdeutlicht dies die Antwort auf die folgende einfache Frage: Was ist eine Funktion? In älteren Büchern ist Funktion eine Vorschrift, die (zumindest zu Beginn) jeder Zahl einer bestimmten Menge eine andere Zahl zuordnet. So kann man mittels Funktionen etwa die Abhängigkeit gewisser Größen von der Zeit, wie etwa Fiebertemperatur, Gewinne und Verluste eines Unternehmers, die Spannung an der Steckdose usw. darstellen. So kann man vom Druck als Funktion der Temperatur, vom Fischbestand als Funktion von Fangquoten, vom Benzinverbrauch als Funktion der Geschwindigkeit sprechen und hat dabei bestimmte Situationen im Auge, bei denen man die Veränderung zweier Größen beim Konstanthalten aller anderen (wie etwa des Volumens, der Wassertemperatur oder des Fahrzeugtyps) untersucht und feststellt, daß die eine in ganz bestimmter, eindeutiger Weise von der anderen abhängt.

Natürlich ist der Begriff ein wenig eng gefaßt; er beschränkt sich auf die Zuordnung von Zahlen. Man kann aber die Menge der Zahlen durch beliebige andere Mengen ersetzen – man denke nur an die Menge aller Artikel eines Kaufhauses, denen Preise zugeordnet werden –, man kann jedem Element auch Zahlenpaare, Zahlentripel usw. zuordnen. Wenn man zum Beispiel die Bewegung einer Person beschreiben will, so muß man zu jedem Zeitpunkt den Ort der Person, beschrieben durch geographische Breite und Länge, das heißt also durch ein Zahlenpaar, kennen. So wird der Begriff der Funktion allgemeiner – Funktion als Vorschrift, die jedem Element einer Menge genau ein Element einer anderen Menge zuordnet; wichtig dabei ist, daß immer nur *einem* Element der anderen Menge zugeordnet wird; es darf beispielsweise nicht *zwei* verschiedene Preise desselben Artikels geben, auch kann eine Person nicht an zwei Orten gleichzeitig sein.

Die *Bedeutung* des Begriffs Funktion sollte jetzt klar sein: Es wird auf eine Interpretationsmöglichkeit außerhalb der Mathematik hin»gedeutet«. Bedeutung ist hier Bedeutung für etwas außerhalb der Mathematik, ist vielleicht auch Bedeutung als Werkzeug, wenn man das Wort »Werkzeug« nicht zu eng auslegt.

Die *Strenge* ist aber bei unserer »Definition« zu kurz gekommen. Was ist denn eigentlich eine Vorschrift? Nun ja, eine Abbildung – aber was ist das? Man ahnt vielleicht die Unruhe des professionellen Mathematikers – es ist schon schrecklich genug, daß man nicht definieren kann, was eine Menge ist; weitere verschwommene Begriffe, wie etwa Vorschrift, Abbildung, kann man so nicht stehen lassen (und das ist ja auch nicht notwendig). Die Lösung des Problems entnehmen wir einem Schulbuch für die gymnasiale Oberstufe aus dem Jahr 1982, ohne es präzise zu zitieren, da ähnliche Beispiele jeder leicht finden kann:

1. Eine *Relation* R auf einer Menge S ist eine Teilmenge von S×S, besteht also aus geordneten Paaren (x,y) von Elementen x,y ∈ S.
2. Die zu einer Relation R konvexe Relation R^{-1} ist definiert durch
$$R^{-1} := \{(x,y) \in S \times S \mid (y,x) \in R\} \, .$$
3. Eine Relation R heißt *rechtseindeutig*, wenn aus (x,y) = (x,z) ∈ R folgt:
y = z.
4. Eine Funktion ist eine rechtseindeutige Relation.

Man sieht: Strenge hat ihren Preis, sie kostet Bedeutung. Diese Definition ist streng, sie verwendet nur mengentheoretische Begriffe, ist das Ergebnis eines längeren Abstraktionsprozesses, ist geschliffen, gereinigt von allem unwesentlichen Zubehör, gereinigt aber eben auch von Bedeutung. Solch eine Definition kann jeder mit einiger Mühe verstehen – falls er will. Viele wollen eben nicht, und für jene ist der Schaden der »Bedeutungslosigkeit« größer als der Nutzen der logischen Untadeligkeit. Auf alle Fälle werden fast immer solche Definitionen passiv hingenommen – mit der gleichen Passivität, mit der man Fertiggerichte aus der Dose, in der Aluminiumfolie zubereitet und vielleicht auch ißt. Bei aller möglichen Qualität dieser Produkte, zubereitet nach allen Regeln der Ernährungswissenschaft, kann der Verdacht nicht ausgeräumt werden, daß mit ihnen jeder Spaß am Kochen und Essen verschwindet.

Diese »sterile« Mathematik ist natürlich auch nicht die Mathematik des Homo ludens; Spiel ist aktiv, kreativ, vergnüglich. Sie ist auch nicht die reine Mathematik, die ja alles andere als steril ist. Aber sie ist entstanden aus einer wachsenden Selbstbezogenheit der Mathematik, vielleicht einer Selbstgenügsamkeit oder gar aus einem Narzißmus, der alles Nichtstrenge, der aber auch Bedeutung für störend hält. Wenn man kein guter Spieler ist, wenn die Kreativität schwach entwickelt ist, dann ist man leicht versucht, das Formale, »Sterile« zu überbetonen, das Spiel als eine Sammlung fertiger Strategien anzusehen, die man zu lernen und nachzuvollziehen hat. Abstrakte, »nicht angewandte« Mathematik ist selbst keineswegs nur formal, sie ist aber besonders leicht Mißverständnissen dieser Art ausgesetzt; Anwendung, Bedeutung für nichtmathematische Bereiche macht die Mathematik eigentlich nicht kreativer, reduziert aber die Gefahr, in formaler Strenge zu ersticken.

Auch in den Schulen, auch an den Universitäten sollte der Entstehungsprozeß der Mathematik, bei dem immer Bedeutung zeitlich vor Strenge kommt, nachvollzogen werden. »Die geschliffenen Darstellungen in unseren Vorlesungen sind nicht in der Lage, die Mühsal des kreativen Prozesses wiederzugeben, die Frustrationen, den langen steinigen Weg, den Mathematiker zurücklegen müssen, um eine wesentliche Struktur zu finden« [29, S. IX]. Der amerikanische Mathematiker Morris Kline (geb. 1908) beschreibt seit Jahren in exzellenten Abhandlungen den historischen Weg der Mathematik von der Bedeutung (meist für Naturwissenschaft und Technik) zur späteren Strenge, geißelt in Büchern oder Texten mit Titeln wie: »Warum Hänschen nicht rechnen kann« oder »Warum Professoren nicht lehren können« immer wieder die Vernachlässigung der Bedeutung, die Nichtbeachtung des historischen Weges der Mathematik. Kline gibt in dem folgenden Dialog ein einfaches, überzeugendes Beispiel für die bedeutungslose Formulierung strenger Schulmathematik:

Vater: »Hänschen, wieviel ist drei mal vier?«
Hänschen: »Dasselbe wie vier mal drei.«
Vater: »Aber was kommt bei der Multiplikation heraus, wenn die Faktoren drei und vier sind?«
Hänschen: »Es ist ganz egal, was die Faktoren sind, die Multiplikation ist immer kommutativ.«

Kline folgt mit seinen Ideen seinem »Fast-Namensvetter« Felix Klein, diesem so bedeutenden Mathematiker zu Beginn unseres Jahrhunderts, der die Forderung aufstellt: »Der Lehrer muß sozusagen ein wenig *Diplomat* sein, er muß auf die seelischen Vorgänge im Knaben Rücksicht nehmen, um sein Interesse packen zu können, und das wird ihm nur gelingen, wenn er die Dinge in *anschaulich faßbarer Form* darbietet ... man sollte im ganzen Unterricht, auch auf der Hochschule, die Mathematik stets verknüpft halten mit allem, was den Menschen gemäß seinen sonstigen Interessen auf seiner jeweiligen Entwicklungsstufe bewegt und was nur irgend in Beziehung zur Mathematik sich bringen läßt« [30, S. 4].

Wir sind bei unserer Frage nach dem Charakter der Mathematik als Werkzeug oder Spiel mitten in Probleme der Mathematikerziehung hineingeführt worden. Beides hängt eng zusammen. Was der Lehrer unter Mathematik versteht, ist entscheidend für seinen Mathematikunterricht, und umgekehrt prägt der Unterricht das, was sich Schüler unter der Mathematik vorstellen. »Ob man es wünscht oder nicht, jede mathematische Pädagogik beruht auf einer Philosophie von der Mathematik« [28, S. 204]. Mit diesem Zitat aus dem bereits angeführten Artikel von Thom beginnt ein Aufsatz von Anthony D. Gardiner mit dem Titel: »Human Activity: The Soft Underbelly of Mathematics?«, der sich intensiv mit diesem Erziehungsaspekt auseinandersetzt [31]. Auch für ihn ist die mathematische Bedeutung von großer Wichtigkeit. »Die Idee des Schülers [oder Studenten] von Einfachheit oder Effizienz ist nicht dieselbe wie die Idee von Eleganz, die der Spezialist hat. Für den Schüler [Studenten] würde eine effiziente Behandlung nicht nur die dazu notwendige *Mathematik* erfassen, sondern auch eine adäquate *Motivation* mitliefern, sie würde neue Ideen mit einer Art *Bedeutung* versehen, würde zu einem Gespür für die theoretische oder technische *Bewältigung* führen, würde neue Ideen zu vertrauteren und einfacheren in einer überzeugenden Weise in Beziehung setzen« [31, S. 22]. »Die Herausforderung liegt dann darin, Mathematik als eine *menschliche Aktivität* darzustellen – als etwas, was komplexer und bedeutungsvoller ist als die kalte ›äußere Schale‹ von Theoremen und Techniken« [31, S. 24].

Neben der Aufforderung: »Mathematik lernt man durch Tun«, die wir schon mehrmals an den Leser richteten, finden wir hier auch die Aufforderung, zu erklären, warum man eigentlich Mathematik macht, was ihre soziale und intellektuelle Rolle ist, warum sie so spannend sein kann. Darüber hinaus hat jede menschliche Aktivität auch eine historische Dimension, sowohl in Hinsicht auf die Menschheit mit ihrer Geistesgeschichte als auch im Hinblick auf das diese Aktivität ausübende Individuum mit seinen Erfahrungen und Kenntnissen. Bedeutung entsteht durch Verbindung mit bereits vertrauten Begriffen. So fordert das Kleinsche Prinzip ja gerade die Abstimmung der zweierlei »Historien«.

Ein anderer Befürworter dafür, daß Abstraktion immer den zweiten Schritt darstellen soll, ist der französische Mathematiker Henri Lebesgue (1875–1941), dessen Integralbegriff noch heute, etwa hundert Jahre nach seiner Veröffentlichung, eine äußerst wichtige Rolle spielt. Er schreibt, nachdem er sich dafür entschuldigt, ein Problem möglichst einfach behandelt zu haben, was schon damals gegen die Mode der Zeit war (wenn Lebesgue erst gewußt hätte, was hundert Jahre später auf arglose Schüler zukommt): »Aber jene, denen wir für solch abstrakte Überlegungen zu danken haben, waren in der Lage, in Abstraktionen zu denken und *gleichzeitig nützliche Arbeit zu leisten,* und zwar genau deshalb, weil sie ein besonders gutes Gespür für Realität hatten. Es ist dieser Sinn für Realität, den wir uns in der Jugend zu wecken bemühen müssen. Danach, aber nur danach, wird sich der Übergang zur Abstraktion als vorteilhaft erweisen« [32].

Nun soll hier nicht behauptet werden, daß unsere Schulen diese Grundsätze keineswegs berücksichtigen; es ist dort wie an den Universitäten eine verstärkte Hinwendung zu den Anwendungen spürbar. Es gab und gibt natürlich immer Lehrer, die Mathematik als menschliche Aktivität für Schüler erfahrbar machen. Überdies gibt es in allen Klassen Jungen und Mädchen, die eine große Begeisterung, oft auch »Begabung« (aber was ist das?) für Mathematik mitbringen und denen die erhöhten Abstraktionsanforderungen von Leistungskursen gerade recht kommen. Für die vielen, sicher nicht gerade dummen anderen ist aber eine zu große Abstraktion schädlich, wirkt ohne diesen Sinn für die Realität abschreckend und erzeugt dieses seltsame Verhältnis zur Mathematik, von dem wir im ersten Kapitel sprachen. Um hier eine Änderung herbeizuführen, genügt allerdings der erwähnte wachsende Anwendungsbezug nicht, wenn er auch grundsätzlich zu begrüßen ist. Seine Konsequenz besteht leider heute oft nur darin, die lineare Algebra in der letzten Klasse des Gymnasiums durch die »so anwendungsbezogene« Wahrscheinlichkeitsrechnung zu ersetzen. Ob diese aber, so wie sie oft genug gelehrt wird, den Realitätssinn besser fördert als die lineare Algebra? Beide Theorien, lineare Algebra und Wahrscheinlichkeitstheorie, kann man sehr abstrakt darstellen, insbesondere auch die Wahrscheinlichkeitstheorie, die sich für viele als eine wunderbar strenge deduktive Theorie darstellt, bei der man, nachdem man ihre Axiome mit einigen Würfelexperimenten plausibel gemacht hat, alle *Bedeutung* schnell vergessen darf. Beide Theorien sind aber auch hervorragend geeignet zur Modellbildung, für die »nützliche« Arbeit, haben eine große Bedeutung in fast allen Bereichen unserer Gesellschaft.

Bei der Wahrscheinlichkeitstheorie ist es wohl hauptsächlich der statistische Aspekt, der uns überall begegnet, in Unfallstatistiken und Vorhersagen von Wahlergebnissen oder Börsenkursen, in Qualitätsaussagen und Gutachten über Arzneimittel. Das ist nicht verwunderlich, da die Statistik gewissermaßen eine Brücke bildet, die abstrakte Begriffe der Wahrscheinlichkeitstheorie mit realen Situationen in Verbindung bringt. Für einen Wahrscheinlichkeitstheoretiker sind die Wahrscheinlichkeiten der von ihm betrachteten Ereignisse meist gegeben, leitet er doch Konsequenzen aus diesen Gegebenheiten her; ein Statistiker steht vor der Aufgabe, in einer konkreten Situation (etwa für einen konkreten Würfel) diese Wahrscheinlichkeiten zu finden.

Herauszufinden, ob ein Würfel gezinkt ist oder nicht und wie gegebenenfalls diese Verfälschung in Zahlen ausgedrückt werden kann, das ist Aufgabe eines Statistikers; eine Strategie für beliebige Würfel zu entwerfen, die bei gegebenen Wahrscheinlichkeiten für das Auftreten der einzelnen Zahlen in einem Würfelspiel zum größtmöglichen Gewinn führt, ist eine Aufgabe der Wahrscheinlichkeitstheorie.

Daß aber auch lineare Algebra große Bedeutung hat, ist schon im Zusammenhang mit der linearen Optimierungsaufgabe im ersten Kapitel deutlich geworden. Nein, es geht nicht darum, daß man diese durch jene abstrakte Theorie ersetzt, sondern darum, daß man den spielerischen *und* den nützlichen Aspekt der Mathematik verdeutlicht, indem man nicht fertige, geschliffene Theorien serviert, sondern den Schüler mitspielen und ihn die Nützlichkeit erfahren läßt, indem man ihn ein praktisches Problem mit Hilfe der Mathematik lösen läßt. »Je abstrakter die Wahrheit ist, die Du lehrst, desto mehr mußt Du die Sinne zu ihr verführen«, sagt Friedrich Nietzsche in »Jenseits von Gut und Böse«.

Lassen wir zumindest für den Augenblick die Mathematik in der Schule, wie sie ist. Sie ist so wie die Erziehung, die wir oder unsere Vorgänger an der Universität den künftigen Lehrern zuteil werden ließen. Ändern kann man sie daher nur, indem man den Geist der Mathematik auch dort ändert; dies liegt in der Verantwortung der Mathematikprofessoren. Da dieses Buch aber eben nicht diesen, sondern vor allem mathematischen Laien zugedacht ist, scheint uns eine weitere Diskussion darüber an dieser Stelle nicht angebracht.

Mathematik als Werkzeug oder Mathematik als Spiel, der Mathematiker als Homo faber oder als Homo ludens – in der Beantwortung dieser Frage sind wir nicht sehr viel weiter gekommen. »In der Schule, in der öffentlichen Meinung gilt oft beides nicht«, scheint das Ergebnis unserer Betrachtungen über die Schulmathematik zu sein – und »nicht nur ausschließlich eines von beiden«, lehren uns die vorher dargelegten Beispiele extremer Standpunkte. Abstraktion ist natürlich eine entscheidende Arbeitsmethode des Mathematikers, birgt aber in sich die Gefahr, daß man die *Bedeutung* vergißt, daß man Mathematik zu einem Glasperlenspiel macht.

Wieder kommen wir auf das Wort *Bedeutung* zurück, Bedeutung als Beziehung zu anderem, Inner- oder Außermathematischem. Bedeutung gewinnt etwas für uns auch dann, wenn wir es bezeichnen können. Mathematik als Zeichen für etwas anderes? Das wäre dann ganz zeitgemäß, heute, wo die Wissenschaft von den Zeichen, die Semiotik, Hochkonjunktur hat (ein führender Semiotiker, Umberto Eco (geb. 1932), hat den Bestseller »Der Name der Rose« geschrieben). Dann sind wir auch nicht weit von der »Mathematik als *Sprache* der Wissenschaft«, eine unter Physikern weit verbreitete Ansicht, die Mathematikern unbehaglich ist, hat man dann doch seinen eigenen Gegenstand verloren. Hat Mathematik denn einen eigenen Gegenstand, bedeutet sie etwas für sich – oder nur für anderes?

Werkzeug oder Spiel? Oder Werkzeug und Spiel, jene Symbiose, die Halmos so wenig schätzt, wenn er bekennt: »Angewandte Mathematik kann ohne die reine nicht auskommen, wie der Ameisenbär nicht ohne Ameisen auskommen kann.« Dagegen brauchen Ameisen den Ameisenbär wohl nicht so dringend. Das historische Argument, nach welchem reine Mathematik aus der angewandten hervorgegangen sein soll, läßt Halmos nicht gelten. Natürlich stehen am Anfang des mathematischen Interesses Größen und Formen, aber ob man den Kontakt mit der realen Welt von Zeit zu Zeit erneuern soll, scheint ihm doch mehr als zweifelhaft. Revitalisierung durch die Außenwelt, durch regelmäßigen Kontakt mit der Realität ist nicht nötig, so wie Schach – für Halmos ebenfalls Mathematik, wenn auch keine gute – keine Revitalisierung benötigt, sondern im Gegenteil sogar interessante Probleme für die Informatik liefert. Das Spiel beeinflußt das Werkzeug! Auch die Malerei hat sich von der gegenständlichen zur abstrakten entwickelt und benötigt keine Revitalisierung durch die Außenwelt. Mathematik besitzt eine Selbstheilungskraft, die das krebsartige Wachstum einiger Gebiete der reinen Mathematik von selbst austrocknen, Übertreibungen von selbst absterben läßt. Nein, die reine Mathematik braucht die angewandte Mathematik nicht, wenn auch ein gelegentlicher Kontakt nicht schädlich ist; schließlich gibt es ja auch wundervolle reine Mathematik, die aus einem ebensolchen Kontakt entstanden ist, aber brauchen, nein, wirklich brauchen tut sie diesen Kontakt nicht [23].

Lassen wir uns ein wenig auf diese Argumente ein. Ist die Geschichte wirklich so wenig überzeugend? Wenn, wie wir glauben, Mathematik ein Bestandteil der Kultur ist und Kultur auf Bedürfnisse, Wünsche, Sehnsüchte, Hoffnungen der Menschen reagiert, so wird dies auch die Mathematik tun; sie wird von der Außenwelt geprägt, beeinflußt, verändert, ist in ihrem Veränderungsprozeß auf die Außenwelt angewiesen. Dabei darf man Außenwelt nicht so weit eingrenzen, daß nur technische Bedürfnisse in ihr eine Rolle spielen, wie es Halmos sieht. Er zitiert als Beispiel (was er eine Legende nennt), daß Geometrie aus dem Messen der Auswirkung der Nilüberschwemmungen entstanden ist. Aber Außenwelt äußert sich nicht nur in technischen Bedürfnissen, Außenwelt in bezug auf die Mathematik ist umfassender.

Wir haben schon erläutert, wie intensiv sich die Griechen die mathematischen Kenntnisse Ägyptens und Babyloniens aneigneten und daß hierbei ein fundamentaler Unterschied im geistigen Klima festzustellen ist. Während in der babylonischen und ägyptischen Kultur der einzelne sich strikt unterordnet, anpaßt, Gedankenfreiheit des einzelnen als Bedrohung für den Staat angesehen wird, gewinnt in der griechischen Kultur eine viel freiere Haltung die Oberhand, setzt sich der Glaube an die menschliche Vernunft des einzelnen, an ihre Kraft immer mehr durch. Dies hat einen erheblichen Einfluß auf die Entwicklung der griechischen Mathematik. Fast alle bedeutenden griechischen Mathematiker von etwa 600 bis 450 v. Chr. sind Philosophen, wie etwa Thales oder Pythagoras, deren Philosophie und Mathematik so miteinander verflochten sind, daß sie kaum unterschieden werden können. Gerade Pythagoras zieht einen Trennstrich zwischen theoretischer Forschung und praktischer Anwendung, zwischen Mathematik als Theorie und ihrer Anwendung.

Der Einfluß der Außenwelt auf die Mathematik zeigt sich hier in dem Wunsch nach Erkenntnis, in der Suche nach Wahrheit. Und betrachtet man die Ergebnisse, die die Pythagoräer im 5. Jahrhundert v. Chr. erzielten, so ergibt sich ein eindrucksvolles Bild: Die Lehre von geraden und ungeraden Zahlen wird geschaffen, die Theorie der Teilbarkeit und der Proportionalität der Zahlen wird aufgebaut, die Grundlagen der Planimetrie entstehen, die geometrischen Betrachtungen werden auf räumliche Objekte ausgedehnt, das Problem der Irrationalität wird untersucht. Die Unterscheidung zwischen geraden und ungeraden Zahlen ist von mystischer Bedeutung – gerade Zahlen werden als weiblich, der Erde angehörend, ungerade Zahlen werden als männlich, teilhaftig himmlischer Natur, angesehen (heute, vom zahlentheoretischen Standpunkt aus gesehen, ist diese Unterscheidung grundlegend). Nein, Außenwelt äußert sich mehr als nur in technischen Bedürfnissen, kann, wie bei den Griechen, sogar mystischen Ursprungs sein.

Das Zusammenspiel von Homo ludens und Homo faber gibt es ja nicht nur in der Mathematik – es ist ein Kennzeichen auch unserer Kultur mit »ihrem Gleichmaß des Fortschritts in der interessenlosen, um der Wahrheit willen betriebenen Wissenschaft und in der zweckhaften Ausnutzung des Lebens durch die Wirtschaft« [33, S. 125]. Um 1925 findet dieses Problem bei Philosophen und Soziologen wohl besondere Beachtung; der Philosoph Max Scheler (1874-1928) und die Soziologen Max Weber (1864-1920) und Helmuth Plessner (1892-1985) seien hier als Zeugen genannt. Man kann die Frage auch anders stellen: Warum ist dieses spielerische oder kontemplative Tun, aus dem »reine« Naturwissenschaft besteht, auch nützlich, und warum tritt dieses Zusammenwirken von Spaß und Nutzen, von Wahrheitssuche und Technik besonders in der neuzeitlichen europäischen Kultur auf? Ist eines die Folge des anderen, ist etwa die Technik nur eine nachträgliche Anwendung einer rein theoretisch-kontemplativen Wissenschaft, die ihrerseits nur durch die Suche nach der Wahrheit bestimmt ist, oder entspringt umgekehrt das Interesse an der Wahrheit nur einem Zweck, den man erreichen will? Ist die reine Wissenschaft auch hier die Ameise, die der Ameisenbär »Technik« fressen will, fressen muß?

»Weder noch«, ist die klare Antwort von Scheler und Plessner. Beide Tätigkeiten, die zweckfreie wissenschaftliche und die nützliche technische, entspringen nach ihrer Auffassung einem gemeinsamen Ursprung, einem gemeinsamen Antrieb. »Richtig geht man nur vor, wenn man, wie hier angedeutet, die eigenartige Zweckdienlichkeit zweckfremder Forschung als sinngesetzliche Korrelation zweier selbständiger Interessenrichtungen begreift« [33, S. 125].

Beides dient also demselben Sinn - oder anders ausgedrückt: Beides entspringt dem gleichen bewußten oder unbewußten Streben der Menschen. Bei Scheler klingt das so: »Die rein technizistische, pragmatische - hier darf man auch mit Einschränkungen sagen -, marxistische Auffassung des Verhältnisses von Arbeit und Wissenschaft (L. Boltzmann, E. Mach, W. James, F. C. Schiller, A. Labriola usw.) ist genauso irrig wie die rein intellektualistische Auffassung, die nur für das Werden der Philosophie Wert und Sinn hat. Die positive Wissenschaft ist und war überall, wo sie entstand, in Europa, Arabien, China usw., das *Kind der Vermählung von Philosophie und Arbeitserfahrung*. Sie setzt immer *beides* voraus - und nicht nur eines von beiden« [34, S. 92/93]. Mit positiver Wissenschaft, im Englischen mit Science bezeichnet, ist hier Naturwissenschaft, aber auch Wirtschaftswissenschaft usw., »mathematisierbare« Wissenschaft gemeint, während zur Philosophie, von der hier die Rede ist, auch die reine Mathematik gehört. Homo ludens und Homo faber müssen sich also zusammentun, um der Wissenschaft genügend Lebenskraft zu geben.

»Im Gegensatz zur Metaphysik, die, wie wir sahen, an erster Stelle das Werk gebildeter Oberschichten ist, die Muße zur Wesenskontemplation und zur ›Bildung‹ ihres Geistes besitzen, ist die *positive Wissenschaft* von ihrem ersten Beginn an eines wesentlich anderen *Ursprungs: Zwei* soziale Schichten, die anfänglich geschieden waren, scheinen mir sich zunehmend durchdringen zu müssen, wenn es zu einer systematisch ausgeübten, methodisch zielvollen kooperativen *Fach*forschung kommen soll – ein Satz, für den ich Gesetzmäßigkeit in Anspruch nehme –: nämlich je ein Stand freier kontemplativer Menschen *und* je ein Stand von Menschen, der Arbeits- und Handwerkserfahrungen rationell gesammelt hat und der schon um seines inneren Triebes zu steigender sozialer Freiheit und Befreiung willen das intensive *Interesse* an solchen Bildern und Gedanken über die Natur besitzt, welche *Voraussicht* ihrer Vorgänge und *Herrschaft* über sie möglich machen« [34, S. 92].

Da ist er wieder, der Homo ludens, dieser Mensch mit Muße, frei von äußeren Zwängen (weil es seine soziale Stellung erlaubt oder weil er sich, wie Diogenes in der Tonne, durch Bedürfnislosigkeit von Zwängen befreit hat), der Dreiecke in den Sand zeichnet und über sie meditiert, den die Harmonie der Sternbewegungen entzückt, der mit Begriffen spielt, Strukturen, Ordnungen entdeckt. Da ist er wieder, der Homo faber, der noch Bedürfnisse hat, der sich erst von Zwängen befreien muß, der die Welt dazu verändern will. Da zeigen sie sich, der Knower, der wissen will, was ist und der letztlich zufrieden ist, wie es ist, und der Doer, der gestalten, umgestalten will, der Weltverbesserer. Beide müssen zusammengehen, um positive Wissenschaft, systematische Forschung zu ermöglichen.

Warum tun sich aber beide zusammen, warum »vermählen sich Philosophie und Arbeitserfahrung«, was ist dieses tiefere Sinngesetz, aus dem reine und angewandte Wissenschaft entspringen? Plessner sieht das für den europäischen Raum so: Vor dem 19. Jahrhundert bestehen streng geordnete, in sich geschlossene Gesellschaftssysteme, im Mittelalter ein hierarchisch-feudales System, im 17. und 18. Jahrhundert ein naturrechtlicher Absolutismus. »Diese Systeme bedürfen keiner Ergänzung, sondern sind, wie sie sind, vollendet. Sie sind darum auch rangordnungsmäßig gegliedert« [33, S. 122]. Die zugehörigen Wissensformen – dies ist nun natürlich eine entscheidende Annahme – besitzen entsprechende Eigenschaften (solche Überzeugungen, die wir hinsichtlich der Mathematik schon im zweiten Kapitel formuliert haben, führen später in viel ausgeprägterer Form – verschiedene Aspekte einer Gesellschaft weisen ähnliche Strukturen auf, und diese Strukturverwandtschaften machen den Geist der Gesellschaft aus – zum Strukturalismus): Die Wahrheit ist im System verankert, nämlich »als Schatz übernatürlicher Offenbarung oder vernunftimmanenter Gesetze«. – »Unvermehrbar und unverminderbar bedarf das Wissenssystem genauer Darstellung und Verteidigung gegen Einwürfe ... Bestätigung durch Erfahrung spielt keine tragende Rolle ... Eine Gesellschaft, die sich nicht umgestalten kann noch soll ... kann andere Wissenschaftsformen nicht ertragen. Neue Entdeckungen müßten das Weltbild, das Bedürfnissystem, die soziale Schichtung in Bewegung bringen. So reguliert sich der Organismus der Gesellschaft gleichsam selbst, indem er Motivbildungen des *suchenden* Wissens, das zu Entdeckungen und Erfindungen führt, a priori mit der Idee übernatürlich offenbarten oder natürlich eingeborenen Wahrheitsbesitzes abwehrt« [33, S. 122/123]. Zu diesem Gesellschafts- und Wissenssystem gehört eine letztlich irrationale Hierarchie der Werte und Normen, da die Vernunft nicht in der Lage sei, »eine ganze Welt von Leidenschaften« in diese Systeme zu fesseln.

Mit dem Übergang zur Neuzeit, der »evolutionistisch-demokratischen Welt«, wie Plessner sie nennt, etwa in der Zeit von der Französischen Revolution bis 1848, ändern sich Gesellschafts-, Wissens- und Wertsysteme grundlegend. Es »setzt sich eine völlig antitraditionalistische Lebensauffassung durch, welche, zunächst einer religiösen Erneuerungshaltung entspringend, in calvinistischer, lutherischer oder selbst gegenreformatorisch-jesuitischer Form den Schwerpunkt in die innerweltliche Betrachtung und Bearbeitung der Dinge verlegt« [33, S. 123/124]. Der Mensch wendet sich zu sich als Individuum, er übernimmt individuelle Verantwortung. Er will sein Leben, seine Welt neu gestalten, ist nicht zufrieden mit diesen vorgegebenen Ordnungen – der Doer bekommt seine Chance.

»Dem natürlichen Streben des Eroberers und Tatmenschen nach Expansion fließen religiöse Energien zu, statt daß sie, wie in der mittelalterlichen Lebensordnung, es beschränken« [33, S. 124]. Der Mensch will die Welt mittels seiner Vernunft beherrschen, indem er sie versteht. Verstehen heißt hier nicht mehr, einem Ding seinen Platz in einer hierarchischen Welt zuordnen; verstehen, insbesondere die Natur, meint hier, »sie ohne Zuhilfenahme von fremden Einflüssen *aus ihr* selbst heraus verstehen und in Gang setzen können« [33, S. 124]. Mensch und Natur verselbständigen sich, werden unabhängig voneinander und von Gott. Diese Situation ist nach Plessner die wahre Ursache für die »eigenartige Zweckdienlichkeit zweckfremder Forschung«. Will man Welt gestalten, so tut man dies leicht nach dem Gesetz der größten Chance und des kleinsten Risikos. Man muß dazu vorsehen, Ergebnisse, Einflüsse vorhersagen und das heißt, innere Gesetzmäßigkeit erkennen können. Genau dazu aber, zur Entdeckung und Beschreibung der Gesetzmäßigkeiten, braucht man Mathematik, oder, wie es Plessner ausdrückt, es fördert die »Rechenhaftigkeit«. – »Bei größtmöglicher Selbstausschaltung des beobachtenden Menschen, der die Dinge objektiv sich zeigen lassen will, und bei sorgsamer Innehaltung der Grenzen des Beobachtbaren muß dieser Ausdruck *mathematische* Form annehmen, weil die Funktionen zwischen Dingen ... quantitativer Natur sind« [33, S. 125]. Hier könnte man heraushören, Mathematik habe nur mit Quantitäten zu tun. Dies ist natürlich nicht der Fall; es geht vielmehr darum, Funktionen, Abhängigkeiten, Ordnungen, Beziehungen zwischen den Dingen zu erkennen, auch wenn dies nicht mit schlichten Zahlen beschrieben werden kann. Dies ist in der Tat besonders mit Hilfe der Mathematik möglich.

Beherrschen läßt sich die Welt nur, wenn sie als etwas Autonomes in ihrer eigenen Gesetzmäßigkeit erkannt wird. Beides, Erkennen und Gestalten, entspringt der gleichen Befreiungssituation, dient der Befreiung aus einer Welt, in der »alles so ist, wie es sein soll«. Bei Scheler findet sich der gleiche Gedanke, eher noch schärfer formuliert: »Daß der je stark oder schwach vorhandene auf dieses oder jenes Gebiet des Daseins (Götter, Seelen, Gesellschaft, Natur, organische und anorganische, usw.) gerichtete *Wille zur Herrschaft* und Lenkung schon die Denk- und Anschauungsmethoden wie die Ziele des wissenschaftlichen Denkens mitbestimmt, und zwar gleichsam hinter dem Rücken des Bewußtseins der Individuen mitbestimmt, deren wechselnd persönliche Motive zu forschen dabei ganz gleichgültig sind, das halte ich für *einen der wichtigsten Sätze, die die Wissenssoziologie auszusprechen hat*« [34, S. 93/94].

Man kann sich in der Tat fragen, warum etwa der vom Buddhismus beeinflußte Kulturkreis kaum Wissenschaft in unserem Verständnis, kaum Mathematik hervorgebracht hat. Zeigt das buddhistische Ethos etwa einen geringeren Herrschaftswillen, oder ist, wie Scheler glaubt, ein ebenso starker Herrschaftswille vorhanden, der aber nicht auf Beherrschung der Welt, nicht auf Verbesserung der materiellen Verhältnisse, sondern auf die Herrschaft des Menschen über sich, über »den automatischen Gang der Seele und aller Leibesvorgänge«, gerichtet ist?

Es gibt grundsätzlich zwei Möglichkeiten, eine für sich oder die Menschen unbefriedigende Situation zu ändern: Man paßt sich der Situation an, verändert sich, oder man versucht, die Situation sich anzupassen. Wenn beispielsweise zu viele Menschen geboren werden, besteht prinzipiell die Möglichkeit, ihre Anzahl zu reduzieren, sie zu töten, oder man versucht, die Nahrungsmittelproduktion zu steigern bzw. vorhandene Mittel gleichmäßig und gerecht zu verteilen. Natürlich ist für uns die erstgenannte Möglichkeit aus ethischen und moralischen Gründen keine durchführbare Alternative – um so mehr müssen wir auf die »Vermählung von Philosophie und Arbeitserfahrung« drängen.

Die Griechen vollziehen diese »Vermählung von Philosophie und Arbeitserfahrung« kaum. Daher wird die griechische Mathematik, die erste reine Mathematik der Geschichte, oft als das Beispiel dafür angeführt, daß Anwendung nicht nötig ist. Die griechische Technik ist in der Tat der griechischen Wissenschaft nicht ebenbürtig. »Zwar ist von der griechischen Metaphysik und Religion die Welt, ihr Sosein und Dasein, grundsätzlich *bejaht:* aber nicht als Gegenstand menschlicher *Arbeit,* menschlicher Formung, Ordnung, Voraussicht, nicht auch als Werk göttlicher Schöpfer- und Baumeistertat, das der Mensch noch weiterzuführen habe, sondern als ein Reich *zu schauender und zu liebender* lebendiger, edler *Formkräfte.* Auch hier schloß die herrschende Religion wie die Metaphysik jene innige Verknüpfung der Mathematik mit Naturforschung, der Naturforschung mit Technik, der Technik mit Industrie aus, die die einzigartige Kraft und Größe der neuzeitlichen Zivilisation ausmacht, die aber bereits die Anfänge freier Arbeit und die steigende politische Emanzipation großer Massen im Gegensatz zu den vielfachen Formen der unfreien Arbeit (Sklaverei, Hörigkeit usw.) voraussetzt« [34, S. 96].

Haben wir uns jetzt vom Thema entfernt, oder stecken wir vielmehr mitten in der Diskussion? Zumindest mitten in den Diskussionen unserer Zeit, in Diskussionen, die sich in Schlagworten wie Postmoderne, Elend der Aufklärung, Wissenschaftsfeindlichkeit andeuten? Ist diese Einstellung des Herrschens über die Natur anstelle des Schauens und Liebens, dieser inhumane Grundsatzrationalismus mit seinen Prinzipien, Normen und Regeln nicht gerade die Ursache all unserer heutigen Probleme, bis hin zu Umweltzerstörung und -vernichtung? Was hat die Mathematik damit zu tun?

Sie nimmt wohl eine Schlüsselposition in diesem Streit ein, und deshalb kann sich nach unserer Auffassung ein Mathematiker auch nicht einer Stellungnahme zu diesen Fragen entziehen. Viele der modernen Lösungsvorschläge sind nicht nur für Mathematiker, aber für sie zuvorderst, untragbar – sei es, daß es sich um gewollte Strukturlosigkeit (wie sie sich etwa in experimenteller Lyrik oder in konkreter Poesie findet), um Prinzipienlosigkeit (Situationsethik statt Verantwortungsethik) oder um Spontaneität (»Mach, was du willst!«) handelt. Die genannten Probleme sind ernst, ja wirklich lebensbedrohend, aber sie sind nach unserer Meinung keine Folgen des rationalen Denkens und nicht durch Irrationalismus zu beseitigen. Im Gegenteil: Wir brauchen *mehr* Vernunft, *mehr* rationale Einsicht in mögliche Konsequenzen, um diese Probleme zu meistern; daß Menschen oft im Namen der Vernunft Unvernünftiges, ja eigentlich Unverantwortbares tun, ist kein Argument gegen die Vernunft. Wir werden auf diese Fragen noch einmal zurückkommen, mußten sie aber hier schon kurz ansprechen, um nicht durch die oben zitierten Texte mit ihrem unschuldigen Fortschrittsglauben der Jahre um 1925 als Kronzeugen eines Irrationalismus angesehen zu werden.

Immerhin deutet Scheler auch an, daß die Muße, die Zeit zum Nachdenken, die jene griechischen reinen Philosophen und Mathematiker benötigen, auf Kosten anderer geht. Spekulatives gedeiht besonders gut in Wohlstandsnischen der Gesellschaft. Andererseits kann man auf den Homo ludens nicht verzichten; man braucht ihn, den spekulativen Denker, der ohne Zeitdruck, ohne von vorneherein klar definierte Aufgabenstellung arbeitet; man braucht Menschen, die mit Ideen spielen, sie verwandeln, erweitern. Ohne sie wird echte Innovation selten, bleiben überraschende Einsichten aus, verschwindet das Staunen. Es gibt genügend geschichtliche Beispiele dafür; aber auch heute praktizierte Projekt- und Industrieforschung kann dafür Zeugnis geben.

Das alte Ägypten und das alte China zeigen Anfänge einer positiven Wissenschaft (Astronomie, Mathematik, Heilkunst usw.), da sie große technische Aufgaben zu bewältigen haben (wie etwa die Transportprobleme zur Sicherung der gewaltigen Reiche). Der Homo faber ist gefragt, aber dennoch entsteht eine wirkliche Naturwissenschaft, eine naturwissenschaftliche methodische Forschung nicht. Der spielerische, spekulative Denker fehlt, obwohl beispielsweise in China eine Philosophie als ein geschlossenes System mit vielen Regeln, mit intensivem Studium der großen Klassiker vorhanden ist. Hier zeigt sich, daß unsere Gleichsetzung des Homo ludens mit dem Knower mit einem Fragezeichen versehen werden muß, denn diese vielen Knower, Schriftgelehrten des damaligen China, sind eben keine »kreativen Spinner«.

Auch das alte Rom ist in diesem Zusammenhang ein interessantes Beispiel, wo sich nach Schelers Sicht die positive Wissenschaft als Rechtswissenschaft etabliert, für die ebenfalls der Grundsatz des Zusammentreffens praktischer und theoretischer Tätigkeit gilt. »Auch hier gibt Philosophie, reine Logik, ein Spiel- und Experimentierbetrieb rechtslogischen Denkens gleich jenem, der sich in der griechischen ›reinen‹ Mathematik jahrhundertelang *ohne* physikalische und technische Anwendung bestätigte, der Rechtswissenschaft Einheit, Logik, System und einen alle wesentlichen sozialen Angelegenheiten umfassenden Charakter. Aber der positive *Sinngehalt* des Rechts und die im herrschenden Ethos vorgegebene Abstufung der Rechtsgüter ist durchaus bestimmt von Richtung und Inhalt des sozialen *Herrschafts*willens der je politisch herrschenden Gruppen und Schichten« [34, S. 97]. Eine Naturwissenschaft entsteht trotz der großen technischen Probleme nicht, weil sich der Herrschaftswille eher auf die Politik als auf die Natur konzentriert.

Man kann natürlich auch daran denken, warum sich die Mathematik in Rom nicht recht entwickeln kann: Weil das Zahlensystem, dem wir ja immer noch auf alten Grabsteinen und in Büchern begegnen, so schrecklich unbequem ist – man addiere nur einmal in römischen Ziffern dargestellte Zahlen, etwa MDCCXIII und DCLXXIX (für solche Aufgaben gibt es Gott sei Dank ja griechische Sklaven). Die wichtigsten von der Praxis gestellten mathematischen Aufgaben, jene, die bei der Konstruktion von Hochbauten und Brücken zu bewältigen sind, kann man ohne Zahlen, ausschließlich mit Hilfe der Geometrie, lösen. Geometrie ist deshalb auch die Stärke der römischen Mathematiker. Etliche Regeln der normalen Zahlenarithmetik sind den Römern daher in ihrer oft viel komplizierteren geometrischen Form bekannt. Als Beispiel erwähnen wir das Kommutativgesetz, mit dem Hänschen seinen Vater plagte: a·b = b·a, wenn a, b reelle Zahlen sind. Man kann die Multiplikation auch geometrisch durchführen, wenn man sich an die Strahlensätze erinnert (man greife wieder mal zu Bleistift und Papier):

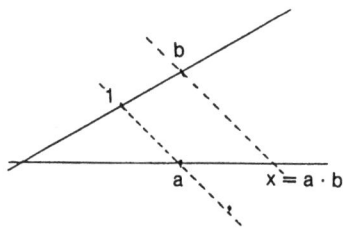

x:a = b:1, also x = a·b

Man sehe sich nun das Bild für die beiden Multiplikationen a·b und b·a an:

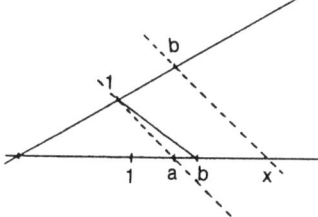 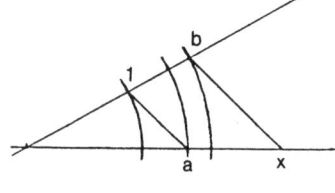

x:a = b:1, das heißt x = a·b   x:b = a:1, das heißt x = b·a

Man erhält in der Tat dasselbe x, das heißt a·b = b·a. Geometrisch ist der Sachverhalt aber keineswegs so offenkundig – es handelt sich hierbei um einen Satz der projektiven Geometrie, den sogenannten Satz von Pappus (ca. 340 v. Chr.), eine Entdeckung der Römer. Hier haben wir ein weiteres Beispiel dafür, wie sehr Kultur und Mathematik in Wechselbeziehung stehen. Es mag auch ein Beispiel dafür sein, daß eine ungeeignete Symbolik, daß falsche Zeichen der Weiterentwicklung einer Wissenschaft eher im Wege stehen.

Man braucht nicht weit in die Geschichte zurückzugehen, um zu verstehen, daß ohne Freiraum, ohne l'art pour l'art, ohne Spiel eine Weiterentwicklung kaum möglich ist. Forschung, die ausschließlich projektbezogen durchgeführt wird, bei der man zwei Jahre vorher sagen muß, was am Ende herauskommen soll, verliert ihren spekulativen, spielerischen Charakter, und ihre wirklich innovativen Erkenntnisse stehen oft genug in keinem vernünftigen Verhältnis zum betriebenen Aufwand. Natürlich ist zum Beispiel die heute in der Physik geplante Großforschung nötig, auch wenn sie einen Großteil der für die Forschung insgesamt vorhandenen Mittel verschlingt und deshalb so sehr die Aufmerksamkeit der Öffentlichkeit erregt. Aber die Gefahr ist groß, daß sie als die typische, ja vielleicht sogar die einzig erfolgreiche Art der Forschung überhaupt angesehen wird. Da jene, die sich von Einfällen, vielleicht sogar von der Ästhetik eines Problems leiten lassen, oft nicht einmal wissen, worüber sie in einem halben Jahr nachdenken werden, geschweige denn, was in zwei Jahren als Ergebnis präsentiert werden kann, haben sie es dann schwer, ihre Existenzberechtigung nachzuweisen und die wirklich minimalen finanziellen Mittel, die sie benötigen, zu bekommen. Man stelle sich einmal vor, Albert Einstein hätte 1903 einen Plan für die folgenden fünf Forschungsjahre aufstellen müssen! Gott sei Dank ließ ihm seine Tätigkeit beim Eidgenössischen Patentamt in Bern auch ohne Plan und zusätzliche Mittel genügend Spielraum!

Auch die Industrie fragt meist, was eine bestimmte Forschung für ihre konkreten Probleme leisten kann, und zwar sofort und mit Gewißheit, nicht irgendwann und vielleicht. Zeit- und Konkurrenzdruck zwingen sie meist, den Problemfaden entlang zu arbeiten, lassen ihr wenig Zeit, sich umzuschauen, aus anderen Bereichen Ideen und Anregungen zu holen. Dabei ist innerhalb der Industrie das Bewußtsein für diese Notwendigkeit durchaus vorhanden, und es würde sich auch für die Industrie lohnen, solchen »Umherschauern«, Spielern, Querdenkern eine Existenzberechtigung zuzuerkennen. – Sie kosten nicht viel, stellen aber zumindest eine Chance echter Innovation dar.

Wir hoffen, es ist deutlich geworden: Homo ludens und Homo faber brauchen einander, nicht unbedingt so direkt wie der Ameisenbär die Ameise als Nahrung benötigt, eher als Ergänzung, als Quelle und vielleicht als Schutz füreinander. Der Mathematiker muß frei von äußeren Zwängen arbeiten können, er muß auch erkennen, wenn die Ergebnisse seines eigenen Tuns für Probleme der realen Welt relevant sind; insofern sollte jeder Mathematiker reiner und angewandter Mathematiker sein. Dem stehen allerdings oft die äußeren Gegebenheiten wie Termine in der Wirtschaft oder

Karriere an der Hochschule entgegen: Der eine muß angewandt sein, der andere darf nicht zu angewandt sein.

Beide brauchen einander, vor allem aber braucht die »positive Wissenschaft«, brauchen Staat und Gesellschaft beide, den Mathematiker, der spielerisch neue Ideen entwickelt, und den Mathematiker, der sie umsetzt, auf konkrete Probleme anwendet. Ohne Rationalität – und das heißt letztlich auch ohne Mathematisierung – können die Probleme in unserer Welt erst recht nicht beherrscht und gelöst werden.

Am Ende dieses Kapitels wollen wir einen Mathematiker vorstellen, der in besonders deutlicher Weise die beiden Seiten der Mathematik und auch einerseits die Mathematik und andererseits verschiedene kulturelle Aktivitäten in sich vereinigt. Wir sprechen von dem ukrainischen Mathematiker Anatoly T. Fomenko, der 1945 geboren, heute Professor an der Universität von Moskau und einer der führenden sowjetischen Mathematiker ist. Sein hauptsächliches Arbeitsgebiet gehört zum Bereich der Minimalflächen, ein Thema, das in nichtmathematischer Form jedem Kind bekannt ist.

Wenn man Seifenblasen erzeugen möchte, taucht man eine Drahtschlinge in eine Seifenlösung; dabei bildet sich innerhalb der Schlinge eine schillernde Haut. Die von dieser Haut geformte Fläche ist eine Minimalfläche. Die Drahtschlinge kann verbogen sein, die Flächen kompliziert werden, dennoch sind sie aber zum Beispiel immer dadurch ausgezeichnet, daß kleine Veränderungen der Flächen den Flächeninhalt nur vergrößern können. Minimal ist vor allem auch die potentielle Energie, die in ihnen steckt.

Die Bestimmung solcher Flächen zu vorgegebenen Schlingen, als Problem zuerst von dem belgischen Physiker Joseph Antoine Ferdinand Plateau (1801-1883) gestellt, hat natürlich nicht nur für Seifenblasen eine Bedeutung; auch das Zeltdach des Münchener Olympiastadions besteht aus Minimalflächen (wir kommen später darauf zurück). Für diese Flächen gibt es eine Gleichung, die sogenannte Minimalflächengleichung, und man kann fragen, ob es zu jeder nur denkbaren Schlingenform eine Lösung, das heißt eine Minimalfläche, gibt, ob es vielleicht mehrere Lösungen sein können, ob man die Gleichung berechnen und wie man sie berechnen kann. Die meisten dieser Probleme sind seit etlichen Jahrzehnten gelöst, aber man kann die Fragestellung verallgemeinern, Randflä-

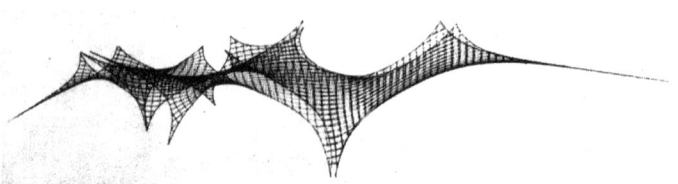

Bild einer Minimalfläche Inst. f. leichte Flächentragwerke

chen anstelle von Drahtschlingen betrachten, die Dimensionszahl erhöhen (auch wenn man sich keine zweidimensionale Schlinge in einem vierdimensionalen Raum vorstellen kann – um die Geometrie wirklich zu verstehen, muß man erkennen, welche Rolle die Dimension spielt).

Hier hat Fomenko wesentliche Fortschritte erzielt, kann also sicherlich als reiner Mathematiker angesehen werden, auch wenn der Ursprung der ihn interessierenden Aufgabenstellung in der Physik liegt. Gleichzeitig ist er sich aber dieses Ursprungs bewußt, überprüft seine »theoretischen« Ergebnisse hinsichtlich ihrer Anwendbarkeit, kehrt hin und wieder zu praktischen Fragen zurück. Besonders bekannt ist er aber für seine künstlerischen Aktivitäten, die in enger Beziehung zur Mathematik stehen – in ihm werden Mathematik und Kunst zu engsten Verwandten.

In einem Interview aus dem Jahre 1986 bekennt Fomenko: »Ich hatte die Idee, ein Lehrbuch über Topologie nicht nur durch formale Skizzen und Diagramme zu illustrieren, wie man es normalerweise tut, sondern mit freieren Zeichnungen komplizierter topologischer Objekte, die sich nicht leicht zur visuellen Darstellung eignen ... Viele Mathematiker haben mir berichtet, daß meine Zeichnungen ihnen halfen, sich das vorzustellen, was sie früher nur in der Sprache der Formeln verstanden und sich rein intuitiv vorstellen mußten. Ich war immer fasziniert von der Möglichkeit, Nichtmathematikern den inneren Reichtum der mathematischen Welt zu zeigen, einer Welt, deren Charme man nur richtig schätzen kann, wenn man viele Jahre durch ihre phantastischen Landschaften gereist ist« [35, S. 12/16].

Das ist ja nicht nur in der Welt der Mathematik so, möchte man hinzufügen; viele wirkliche Landschaften erschließen ihren Reiz auch erst, wenn man längere Zeit in ihnen verweilt, wenn man

Graphisches Bild von Fomenko
Titel: Nr. 2 der »Tribunal-Serie« (Original mit Rahmen) Fomenko

etwas Zeit und Mühe in sie investiert – man denke nur daran, welch unterschiedliche Erlebnisse die Besteigung eines Berges und das Befahren desselben mit einer Bergbahn bedeuten. Die Bilder Fomenkos sind inhaltlich nicht bei solchen Illustrationen stehengeblieben; ihre Themen sind jetzt fast »dürersch« oder erinnern an Pieter Breughel oder Hieronymus Bosch.

Damit erschöpfen sich aber nicht die künstlerischen Aktivitäten Fomenkos. Er ist auch sehr an Musik interessiert, und als einer der Gründer des Musikklubs der Moskauer Universität sieht er die Musik in einer engen Beziehung zur Mathematik. »Es scheint mir, daß das grundlegende Motiv, das Mathematik und Musik gemeinsam haben, das ›Unendlichkeitsmotiv‹ ist. Der Mathematiker beschäftigt sich fortwährend mit unendlichen Prozessen, und das erzeugt ein bestimmtes Gefühl für das Unendliche, das sich in keiner Weise für eine formale Beschreibung eignet. Etwas Ähnliches geschieht in der Welt der Musik, einer Welt, die auf den ersten Blick mit am weitesten von dieser ›trockenen‹ Materie Mathematik entfernt zu sein scheint. Aber beide Welten haben einen hohen Abstraktionsgrad gemeinsam. In beiden kann ein abstraktes Symbol eine ganze Welt von Emotionen erzeugen. Poincaré hatte recht, wenn er der Intuition eine wichtige Rolle einräumte. Die Entstehung eines mathematischen Ergebnisses und die Entstehung einer musikalischen Erfahrung haben etwas gemeinsam. Ich persönlich empfinde, daß eine Melodie mir geometrische Bilder suggeriert« [35, S. 16]. Und auf die Frage, ob er bildende Kunst und musikalische Interessen als eine Pause in der Mathematik, als eine Erholung von ihr empfindet, antwortet er: »Keinesfalls betrachte ich meine musikalischen und künstlerischen Hobbys als Entspannung von der Mathematik. Für mich sind sie einfach eine etwas andere Form mathematischer Gedanken. Meine graphischen Bilder, die keine formale Beziehung zur Mathematik haben, tragen dennoch den unauslöschbaren Stempel meines Berufes. Nach meiner Meinung ist Mathematik nicht nur ein Beruf, sondern eher eine Denkweise, eine Lebensweise. Man legt sie nicht beiseite« [35, S. 16].

In letzter Zeit interessiert sich Fomenko auch für die Geschichtswissenschaft, wobei er versucht, statistische Methoden zur Textanalyse zu verwenden. Dabei hat er neue Verfahren zur Datierung von Texten und damit zur Verbesserung bei der Bestimmung der Chronologie früherer Ereignisse vorgeschlagen, wobei hierdurch manchmal gravierende Unterschiede zu den bisherigen Annahmen auftreten. »Nach meiner Meinung steht die Geschichtswissenschaft an der Schwelle zu einer Einführung statistischer Methoden in größerem Stil. Diese Entwicklung scheint mir nützlich sowohl für die Geschichtswissenschaft als auch für die Mathematik. Natürlich müssen die mathematischen Methoden eine Hilfsrolle spielen, indem sie einen in die Lage versetzen, große Mengen von Informationen zu analysieren und verschiedene statistische Vermutungen zu formulieren« [35, S. 25].

Irgendwie scheint sich am Ende die Frage nach dem Unterschied von reiner und angewandter Mathematik doch wieder aufzulösen: Warum man zur Mathematik kam, woraus man im einzelnen sein Vergnügen am mathematischen Tun schöpft, wird eine Frage geringerer Priorität. Mathematik ermöglicht Kreativität und hilft deshalb dem Menschen bei seiner Selbstverwirklichung – für den einzelnen zählt das wohl am meisten.

4. Wie fällt wem etwas Mathematisches ein?

»Wie merke ich denn, daß meine Begabung für ein Mathematikstudium ausreicht?« – »Ich bin mathematisch völlig unbegabt.« – »Mein Sohn ist ein Mathematikgenie.« Das Spektrum der mathematischen Selbsteinschätzungen ist weit – auch die letzte Aussage ist eine Aussage der Eltern über sich selbst (allerdings haben wir noch nie gehört, daß das verborgene eigene Genie bei der Tochter durchbrechen soll). Wie äußert sich denn mathematische Begabung? Sie zeigt sich in den Mathematiknoten, wird man denken. Warum schafft dann aber der eine die Aufgabe ohne Mühe, während der andere vor ihr »wie der Ochs vor dem Berg« steht? Bei der Mathematik, so hat man den Eindruck, hilft das sonst so gern empfohlene Üben weniger – dem einen fliegt sie zu, der andere müht und quält sich mit nur mäßigem oder gar keinem Erfolg.

Nun wollen wir hier keine Untersuchung über die Didaktik der Mathematik in der Schule betreiben. Es geht uns nicht darum, Wege zu besseren Schulnoten zu finden, sondern eher darum – ob und wenn ja –, welche Besonderheiten Mathematiker aufweisen und wie sie wirklich arbeiten. Allerdings wollen wir hier einen »Normalmathematiker« – wenn es ihn denn gibt – zum Maßstab nehmen und nicht nur die großen Ausnahmegenies.

Die Frage, ob man mathematische Begabung messen kann, beschäftigt insbesondere die Gehirnforschung schon seit etwa hundert Jahren und hat dabei seltsame Blüten getrieben. Berühmt geworden ist die sogenannte »Phrenologie« des Forschers Franz Joseph Gall (1758-1828), der glaubt, daß sich gewisse geistige Fähigkeiten nicht nur in der Gehirnstruktur, sondern auch in rein physikalischen Besonderheiten des Schädels widerspiegeln. Angeregt durch Galls Schriften hat der Neurologe Paul Julius August Möbius (1853-1906), ein Enkel des schon erwähnten Mathematikers August Ferdinand Möbius, diese Ideen auf die Mathematik angewandt [36]: Er betreibt eine ausführliche Studie des Phänomens »Mathematische Begabung«, fragt nach ihrer Vererbbarkeit, nach ihren Beziehungen zu anderen Begabungen.

»Das Kennzeichen des mathematischen Talentes, die auf ein mathematisches Gehirnorgan hindeutende Form, oder kurz, das mathematische Organ, besteht in einer auffallenden Bildung der Stirnecke, die auf Vergrößerung des von der Stirnecke umschlossenen Raumes hinausläuft. Gall betont mit Recht zwei Merkmale. Er sagt, wenn die Gehirnwindung, die das Organ des Zahlensinnes enthält (nach meiner Darlegung das vordere Ende der dritten Stirnwindung), in beträchtlichem Maasse entwickelt ist, so werde der äussere Theil des Augenhöhlendaches durch sie herabgedrückt, derart, dass der obere Rand der Augenhöhle nur in seiner inneren Hälfte die natürliche Wölbung behält, dass die äussere Hälfte annähernd zu einer Geraden wird, die schräg von oben innen nach unten aussen zieht. Infolgedessen werde der äussere Theil des oberen Lides gesenkt und decke das Auge mehr als sonst. Deutlicher als jede Beschreibung machen Bilder die Sache, man betrachte daher die Portraits von Weierstrass, Möbius, Encke, Bode, Förster, Sophie Germain u. a. Sodann aber werde durch die Vergrösserung des Stirneckenraumes die untere Stirne verbreitert, indem ihr rechts und links etwas zugefügt wird, und die Stirnecken rückten nach aussen, der Fortsatz des Stirnbeines zum Jochbein (Processus zygomaticus ossis frontalis) springe seitlich vor und bilde am äusseren Augenrande einen Wulst. Man betrachte z. B. Galilei, Bessel, Gauss, Lagrange, Bauernfeind u. A. Da, wo die erste Veränderung, das Herabdrücken des Augenhöhlendaches, stark ausgeprägt ist, ist die Verbreiterung der unteren Stirne weniger stark. Fehlt aber jene, so tritt diese hervor, und dann kann die Stirn seitlich weit über das Auge wegreichen wie ein seitliches Schutzdach. So bei Kepler, Newton, Arago, Faraday, Delambre, Lalande...« [36, S. 162/163]. »Eine Wortformel, die allen Variationen gerecht würde, ist schwer zu finden. Am besten wäre es doch wohl, zu sagen, *das mathematische Organ besteht in einer abnormen Bildung der Stirnecke, die auf Vergrösserung des von der Stirnecke umschlossenen Raumes hinausläuft*« [36, S. 164].

So amüsant diese Dinge sein mögen, - man kann nur einen Fehler im Umgang mit ihnen machen, nämlich sie ernst nehmen. Auch wenn man im Spiegel diese »Weierstrass-Augenbraue« an sich zu entdecken glaubt, ist man doch kein Weierstraß, und wenn man sie nicht sehen kann, so braucht man nicht zu verzweifeln. Wenn die eigenen Vorfahren keine Mathematiker waren, dann hat man die Faszination der Mathematik vielleicht nicht »mit der

Muttermilch eingesogen«, aber man kann sie immerhin noch selbst entdecken. Wenn man mit zwei Jahren schon bis zehn zählen konnte, so war man gewiß ein aufgewecktes Kerlchen oder Mädchen, ein Mathematiker wird man deshalb noch lange nicht. Wenn man sich mehr für Fußball als für klassische Musik interessiert, mag man vielleicht kein Kunstfreund, kann aber dennoch ein hervorragender Mathematiker sein (es gibt genügend sehr gute lebende Mathematiker, die eine große Leidenschaft für Fußball haben).

Natürlich gibt es ernsthaftere Kriterien zur Beantwortung der Frage, ob man Mathematik beruflich betreiben soll oder nicht. Da ist zunächst die Schulnote. Eine gute Schulnote ist ein Indiz für ein Ja auf die angesprochene Frage, aber mit Sicherheit keine hinreichende Voraussetzung dafür. Das mag daran liegen, daß die Anforderungen der Schulmathematik nicht so hoch sind, daß »gesunder Menschenverstand« und vor allem ein wenig Freude an der Mathematik ausreichen, um eine gute Note zu bekommen. Auf diese beiden Dinge kann allerdings auch in einem Mathematikstudium nicht verzichtet werden. Eine gute Schulnote in Mathematik sollte man also schon haben, wenn auch »Ausnahmen die Regel bestätigen«, wie man sagt. Aber der Hinweis auf einen verständnislosen Lehrer zur Erklärung für die eher schwächeren Leistungen gehört sicher nicht zu den Ausnahmen.

Diese Sonderfälle zeichnen sich eher durch ein besonders starkes, aber eigenwilliges Interesse an der Mathematik aus. Der englische Mathematiker John Edensor Littlewood (1885-1977) beschreibt in einem Artikel mit dem Titel »The Mathematician's Art of Work« seine Vorstellungen dazu: »Wenn ein junger Mann fühlt, daß er in der Welt nicht zu Hause ist oder daß seine Instinkte in bezug auf seine Arbeitsweise anomal sind, so liegt für ihn kein Grund vor, sich über Gebühr zu beunruhigen. Andererseits wäre es klug von ihm, erst herauszufinden, welches die üblichen Methoden sind, und einen etwas länger dauernden Versuch mit ihnen zu unternehmen (weniger als ein Monat ist keineswegs gut), bevor er sich endgültig nur auf sich selbst verläßt. Man kann sich da aber gewaltig irren...« [37, S. 112].

Uns selbst sind nicht so viele Ausnahmen begegnet. Littlewood berichtet von Personen, die nie mehr als zwei Tage pro Woche Mathematik betreiben – solche kennen wir auch, aber sie sind keine erfolgreichen Mathematiker –, die nur in Kaffeehäusern

Mathematik treiben können, die immer eine Flasche Wein auf ihrem Schreibtisch stehen haben. Aber wie gesagt: Das sind Ausnahmen. Auch ehrgeizige Eltern schaffen keine ausreichende Voraussetzung dafür, daß ihr Kind ein erfolgreicher Mathematiker oder eine erfolgreiche Mathematikerin wird, selbst wenn dieser Ehrgeiz in der Schule gute Mathematiknoten für die Kinder zur Folge hat. Littlewood berichtet von einem »überzeugenden« Beispiel: »Kurz vor dem Ersten Weltkrieg wandte der Psychologe Boris Liebig eine bestimmte Erziehungstheorie auf seinen Sohn an. Mit neunzehn Jahren war der Junge in einer ganzen Reihe von Fächern hervorragend. Gemäß der Theorie wurde dabei kein Druck angewandt, und in der Tat konnte man nicht erkennen, daß der Junge sich überarbeitete – außerdem war er gut im Sport. Einige Zeit nach dem Krieg, als der Junge etwa 30 war, wurde er von Freunden aus England besucht. Er hatte eine schlechtbezahlte Stelle mit anspruchslosen Aufgaben, er weigerte sich, befördert zu werden und erklärte, daß das Ziel seines Lebens wäre, niemals mehr denken zu müssen« [37, S. 112].

Ganz so schlimm ist es natürlich selten, aber an jeder Hochschule gibt es Studenten und Studentinnen, die in ihrer Kindheit von ehrgeizigen Eltern zu wahren Wundertaten getrieben wurden, Preise in »Jugend forscht«, »Jugend musiziert« und »Jugend trainiert für Olympia« gewannen, später aber einen verzweifelten Kampf um das Bestehen der ersten Zwischenprüfung oder des Vordiploms führten. Sind die guten Noten wirklich auf die Freude, auf das Interesse an der Mathematik zurückzuführen, dann sind sie gewiß ein sehr positives Signal. Deshalb sollten Eltern, die wirklich wissen wollen, welche Berufswahl für ihr Kind eine gute Wahl ist, es tun lassen, was es will, und dabei diesen freien Willen beobachten (Studenten, deren Mütter die Seminarvorbereitungen ihres Sohnes strickenderweise in der Bibliothek überwachen, haben keine großen Erfolgsaussichten).

Eine andere, nicht so einfach zu beantwortende Frage ist die nach den Frauen in der Mathematik. Da sitzen zunächst ungefähr gleich viele Mädchen wie Jungen in den Schulbänken, mit Mathematiknoten, die sich im Mittel zumindest in den ersten zehn Jahren nicht unterscheiden. An den Universitäten sind immerhin noch rund ein Viertel aller Mathematikstudierenden weiblich, doch dann ist außerhalb der Schule, insbesondere an Hochschulen, kaum mehr ein weibliches Wesen zu finden, das Mathematik betreibt. Gibt es Begabungsunterschiede, sind Frauen mehr für Sprachen, Männer mehr für Mathematik begabt? Ist die kühle logische Strenge unweiblich, obwohl wir inzwischen doch besser wissen, daß Mathematik große Kreativität, Phantasie braucht? Meßbar sind solche vermuteten Unterschiede keineswegs, und alle angeblichen Beweise enden meist bei dem Argument: Warum sonst gibt es so wenige große Mathematikerinnen? Möglicherweise ist die Meinung, Mädchen eignen sich weniger gut für Mathematik, eine derjenigen Meinungen, die, weil sie weitverbreitet ist, ihre Bestätigung selbst erzeugt. Wenn ein Mädchen immer wieder hört, Mädchen hätten grundsätzlich Schwierigkeiten mit Mathematik, weil sie sonst am Ende gar keine richtigen Mädchen seien, muß es schon sehr viel mehr Selbstvertrauen und Begeisterung für die Mathematik aufbringen als ein Junge.

Interessant ist in diesem Zusammenhang eine Untersuchung der amerikanischen Mathematikprofessorin Edith H. Luchins [38], die nach den Gründen fragt, warum nicht mehr Frauen als Mathematikerinnen arbeiten. Auf ihre Frage: »Welche Personen oder Faktoren haben von Ihrer Entscheidung, ein(e) Mathematiker(in) zu sein, abgeraten oder sie daran gehindert?« antworteten 350 Frauen und 50 Männer der Association for Women in Mathematics wie folgt:

abgeraten durch:	weiblich %	männlich %
Familie, Freunde	17	13
Lehrer	21	8
Pre-college level	4	2
Undergraduate level	8	4
Graduate level	11	2
Studienberater	11	4
andere Person oder Personen	46	87

Die Frage: »Wurden Sie als Mathematikstudent(in) oder als Mathematiker(in) unterschiedlich behandelt, weil Sie weiblich (oder männlich) sind?« erhält folgendes Bild als Antwort:

Verschiedene Behandlung bei	weiblich %	männlich %
Pre-college level (Grundschulniveau)	23	6
Undergraduate level (Gymnasialniveau)	26	8
Graduate level (Universitätsniveau)	43	8
Professional level (im Beruf)	54	4
Any level (Sonstige)	80	9

Luchins betont in dieser Untersuchung, es müsse viel mehr ins Bewußtsein gerückt werden, daß Mathematik keine ausschließlich männliche Disziplin sei.

Eine Änderung können wir auch in Deutschland nur herbeiführen, wenn wir das Bild der Mathematik, ihr trockenes, lebensfeindliches, »unweibliches« Image ändern, damit dieser gesellschaftliche Druck aufhört. Im übrigen widerlegen die wenigen bekannten Mathematikerinnen außerhalb der Schule in Deutschland, vor allem die vielen Mathematik-Professorinnen in Italien, solche Vorurteile, sind sie doch »lebendige Beweise« für die Tatsache, daß alle Ängste um den »Verlust der Weiblichkeit« unbegründet sind. Es lohnt sich schon, sich von den eigenen Vorurteilen und denen anderer über das Verhältnis der Frau zur Mathematik (oder umgekehrt) zu emanzipieren.

Weiblich oder männlich, ob gute oder sehr gute Note, entscheidend ist, daß man Freude und Spaß an der Mathematik hat – aber das heißt nicht, Spaß am fast mechanischen Rechnen (das soll es auch geben), sondern Spaß am Lösen mathematischer Probleme, bei denen einem etwas einfallen muß. Vielleicht sind Ihnen in Ihrer Schulzeit nicht allzuoft solche Probleme begegnet, vielleicht war vieles Routine oder wurde zur Routine gemacht: Kurvendiskussionen, Extremwertbestimmung, Ellipsenkonstruktion (»Man bestimme den geometrischen Ort aller Punkte...«) usw. Vielleicht stellte sich der Spaß aber beim Lösen von sogenannten Textaufgaben (»Wie lang dürfen Stangen sein, damit man sie durch eine Tür der Höhe h in einen Turm der Dicke d schieben kann?«) ein oder bei den Dreieckskonstruktionen (»Man verwandle ein Dreieck in ein flächengleiches Quadrat...«). Möglicherweise ist dies heute in Mathematikkursen anders.

Aber besteht nicht gerade heute die Gefahr, daß man sich, da die Anforderungen hinsichtlich des Abstraktionsvermögens höher sind, als sie ein durchschnittlicher (Leistungskurs-)Schüler zu leisten vermag, doch wieder auf den mechanisch eingeübten Teil zurückzieht? Wenn die »Bedeutung«, von der wir im dritten Kapitel schon sprachen, verlorengeht, geht oft auch der Spaß am Lösen der Aufgabe verloren, und es bleibt ein stures Einüben. Wäre weniger da nicht mehr?

Gute Pädagogen können bei fast jedem Stoffkatalog die Kreativität, die mathematische Phantasie wecken, wenn diese überhaupt geweckt werden kann. Dann ist auch ein sechzehnjähriger Schüler in einer ähnlichen Situation wie ein professioneller Mathematiker: Wie fällt ihm etwas ein? Wie bekommt man eine mathematische Idee? Eine Idee wofür? Erst braucht man ein Problem, das einen interessiert, zu fesseln beginnt, dann eine Vermutung über die Lösung, schließlich einen Beweis für die Richtigkeit der Vermutung oder ein Gegenbeispiel dafür, eine neue Vermutung usw. – bis das Problem vollständig gelöst ist. Wir werden in den nächsten Kapiteln einige Probleme kennenlernen, für die sich Mathematiker heute interessieren. Deshalb wollen wir jetzt einfache, jedem bekannte Beispiele beschreiben...

Der neunjährige Gauß bekommt von seinem Lehrer die Aufgabe, alle Zahlen von 1 bis 100 zu addieren; dies ist nun sicher keine besonders spannende Aufgabe, ist auch mehr dazu gedacht, die Klasse still zu beschäftigen. Carl Friedrich sucht eine Lösung, die ihm das langweilige Addieren erspart. Die Idee, die ihm dabei kommt, ist genial einfach. Man muß ja nicht in der Reihenfolge

$$1 + 2 + 3 + 4 + 5 + \ldots + 100$$

addieren, man kann es auch rückwärts versuchen:

$$100 + 99 + 98 + 97 + 96 + \ldots + 1.$$

(Sicher wendet Carl Friedrich im Gegensatz zu Hänschen in Klines Beispiel das Kommutativgesetz und das Assoziativgesetz der Addition unbewußt an). Wenn man nun beide Additionen untereinander schreibt, so hat man für die Summe s

$$1 + 2 + 3 + 4 + 5 + \ldots + 100 = s$$
$$\text{bzw. } 100 + 99 + 98 + 97 + 96 + \ldots + 1 = s.$$

Die Addition der jeweils untereinanderstehenden Zahlen liefert jedesmal 101, und da es genau 100 Summanden sind, beträgt das Zweifache der Summe genau 100·101 = 10 100, das heißt 2s = 100·101 oder $\frac{100 \cdot 101}{2}$ = 5050. Die Verallgemeinerung

$$2(1 + 2 + 3 + \ldots + n) = n(n + 1)$$

oder

$$1 + 2 + 3 + \ldots + n = \frac{n(n+1)}{2}$$

für jede natürliche Zahl n ist immer noch eine nicht besonders geistreiche Übungsaufgabe für die Beweismethode der vollständigen Induktion. Bei Gauß waren Vermutung und Beweis eigentlich eins.

Oft ist es aber auch so, daß man durch Herumspielen mit Beispielen eine Vermutung findet, der man aber nicht so recht traut. Dann muß man diese Vermutung beweisen oder durch ein Gegenbeispiel widerlegen. Dazu wieder ein einfaches Beispiel. Man interessiert sich für Primzahlen (Homo ludens!), schreibe sie hin:

$$2, 3, 5, 7, 11, 13, 19, 23, 29, \ldots$$

merkt, daß die Lücken zwischen den Zahlen größer werden. Vielleicht hören die Primzahlen irgendwann auf, gibt es eine größte Primzahl? Man kann vermuten, daß es eine größte, letzte Primzahl p_N gibt, oder man kann das Gegenteil vermuten. Es ist leicht zu beweisen, daß es eine solche größte Primzahl nicht geben kann: Sind nämlich $p_1, p_2, \ldots, p_N$ alle Primzahlen, dann ist auch $p_1 p_2 \cdots p_N + 1$ eine Primzahl (überlegen Sie einmal, warum dies so ist), und diese Zahl ist größer als p_N. Problem-Vermutung-Beweisidee (hier die Konstruktion von $p_1 p_2 \cdots p_N + 1$) – ein typischer Dreierschritt der mathematischen Arbeit.

Natürlich gibt es gute und schlechte Probleme, interessante und langweilige (dies ist teilweise auch eine Sache des persönlichen Geschmacks). Für Nichtmathematiker mag es seltsam klingen, daß es so etwas wie einen gemeinsamen »guten« Geschmack der Mathematiker, der »mathematical community« gibt. Dieser gute Geschmack, der wohl unbewußt auch den Grad an Kreativität mißt, den man zur Lösung benötigt, muß sich erst im Laufe der Ausbildung entwickeln. Deshalb ist auch die Problem*wahl* – im Vergleich zu Vermutung und Beweis – das chronologisch Letzte, das man den jungen Mathematiker selbständig tun läßt. Und sie ist deshalb auch das, was dem Laien eigentlich am unverständlichsten ist. In der Schule erhält man Probleme zu oft als solche fertig vorformuliert: Man berechne ... (hier müßte man eigentlich eine Rechenmethode vermuten, dann ausprobieren, schließlich verifizieren lassen; da die Rechenmethode meist die gerade besprochene ist, die eingeübt werden muß, handelt es sich dabei oft um eine recht mechanische Anwendung des bereits Gelernten), man konstruiere ... man beweise, daß (es unendlich viele Primzahlen gibt) usw.

Auch Textaufgaben sind oft recht mundgerecht aufbereitet, so daß das mathematische Problem in Wirklichkeit unmittelbar »danebenliegt«. Selbst Diplom-, ja Doktorarbeiten bearbeiten ein »gestelltes« Problem, auch wenn die Fragestellung unschärfer gefaßt ist: Beschäftigen Sie sich einmal mit der Frage, ob diese Gleichung (man denke etwa an die Minimalflächengleichung im vorigen Kapitel) überhaupt eine Lösung hat, untersuchen Sie einmal, ob man in diesem Satz wirklich alle Voraussetzungen benötigt, um die Aussage des Satzes zu erhalten, verbessern Sie den Algorithmus, finden Sie einen schnelleren zur numerischen Lösung mittels eines Computers, prüfen Sie, ob diese mathematische Theorie oder jene Methode nicht etwas zur Lösung dieses technischen oder wirtschaftlichen Problems beitragen kann (solche Fragestellungen sind im mathematischen Fachbereich noch relativ selten, werden aber – hoffentlich – häufiger), usw. Schließlich sind der »Geschmack« und der Mathematiker fertig ausgebildet – man bestimmt seine Probleme selbst, gibt sie weiter, stellt sie seinen Schülern.

Vielleicht könnte man dieses Problemsuchen schon früher einüben. Es gibt kaum einen Bereich, in dem man nicht eine »Textaufgabe« findet, die sich wenigstens näherungsweise lösen ließe, auch mit den Mathematikkenntnissen eines Studenten im 6. Semester oder sogar eines Oberstufenschülers. Da werden die Einstrahlungsdaten der Sonne über Monate hin gemessen; man will die Meßfehler so gut wie möglich eliminieren und die eingestrahlte Energie (ein Integral) berechnen. Da bekommt eine Gießerei (eine Firma) ihr Alteisen (ihr Rohmaterial) in verschiedener Konsistenz, sind die Stücke von unterschiedlicher Größe, haben unterschiedliche Kenndaten; man erhält Meßdaten für verschiedene typische Größen des Rohmaterials und will anhand dieser Daten feststellen, ob diese Größen irgendwie voneinander abhängen. Wie stellt man Mischungen besonders kostengünstig her, ohne ihre Qualität zu mindern? Wie zerschneidet man eine Platte in kleinere Rechtecke mit gegebenen Maßen so, daß möglichst wenig Verschnitt produziert wird? Das alles sind Fragen, die man mit Schulmathematik in einfachen Fällen lösen kann, bei deren Beantwortung man auch eine Menge des Schulstoffes wiederfinden kann: lineare Gleichungssysteme, Integrale, Differentiale, Statistik usw. Problemsuche dieser Art kann die Schul- und Hochschulausbildung sinnvoll ergänzen und wirkt nach unseren Erfahrungen äußerst motivierend auf Schüler und Studenten.

Während es viele Bücher mit Denksportaufgaben gibt, findet man allerdings kaum eines, bei dem man lernt, Probleme zu suchen. Da bleibt in der Tat nur der »Meister« (Mathematik ist ja zunächst auch ein »Handwerk«), der mit seinen Schülern Firmen, Behörden, Institute besucht und mathematische Modellbildung »vor Ort« übt. Man kann auch Praktiker aus der Industrie in die Hochschule oder gar Schule einladen, sie bitten, ein Aufgabengespräch zu simulieren, über ihre Schwierigkeiten zu berichten und den Studenten, den Hochschullehrer wie einen frisch eingestellten Mathematiker zu behandeln, dem die erste Aufgabe übertragen werden soll. Manchmal hat eine Firma noch keinen Mathematiker als Mitarbeiter und entdeckt bei dieser Prozedur, daß es eigentlich sinnvoll sein könnte, einen einzustellen.

Auch dies sei an einem Beispiel dargelegt. Eine Firma stellt automatische Geldscheinlesegeräte her. Dabei muß man bedenken, daß der Schein auf vier verschiedene Weisen in den Automaten gesteckt werden kann, der ihn dann durchleuchtet und die Absorption mißt. Deutsche Geldscheine sind dafür gut geeignet, amerikanische Noten dagegen weniger, da sie weniger Struktur besitzen. Beim Erkennen der Banknoten handelt es sich also um die Festlegung geeigneter Muster und dann um Mustererkennung. Nun können die Geldscheine abgegriffen oder verschmutzt sein. Aus diesem Grunde haben naheliegende Standardmethoden zur Mustererkennung nicht den gewünschten Erfolg – man muß eine »Speziallösung« suchen. Dies geschieht im Rahmen einer Diplomarbeit, bei der viele Wege versucht, manche verworfen werden, einige aber zum Ziel führen. Die Firma hat Interesse – ob sie den fertigen Diplomanden einstellt, wird sich allerdings erst nach Abschluß des Diploms herausstellen.

Wenn man ein Problem erst richtig formuliert hat, ist seine Lösung oft nicht mehr so schwer; deshalb ist der erste Schritt, die Formulierung des mathematischen Problems, oft der schwierigste. Hat man aber das Problem mathematisch klar formuliert, so braucht man eine Vermutung über die Antwort, manchmal auch eine geeignete Rechenmethode oder eine Formel. Nun muß man sich darüber im klaren sein, daß das Mathematikmachen nicht darin besteht, fertige Formeln aus Büchern anzuwenden – etwa in einer Formelsammlung das richtige Integral mit seiner Lösung nachzuschlagen –, sondern sich zu überlegen, wie eine solche Lösung, eine Formel, aussehen könnte, also etwas zu vermuten, seine Vermutung dann zu beweisen und schließlich anzuwenden. Man braucht also eine Vermutung, wie eine richtige Antwort aussehen könnte, und man braucht eine Idee, wie man die Richtigkeit nachweisen kann. Manchmal hängt beides eng zusammen; die Idee liefert Vermutung und Beweis auf einmal. In dem Auffinden der Idee zeigt sich dann die mathematische Kreativität.

Auch hierüber gibt es einige Untersuchungen. So schreibt 1945 der französische Mathematiker Jacques Hadamard (1865–1963) seine Abhandlung »An Essay on the Psychology of Invention in the Mathematical Field« [39], während Littlewood in seinem Aufsatz mehr praktische Hinweise liefert [37]. In der »Zeit« vom 7. November 1986 findet man eine Anzeige, in der »möglichst Psychologen« für ein interdisziplinäres Projekt zur »Analyse mathematischer Denkprozesse« gesucht werden, in dem »die Erstellung kognitionstheoretischer Modelle, der Konzeption von Experimenten und ggf. die Formulierung von Ergebnissen in mathematischen Modellen« geleistet werden sollen. Der Leser möge verzeihen, wenn wir die Ergebnisse dieses zumindest sprachlich hochwissenschaftlichen Experiments nicht abgewartet haben und uns mit der Selbstbeobachtung einiger weniger hervorragender Mathematiker begnügen, selbst wenn deren psychologische Kenntnisse nicht auf dem neuesten Stand sind.

Manchmal erfährt auch der Erstaunte, jemandem sei etwas im Traum eingefallen. Berühmte Beispiele wie der Benzol-Ring von Friedrich August Kekulé von Stradonitz (1829–1896), der diesem im Traum erschienen ist, sind aber die Ausnahme. Hadamard erzählt von einem Fall, der von dem amerikanischen Mathematiker Leonard Eugene Dickson berichtet wird: Seine Mutter und ihre Schwester, beide sehr an Mathematik interessiert und Schulrivalinnen, versuchen einen ganzen Abend lang, eine geometrische Aufgabe zu lösen. Während der Nacht träumt die Mutter davon und spricht deutlich und klar darüber, die Schwester wacht auf, schreibt alles nieder und präsentiert am nächsten Morgen die Lösung, während die Mutter sich an nichts mehr erinnert. Das klingt ein wenig wie das Märchen vom Aschenputtel.

Sicher werden recht viele Mathematiker hin und wieder im Traum heftig an der Lösung ihres Problems arbeiten, doch meistens ist die im Traum gefundene Lösung am nächsten Morgen vergessen oder erweist sich bei wacher Betrachtung als absoluter Unsinn. So berichtet Littlewood von dem amerikanischen Philosophen William James, der lange Zeit der Überzeugung war, wirklich wesentliche Ideen im Traum zu haben, sich ihrer aber immer am Morgen darauf nicht mehr zu erinnern. James nahm sich deshalb fest vor, sie in Zukunft sofort aufzuschreiben, und hatte bei der nächsten Gelegenheit auch Erfolg damit, doch am Morgen las er dann: »Higamus hogamus, woman is monogamous, Hogamus higamus, man is polygamous.« Nicht zu schlecht, kommentiert Littlewood, immerhin hat es Form wie Inhalt [37, S. 114].

Aber lassen wir das Träumen und entziehen uns auch der Gefahr, zu sehr von der Psychologie eingefangen zu werden. Vernünftig ist es wohl, vier Schritte einer mathematischen Entdeckung zu unterscheiden: Vorbereitung, Ausbrütung, Erleuchtung und Darstellung.

Zunächst muß man sich und das Problem *vorbereiten:* Man muß das Problem säubern, »auf den Punkt bringen«, es von mehreren Seiten betrachten, an ihm herumrechnen, Zwischenschritte ausprobieren (»Wenn ich das wüßte, dann könnte ich doch . . .«), vor allem Beispiele ausprobieren, in die Bibliothek laufen und nach analogen Fällen suchen, kurz: Man muß intensiv arbeiten. Auch wenn nicht sofort ein guter Einfall kommt, muß man sich weiterhin zäh und hartnäckig mit dem Problem auseinandersetzen oder, wie es Newton formuliert, »das Problem im Geiste immer vor sich haben«. Das ist am Anfang oft mühevoll; man quält sich, ist frustriert. Aber diese Auseinandersetzung mit dem Problem ist notwendig, nicht nur bei großen Entdeckungen, sondern auch bei den mathematischen Übungen des ersten Semesters! Mathematikstudenten im ersten Semester sind das oft genug nicht gewohnt, wußten sie doch in der Schule immer gleich, wie es geht – und nun haben sie keine Ideen, sitzen da und grübeln: »Ob die anderen sich auch so schwertun? Oder nur ich? Sicher können die anderen das alles, nur ich nicht.« In einer solchen Situation sollten sie sich immer vor Augen halten: Fast alle anderen haben dieselben Zweifel, auch ihnen fließen die Lösungen nicht so einfach zu. Darum hat man auch allen Grund zum Mißtrauen, wenn einer behauptet, es sei alles ganz einfach, er mache alles »mit links«. Vielleicht stimmt es ja (solche Ausnahmen mag es ja geben), oft ist es jedoch Angabe oder, noch schlimmer, Ignoranz – er merkt einfach nicht, daß er es eigentlich nicht kann.

Manch einer (auch einer von uns), der Mathematik studiert hat, erinnert sich mit Schrecken an das erste Übungsblatt im ersten Semester, dessen Aufgaben so gar keinen Zusammenhang mit dem erkennen ließen, was in der ersten Woche gelehrt worden ist. Er erinnert sich daran, wie er zu Hause zusammen mit seinem ehemaligen Mathematiklehrer, der auch schon fünfzehn Jahre vorher die Universität verlassen hatte, das ganze Wochenende an den Aufgaben mit glühenden Köpfen gearbeitet und schließlich Lösungen gefunden hat, wie er diese Lösungen am Montag voller Stolz abgegeben und am Mittwoch schließlich korrigiert zurückerhalten hat – mit dem niederschmetternden Ergebnis: Null Punkte! Zum Glück hat sich dies im Laufe des Studiums geändert.

Die Erfahrung, daß man sich über einen längeren Zeitraum aufrichtig bemüht, ohne zunächst erfolgreich zu sein, ist geblieben. Jeder Mathematiker erlebt so etwas von Zeit zu Zeit. Man gibt dann auf, tut vielleicht etwas ganz anderes, man genehmigt sich eine sogenannte »Inkubationszeit«, eine Zeit zum *Ausbrüten*. Man hofft, daß während dieser Zeit das Unterbewußtsein weiterarbeitet. Die Vorbereitungsphase diente dann dem Transfer des Problems und des relevanten Wissens in dieses Unterbewußtsein, das schließlich die eigentliche Schöpfung vollzieht.

Hadamard beschreibt dies so: »Es ist in der Tat offenkundig, daß eine Erfindung oder eine Entdeckung, sei es in der Mathematik oder woanders, durch eine Kombination von Ideen zustande kommt. Nun gibt es eine extrem große Anzahl solcher Kombinationen, von denen die meisten uninteressant sind, während auf der anderen Seite nur wenige fruchtbar sein können. Welche nimmt unser Geist – ich meine unser bewußter Geist – wahr? Nur die fruchtbaren oder ausnahmsweise solche, die fruchtbar sein könnten. Um diese zu finden, war es jedoch notwendig, alle jene zahlreichen möglichen Kombinationen zu konstruieren, unter denen die nützlichen zu finden sind. Es ist nicht zu vermeiden, daß diese erste Operation in einem gewissen Ausmaß zufällig geschieht, so daß man die Rolle der zufälligen Auswahl in diesem ersten Schritt des geistigen Prozesses kaum bezweifeln kann. Aber wir sehen, daß diese zufällige Auswahl unbewußt getroffen wird: denn die meisten dieser Kombinationen – genauer: alle die, die nutzlos sind – bleiben für uns unbekannt« [39, S. 29/30].

Das Unterbewußtsein tut aber mehr: Es vergleicht, prüft die Kombinationen, wägt ab und trifft dann eine Wahl. Diese so ausgewählte neue Idee wird ins Bewußtsein rücktransferiert und dort als *Erleuchtung* empfunden. Die eigentliche Entdeckung, ebendiese Erleuchtung, ist das Eindringen der im Unterbewußtsein gebildeten und ausgewählten kreativen Idee in das Bewußtsein. Dieses Auftauchen kann in Bruchteilen einer Sekunde geschehen, meist in Phasen der Entspannung.

Man mag diese Beschreibung vom modernen Standpunkt der Psychologie aus vielleicht für naiv halten, aber es ist ein Bild, das dieses »Ich hatte plötzlich die Idee, wie es geht« einleuchtend darstellt und das vor allem auf viele Zeugnisse, Beschreibungen bedeutender Wissenschaftler und Künstler, also nicht nur auf

Henri Poincaré
Ullstein Bilderdienst

Mathematiker zutrifft. Die Mathematik ist insofern in einer glücklichen Lage, als einer ihrer bedeutendsten Vertreter in diesem Jahrhundert, der französische Geometer Henri Poincaré (1854–1912), dies relativ gründlich an sich selbst beobachtet hat [40].

In seinem berühmt gewordenen Vortrag vor der Gesellschaft für Psychologie 1900 in Paris gibt er ein Beispiel, wie er zu einer seiner Entdeckungen gekommen ist. Zunächst versucht er zwei Wochen lang zu beweisen, daß Funktionen mit gewissen Eigenschaften (sogenannte »Fuchssche Funktionen«) nicht existieren können. Dann, in einer schlaflosen Nacht mit viel schwarzem Kaffee, entdeckt er, daß seine Vermutung falsch ist; er kann einige solcher Funktionen konstruieren. »Ideen entstanden in Mengen, ich fühlte, wie sie zusammenstießen, bis einige einhakten und sozusagen eine stabile Kombination bildeten ... Es scheint, daß man in solchen Fällen die eigene unbewußte Arbeit wahrnimmt ... jedoch ohne ihren Charakter geändert zu haben« [40, S. 14]. Dann geht er auf eine geologische Exkursion – kein Wunder, denn er war Mathematikprofessor an jener der französischen Eliteschulen, die sich auf Bergbau spezialisiert hat – und vergißt seine mathematischen Probleme. Beim Einstieg in einen Bus geschieht es: »In dem Augenblick, in dem ich meinen Fuß auf die Stufe setzte, kam mir die Idee, ohne daß irgendeiner meiner früheren Gedanken den Weg dazu gebahnt hätte, daß die Transformationen, die ich bei der Definition der Fuchsschen Funktionen benutzt hatte, identisch mit jenen der nichteuklidischen Geometrie waren. Ich prüfte diese Idee nicht nach, ich hätte nicht die Zeit dazu gehabt, da ich, nachdem ich meinen Sitz im Bus eingenommen hatte, meine vorher begonnene Unterhaltung fortsetzte, aber ich war absolut sicher« [40, S. 13]. Ein anderes Mal kommt ihm die Erleuchtung bei einem Spaziergang. »Zunächst verblüfft am meisten dieses Auftreten plötzlicher Erleuchtung, ein deutliches Anzeichen für eine lange, unbewußte, vorhergegangene Arbeit. Die Rolle dieser unbewußten Arbeit bei der mathematischen Entdeckung scheint mir gesichert« [40, S. 14].

Auch Gauß berichtet von ähnlichen Erfahrungen. »Endlich, vor zwei Tagen, hatte ich Erfolg, nicht wegen meiner schmerzlichen Bemühungen, sondern durch die Gnade Gottes. Wie ein plötzlicher Lichtblitz wurde das Problem gelöst. Ich selbst kann nicht sagen, was der Leitfaden war zwischen dem, was ich vorher wußte, und dem, was meinen Erfolg möglich machte« [40, S. 14]. Ebenso berichtet der Physiker Hermann Ludwig Ferdinand von Helmholtz (1821-1894) von seinen Lichtblitzen bei Spaziergängen durch hügeliges Gelände.

Aber nicht nur Mathematiker haben diese Erfahrungen, auch Künstler beschreiben ähnliche Dinge, so etwa Wolfgang Amadeus Mozart (1756-1791): »Wenn ich mich angenehm und in guter Stimmung fühle, oder wenn ich nach einem guten Essen spazierengehe oder fahre, oder in der Nacht, wenn ich nicht schlafen kann, drängen sich die Gedanken so leicht, wie Du nur wünschen kannst, in meinen Geist. Woher und auf welche Weise sie kommen? Ich weiß es nicht und ich habe nichts damit zu tun. Die mir gefallen, behalte ich im Kopf und summe sie; zumindest haben mir das andere erzählt. Wenn ich einmal mein Thema habe, kommt eine andere Melodie, hängt sich an die erste, wie es die Komposition als Ganzes erfordert. Der Kontrapunkt, die Stimme jedes Instrumentes und all diese melodischen Fragmente ergeben zuletzt das ganze Werk. Dann brennt meine Seele vor Eingebung, wenn nichts anderes passiert, was meine Aufmerksamkeit ablenkt« [40, S. 16]. Der französische Dichter Paul Ambroise Valéry (1871-1945) beschreibt Ähnliches, wenn er von zwei Stufen im Prozeß des Dichtens spricht: »Da ist jene, bei der der Mensch, dessen Geschäft das Schreiben ist, eine Art Blitz erfährt – denn dieses intellektuelle Leben, das alles andere als passiv ist, besteht wirklich aus Fragmenten; es ist irgendwie zusammengesetzt aus sehr kurzen Elementen, wird jedoch als sehr reich an Möglichkeiten empfunden, welche nicht den ganzen Geist erleuchten, ihm jedoch anzeigen, daß es da vollständig neue Formen gibt, die, soviel ist sicher, man mit einiger Mühe in Besitz nehmen kann... Ich behaupte nicht, daß das gut beschrieben ist, denn es ist wirklich sehr schwer zu beschreiben...« [40, S. 17].

Lassen wir es nun genug sein mit den Beschreibungen der Geistesblitze anderer. Diese Beispiele sollten verdeutlichen, daß mathematische und künstlerische Kreativität zumindest sehr nahe beieinanderliegen. Daß die logische Strenge den schöpferischen Freiraum nicht einengen muß, ihn vielleicht sogar erst schafft, sieht man in der Arbeit des Komponisten Arnold Schönberg, für den die Musik eine Sprache mit strengen Regeln, mit straffer Organisation ist, in der ein Komponist sich dann selbst ausdrücken kann – die Zwölftonreihe Schönbergs ist ein Organisationsprinzip. Kreativität wird, so hat man den Eindruck, nur möglich, wenn klar definierte Zeichensysteme zur Verfügung stehen; man muß mathematische, musikalische, philosophische Ideen in einer geeigneten klaren Sprache ausdrücken können.

Die *Darstellung,* der vierte Schritt einer mathematischen Entdeckung, dient nicht nur der Präsentation eines Ergebnisses mittels der Sprache, sondern hilft auch, sich noch einmal über das Ergebnis selbst klar zu werden, es zu verifizieren, sie hilft, es zu präzisieren, den aus dem Unterbewußtsein hervorgetriebenen Gedanken klar zu fassen und anderen damit verständlich zu machen, und ist gewissermaßen Ausgangspunkt für die Fortsetzung der Arbeit,»Staffelstabübergabe« an andere, die sich mit dem Problem befassen wollen.

Nachdem wir jetzt so viel darüber erfahren haben, wie man, zumindest im Prinzip, gute Ideen erzeugt, wollen wir noch ein paar praktische Ratschläge von Littlewood weitergeben [37]. Was kann man tun, wie verhält man sich, um ein guter Mathematiker zu sein oder zu werden, vorausgesetzt, die entsprechenden Anlagen und der Wille dazu sind vorhanden?

1. Sei absolut aufrichtig zu deiner Arbeit; ein Schwindel nützt dir nichts; man kann sich nicht selbst betrügen.
2. Arbeite hart; es ist erstaunlich, wieviel man aushält; oft steigert harte Arbeit sogar deine Vitalität.
3. Forschen und Lernen sind verschiedene Dinge – du mußt lernen, »vage« zu denken.
4. Erwarte als Anfänger nicht zu schnell Erfolge; auch später wird es immer wieder Frustrationen geben; sie dürfen nur nicht zu lange dauern.
5. Forsche nicht mehr als sechs Tage pro Woche, vier bis fünf Stunden täglich mit einer Pause nach jeder Stunde.
6. Morgens arbeitet man besser; die Behauptung, daß die Nacht am geeignetsten sei, ist eine der vielen Illusionen, die man sich über kreative Arbeit machen kann.
7. Wenn du am Abend entspannen möchtest, wirst du kaum hohen ästhetischen Ansprüchen genügen können (Musik scheint eine glückliche Ausnahme zu sein); laß dich deshalb ruhig manchmal anspruchslos unterhalten.
8. Zu Beginn der Arbeit muß man sich ein wenig aufwärmen; ein guter Trick hierzu ist, am Vortag in der Mitte deiner Arbeit (in der Mitte eines Satzes usw.) aufzuhören.

9. Mache drei Wochen Ferien – neunzehn Tage reichen nicht; mache dann wirklich Ferien; Skilaufen und Bergsteigen sind besser als Museumsbesuche.
10. Wenn du etwas gefunden und aufgeschrieben hast, wird dir das Ergebnis trivial vorkommen; lies es zehn Tage später wieder.
11. Wenn deine Kreativität versiegt, versuch es mit einem längeren Urlaub; solltest du über vierzig sein und der Urlaub nicht mehr helfen, strebe einen höheren Verwaltungsposten an.

Littlewood gibt auch noch Ratschläge, die das Essen, Rauchen und Trinken betreffen; sie alle sind sicher richtig, aber wer sie nicht sowieso einhält, wird sie auch kaum beherzigen; wer gibt schon das Rauchen auf, weil er einen mathematischen Satz beweisen will? Hinzufügen möchten wir: Suchen Sie sich hin und wieder einen Zuhörer, dem Sie Ihr Problem und Ihre bisherigen Erkenntnisse erklären können; vielleicht wird Ihnen dabei selbst einiges klarer; denken Sie auch während Ihres Studiums hin und wieder darüber nach, daß Mathematik auch für etwas nützlich sein kann – je mehr Sie sich um die Anwendung während Ihrer Ausbildung kümmern, desto mehr Mathematik machen Sie später im Beruf. Dies stimmt natürlich nicht, wenn Sie Universitätsprofessor werden – aber wer wird das heute noch?!

5. Mathematik, die Wissenschaft von den Ordnungen

Jetzt beschäftigen wir uns schon vier Kapitel lang mit Mathematik, mit der Rolle, die sie im öffentlichen Bewußtsein spielt, mit ihrem Eingebettetsein in der jeweiligen Kultur, mit ihrem Charakter als Spiel oder Werkzeug und damit, welche Voraussetzungen man erfüllen sollte, um sie mit Erfolg betreiben zu können. Aber was Mathematik eigentlich ist, haben wir noch nicht einmal gefragt, geschweige denn eine solche Frage beantwortet. Spiel oder Werkzeug beantwortet mehr die Frage, *warum* man Mathematik betreibt, nicht aber, *was* man da betreibt. Ein Spiel mit ernstem Hintergrund, mit praktischen Konsequenzen – ja was für ein Spiel, welcher Hintergrund, warum die praktischen Konsequenzen?

Dies sind Fragen, zu denen es keine allgemein akzeptierten Antworten gibt, nur Meinungen, manchmal sogar nur »Gefühle«. Ist Mathematik eine Erfahrung, wie der Titel des Buches »Erfahrung Mathematik« von Philip J. Davis und Reuben Hersh andeutet [41]? Unter der Überschrift »Was ist Mathematik?« bekennen sie: »Die Definition der Mathematik wechselt. Jede Generation und jeder scharfsinnige Mathematiker innerhalb einer Generation formuliert eine Definition, die seinen Fähigkeiten und Einsichten entspricht« [41, S. 4]. Die meisten Mathematiker wagen nach unserer Meinung eigentlich keine Definition – vielleicht entspricht das gerade ihren Fähigkeiten und Einsichten. Davis und Hersh jedenfalls ziehen am Ende *ihre* Bilanz und formulieren nach 430 Seiten, in denen sie die Mathematik von allen Seiten betrachten, *ihre* Definition von Mathematik, eine Definition, die natürlich nicht in einem Satz abgehandelt werden kann, die wir hier aber trotz ihrer Länge zitieren wollen. Davis und Hersh beginnen mit zwei Tatsachen, die aus der mathematischen Erfahrung kommen ...

»Erste Tatsache: Die Mathematik ist unser Geschöpf. Sie handelt von Ideen in unseren Köpfen.

Zweite Tatsache: Die Mathematik ist eine objektive Realität in dem Sinne, daß mathematische Objekte bestimmte Eigenschaften haben, die wir vielleicht entdecken können, vielleicht auch nicht.

Wenn wir unserer eigenen Erfahrung vertrauen und diese beiden Tatsachen akzeptieren, dann müssen wir uns fragen, wie wir sie unter einen Hut bringen können, welchen Standpunkt wir einnehmen müssen, daß sie miteinander vereinbar und nicht widersprüchlich sind. Mit anderen Worten, welche Annahmen zwingen uns, diese beiden Tatsachen als unvereinbar oder widersprüchlich zu sehen? Wenn wir diese Annahmen einmal kennen, können wir versuchen, sie auszuschalten und einen Standpunkt zu entwickeln, der umfassend genug ist, die Realität der Erfahrung Mathematik zu akzeptieren. Wir sind daran gewöhnt, die Welt in einem philosophischen Zusammenhang so zu sehen, daß sie sich aus zwei Stoffen zusammensetzt – der Materie, das heißt physikalischer Substanz, die in einem Physiklabor studiert wird, und dem Geist, das heißt meinem oder deinem Geist, der privaten Psyche, die jeder von uns irgendwo in seinem Gehirn sitzen hat. Doch diese beiden Kategorien reichen ebensowenig aus, wie die vier Kategorien der alten Griechen, Erde, Luft, Feuer und Wasser, für die heutige Physik genügen.

Die Mathematik ist eine objektive Realität, die weder subjektiv noch physikalisch ist. Sie ist eine ideale (das heißt nichtphysikalische) Realität, die objektiv (also außerhalb des Bewußtseins jeder Einzelperson) ist. In der Tat haben wir am Beispiel der Mathematik den stärksten, überzeugendsten Beweis für die Existenz einer solchen idealen Realität.

Und so sieht unsere Schlußfolgerung aus: Die Mathematik soll nicht auf die Maße einer Philosophie zurechtgestutzt werden, die zu klein ist, als daß sie hineinpaßte. Vielmehr muß darauf hingewirkt werden, daß man die philosophischen Kategorien erweitert, damit sie der Realität unserer mathematischen Erfahrung gerecht werden können.

In seinem neueren Werk bietet Karl Popper einen Rahmen, in den sich die Erfahrung Mathematik ohne Verzerrung einfügen kann. Er führt die Bezeichnungen ›Welt 1, 2 und 3‹ ein, um drei Hauptstufen verschiedener Realität voneinander abzugrenzen.

Welt 1 ist die physikalische Welt, die Welt von Masse und Energie, von Sternen und Felsbrocken, von Blut und Knochen.

Die Welt des Bewußtseins entwickelt sich aus dieser materiellen Welt im Verlauf der biologischen Evolution. Gedanken und Gefühle, das Bewußtsein, dies sind keine physikalischen Realitäten. Ihre Existenz ist zwar untrennbar an jene des lebenden Organismus gebunden, doch sie sind qualitativ verschieden von physiologischen und anatomischen Phänomenen; sie stehen auf einer anderen Stufe. Sie gehören zu Welt 2.

Im weiteren Verlauf der Evolution treten soziales Bewußtsein, Traditionen, Sprache, Theorien, soziale Institutionen auf: die ganze nichtmaterielle Kultur der Menschheit. Die Existenz dieser Kultur ist untrennbar mit dem individuellen Bewußtsein der Mitglieder dieser Gesellschaft verbunden, sie sind aber qualitativ verschieden von den Phänomenen des individuellen Bewußtseins. Sie müssen daher auf einer anderen Stufe verstanden werden. Sie sind Teil der Welt 3, und das ist natürlich auch die Welt, zu der die Mathematik gehört.

Mathematik ist nicht das Studium einer idealen, bereits vorhandenen, zeitlosen Realität. Sie ist aber auch kein Spiel wie Schach, das mit erfundenen Symbolen und Formeln gespielt wird. In ihr verkörpert sich vielmehr jener Teil der Geisteswissenschaften, der zu einer Art wissenschaftlichem Konsensus fähig ist, fähig auch, *reproduzierbare* Resultate aufzustellen. Die Existenz des Gegenstandes Mathematik ist eine Tatsache, keine Frage. Und diese Tatsache bedeutet nicht mehr und nicht weniger als die Existenz von Denk- und Argumentationsweisen, mit deren Hilfe man zwingend und schlüssig mit Ideen umgehen kann, ›nicht kontrovers, wenn man sie einmal verstanden hat‹.

Die Mathematik hat einen Inhalt, und ihre Aussagen sind sinnvoll. Ihr Sinn liegt jedoch im gegenseitigen Einverständnis menschlicher Wesen und nicht in einer äußeren, nichtmenschlichen Realität. In dieser Beziehung ist die Mathematik eine Ideologie, einer Religion oder einer Kunstrichtung ähnlich; sie befaßt sich mit menschlichen Inhalten und ist nur im Kontext der Kultur verständlich. Mit anderen Worten, Mathematik ist ein geisteswissenschaftliches Studium, sie gehört zu den Geisteswissenschaften.

Das besondere Merkmal, das die Mathematik von den übrigen Geisteswissenschaften abhebt, ist ihr naturwissenschaftlicher Charakter. Ihre Folgerungen sind zwingend wie jene der Naturwissenschaften. Sie sind nicht das Produkt von Ansichten und Meinungen und darum auch nicht einem dauernden Meinungsstreit unterworfen wie die Ideen der Literaturkritik.

Als Mathematiker wissen wir, daß wir ideale Objekte erfinden und dann versuchen, Tatsachen über diese Objekte zu entdecken. Jede Philosophie, die diesem Wissen keinen Raum bietet, ist zu eng gefaßt. Wir haben es gar nicht nötig, uns auf den Formalismus zurückzuziehen, wenn die Philosophen zum Angriff übergehen. Andererseits sind wir aber nicht zu dem Bekenntnis gezwungen, daß unser Glaube an die Objektivität der mathematischen Wahrheit platonisch ist, in dem Sinne, daß eine ideale Realität unabhängig von der menschlichen Vernunft erforderlich wäre. Das Werk von Lakatos und Popper zeigt, daß in der modernen Philosophie Raum ist für die Wahrheit der Erfahrung Mathematik. Das heißt, daß wir die Legitimität der Mathematik, wie sie ist, akzeptieren: fehlbar, korrigierbar und sinnvoll« [41, S. 433–436].

Soweit die Definition der Mathematik, wie sie von Davis und Hersh gegeben wird. Ist das das »Klügste und Informativste«, was man über das Wesen der Mathematik schreiben kann, wie Thomas von Randow in seiner Besprechung dieses Buches in der *Zeit* im Oktober 1986 meint? Sein Urteil bezieht sich auf das Buch als Ganzes, und da teilen wir seine positive Einschätzung. Was jedoch die Definition der Mathematik angeht, so vertreten wir (fast möchte man sagen: natürlich) einen anderen Standpunkt, den wir anhand von Bildern und Beispielen darzulegen versuchen.

Jeder einzelne von uns wird von Informationen überflutet. Dabei spielt es keine Rolle, ob wir nun bei Informationen an die elementaren Sinneseindrücke, vermittelt durch Augen, Ohren, Nase, Geschmacks- oder Tastsinn denken, oder an die Informationen, die wir in und über die Medien vermittelt bekommen, oder gar an die manchmal fast unermeßlichen Zahlenmengen, die ein Computerausdruck uns liefern kann. Würden wir diese Informationen nur einfach aneinandergereiht in uns aufnehmen, wir wären nicht in der Lage, sie zu verarbeiten oder gar zu verstehen und für uns nutzbar zu machen. Um sie aber verstehen zu können, müssen wir sie unterscheiden, ihre Bedeutung einschätzen, sie beachten oder nicht beachten, sie aussortieren, kurz: *ordnen*. Wir ordnen die optischen Eindrücke zu einem Bild, wir erkennen die Struktur in einer Abfolge von Tönen, wir hören also eine Melodie, wir ordnen Erscheinungen nach Ursache und Wirkung, wir ordnen die Fernsehnachrichten, die Zeitungsberichte, die Mitteilungen unseres Freundes in unser Basiswissen ein – auch Meldungen über Fußballergebnisse sind für uns wertlos, wenn wir sonst nichts über Fußball wissen. Wir wählen also das für uns Wichtige aus, wir versuchen, in den Zahlenfluten des Computers Gesetzmäßigkeiten zu entdecken, nach denen wir sie ordnen können.

Wenn wir in unserer Auseinandersetzung mit der Wirklichkeit Informationen wahrnehmen und anschließend feststellen wollen, ob zwei oder drei von ihnen gleich sind oder sich unterscheiden, müssen wir sie miteinander in Beziehung setzen, eben vergleichen; dabei bedienen wir uns mehr oder weniger geeigneter Vergleichsmaßstäbe. Auch wenn wir Informationen einen Wert zuordnen wollen, setzen wir diese Informationen in eine Beziehung zu unserer Vorstellung von wichtig und unwichtig, zu unserer »Wertskala« – und damit auch vergleichend in Beziehung zueinander. Selbst Dinge, die zunächst nicht vergleichbar erscheinen, können vergleichend in Beziehung zueinander gebracht werden, wenn wir nur eine geeignete Vergleichsskala, ein geeignetes Ordnungsmuster, zugrunde legen. Dies kann über die Zeit oder das Geld geschehen, welches wir für die Dinge aufzuwenden haben, dies kann über die zeitliche oder räumliche Ausdehnung der Dinge geschehen, über den Ort, an welchem sie sich befinden, über die zeitliche oder räumliche Veränderung usw. So können wir geographische Punkte, Städte oder Seen oder Berge danach ordnen, ob sie nah oder weit entfernt sind – wobei man bei großen Reisen aufpassen muß: Man kann sich immer weiter entfernen und doch näher kommen. So können wir also Dinge danach ordnen, welche Wirkung sie haben, oder danach, ob sie Ursache für eine gewünschte Wirkung sind.

Das Anwenden entsprechender Vergleichsmaßstäbe, das Ordnen, dient ganz wesentlich dazu, die Welt für uns zu erschließen, sie zu verstehen, das heißt, sie in Beziehung zu bereits für uns Bekanntem zu setzen, sie verfügbar zu machen und zugleich die Kommunikation über die Dinge wie auch den Austausch von Dingen zu regeln. Dies geschieht dadurch, daß »Ordnen« die Informationsmenge zunächst einmal vereinfacht, sie reduziert. Ordnung ermöglicht somit »Datenreduktion«.

Je geordneter etwas ist, je klarer die Strukturen erkennbar sind, desto weniger Daten benötigen wir zur Beschreibung. Ein Kreis in der Ebene, etwas sehr Geordnetes, kann durch nur drei Zahlen beschrieben werden, den beiden Koordinaten des Mittelpunkts und der Länge des Radius, aber eine Linie wie im Bild b wirkt ungeordnet und bedarf zu ihrer Beschreibung wahrscheinlich mehrerer Daten. Wenn man das »Bildungsgesetz« erkennt, das hinter einer Zahlenreihe steckt, etwa hinter der Zahlenreihe 1, 4, 16, 64, ..., kann man sie eben mit Hilfe dieses Gesetzes – welche Gesetze sind es denn in unserem Beispiel? – einfach beschreiben

Mathematik, die Wissenschaft von den Ordnungen 127

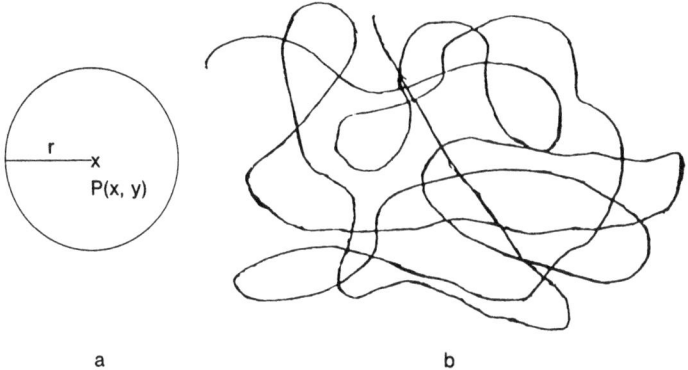

a b

und eventuell fortsetzen. Auch eine Ordnung, die geographische Punkte in nahe liegende und ferne liegende unterscheidet, auch diese »Nachbarschaftsordnung« macht die Welt einfacher. Ebenso können wir Sprache als Ordnung empfinden, als etwas, was das Zusammenleben ermöglicht, regelt, vereinfacht.

Ordnen bedeutet demnach, Informationen, Dingen und Situationen Muster aufzuprägen, sie nach diesen Mustern zu strukturieren, sie gleichsam einer Menge von Regeln zu unterziehen wie eine Spielordnung, nach denen Spieler miteinander verfahren. Natürlich gibt es viele verschiedene Spielregeln, die das Miteinander von Menschen bestimmen, ordnen; wir haben eine demokratische Grundordnung, andere haben eine geplante Wirtschaft, wieder andere eine gottgewollte Ordnung. Diese Ordnungen können nach verschiedenen Gesichtspunkten ausgewählt werden, wie man eben auch Datenmengen nach verschiedenen Gesichtspunkten auswählen kann, wie man auf einer Landkarte eine »Höhenstruktur« oder eine »Nachbarschaftsstruktur« suchen kann. Es gibt also viele mögliche Ordnungsmuster, nach denen man die Welten, das, was uns begegnet, einteilen kann, um es dadurch einfacher und für uns und andere verständlich, begreifbar zu machen. Jeder einzelne von uns kann sich viele solcher Muster ausdenken.

Ordnung als die gedankliche Zerlegung und Zusammenfügung eines Mannigfaltigen aufgrund begrifflicher Merkmale – Muster sind somit von Menschen gemacht, geschaffen, erdacht; wir benutzen sie, um unsere Eindrücke, die Informationen, die zu uns dringen, zu strukturieren. Welche Ordnungsmuster überhaupt möglich sind, ist deshalb eine Frage der menschlichen Fähigkeiten.

Zwar glaubt zum Beispiel Kant noch, daß die euklidische Geometrie dem Menschen gewissermaßen eingeprägt ist, daß sie die einzig mögliche Ordnung des Anschauungsraumes darstellt, doch erfindet Riemann Jahre später eine andere nichteuklidische, eben die nach ihm benannte Geometrie, die eine weitere Ordnung des Raumes darstellt und die auch in der Allgemeinen Relativitätstheorie ihren physikalischen Gültigkeitsbereich hat.

Wir sehen: Menschen schaffen diese vielen möglichen Ordnungsmuster und versuchen, sie der Welt oder Teilen davon aufzuprägen, die Welt mit ihrer Hilfe zu strukturieren, zu erkennen, zu begreifen. Dabei prägt das in einem bestimmten Zeitabschnitt von einer Gruppe von Menschen vorwiegend benutzte Ordnungsmuster durchaus die Kultur in diesem Zeitabschnitt, wie wir es im zweiten Kapitel dargelegt haben. Wir wollen hier ein weiteres Beispiel hinzufügen, das der Mathematiker Andreas Dress anläßlich einer im August 1986 veranstalteten Ausstellung der Stadt Darmstadt und der Technischen Hochschule Darmstadt zum Thema Symmetrie beschreibt: »Wie stark die griechische Architektur von mathematisch-konstruktivem Denken geprägt und durchdrungen war, zeigen zum Beispiel in geradezu verblüffender Weise die Konstruktionszeichnungen des Apollo-Tempels in Didyma in Kleinasien, die – in die Wände ebendieses Tempels vom Architekten vor über 2000 Jahren eingeritzt – erst kürzlich von dem jungen deutschen Archäologen Lothar Haselberger dort entdeckt wurden. Von der Gesamtkonstruktion bis hin zur detailliert konzipierten Formgestaltung der einzelnen Bauteile wie etwa von Säulenschäften und -kapitellen zeigen diese Entwürfe als Ausgangspunkt der architektonischen Planung unverkennbar die Absicht, Proportion, Harmonie und strenge Geschlossenheit der Tempelanlage durch die Beschränkung auf wenige sich wiederholende geometrische Grundformen zu erreichen, die auf mathematisch wohldefinierte Weise in einfachen, ganzzahligen Größenverhältnissen untereinander kombiniert werden. Zugleich zeigen – und das ist für uns von besonderem Interesse – die an den Ritzzeichnungen immer wieder wahrnehmbaren Korrekturen des ursprünglichen, streng geometrischen Entwurfs den Einfluß eines ästhetisch bestimmten Formgefühls, welches immer dann variierend eingreift, wenn der ursprüngliche, rein symmetriebestimmte Erstentwurf zu etwas zu schwerfälligen Lösungen führt. Diese bewußte Kombination von *strenger Symmetrie* und *gezielter Variation* dürfte ganz wesentlich zum Reiz der klassischen griechischen Bauwerke beitragen« [42, S. 85].

Hier drängt sich wieder die Frage auf, ob die Welt von sich aus schon eine vom Menschen unabhängige Ordnung trägt, die es von uns Menschen zu suchen gilt. Dann wären unsere Versuche, unsere Denkmodelle, unsere Ordnungsmuster nur Annäherungen; wir würden immer nur Teilaspekte erkennen, mit zu grob geschnitzten oder gar falschen Ordnungsmustern zu begreifen versuchen, »was die Welt im Innersten zusammenhält«. Und es ist durchaus vorstellbar, daß, wenn wir das »wahre, richtige, vollständige Ordnungsmuster« gefunden hätten, wir es daran merken würden, daß alles einfach wird, klar, verständlich, mit wenigen Daten beschreibbar. Betrachten wir nur die Planeten unseres Sonnensystems: Wie kompliziert werden die Beschreibungen ihrer Bahnen, wenn wir die Erde zum Mittelpunkt des Sonnensystems machen, das geozentrische System als Ordnungsmuster zugrunde legen; wie einfach aber können die Planetenbahnen beschrieben werden, wie wenige Daten werden benötigt, wenn die Sonne als Ursprung angesehen, das heliozentrische Weltbild als Ordnungsmuster verwendet wird. Ein vollkommenes Ordnungsmuster wäre dann auch von vollkommener Schönheit, empfinden wir doch meistens vollkommene Ordnung als schön. Die Pythagoräer waren auf der Suche nach dieser Weltordnung, auch Einstein war es, und die Suche der modernen Physik nach dem einen Wechselwirkungsgesetz scheint auch von dieser Idee getrieben. Auf der anderen Seite können wir heute eine gewisse Vorherrschaft auch des »Subjektivismus« beobachten: Wir ordnen an sich Ungeordnetes nach *unserem* Geschmack und nach *unseren* Wünschen, meist, um es zu beherrschen, um Vorhersagen treffen, um daraus den Nutzen ziehen zu können.

Welche Auffassung die richtige oder die wahre ist, erscheint für uns in diesem Zusammenhang von sekundärer Bedeutung, ist sie doch eher ein Ausdruck der Motivation, *warum* wir Ordnungsmuster suchen und erfinden. Wichtig erscheint uns hier, *daß* Menschen verschiedene Ordnungsmuster entwerfen, Ordnungsmuster von Menschen geschaffen werden, sei es, weil man auf der Suche nach der vollkommenen vom Menschen unabhängigen Ordnung ist, sei es, weil man die Welt oder Teile von ihr erkennen und begreifen oder sie benutzen und beherrschen möchte.

In welchem Zusammenhang ist nun die Mathematik bei diesen

Überlegungen zu sehen? Nach dem bisher Dargelegten verstehen wir die Mathematik als die Wissenschaft von den Ordnungsmustern, von den möglichen Ordnungen. Ihr Gegenstand sind die Ordnungen in ihrer Vielfalt. Der Mathematiker sucht, prägt, entwirft mögliche Ordnungsmuster durch Abstraktion oder Spekulation. Dabei läßt sich der eine mehr von dem noch zu Ordnenden inspirieren und prüft dann auch gleich nach, ob sein Entwurf einer Ordnung geeignet ist – er handelt wie ein angewandter Mathematiker. Der andere generalisiert, spielt mit den Ordnungsmustern, beschaut sie von allen Seiten, entwirft immer neue, sucht die Schönheit in ihnen – er handelt mehr wie ein reiner Mathematiker. Die einzige Überordnung, wenn man will, die oberste Spielregel aller Spiele, die beide im allgemeinen akzeptieren, ist die Logik – aber auch sie steht natürlich grundsätzlich zur Disposition.

Physiker, Biologen, Wirtschaftswissenschaftler, Ingenieure wenden die mathematischen Ordnungen auf ihren Interessenbereich an, um ihn dadurch zu strukturieren, überschaubar und auch vermittelbar zu machen; Mathematik erscheint ihnen oft als »Sprechen über ihre Theorie«. Natürlich kennen wir viele Fälle, in denen die Mathematiker nicht rechtzeitig vorgearbeitet haben, so daß die Anwendenden nichts Geeignetes im Vorrat der Mathematiker finden und selbst ein geeignetes Ordnungsmuster entwerfen müssen; sie arbeiten dann mathematisch, das von ihnen entworfene Ordnungsmuster wird dann von Mathematikern weiterentwickelt, wird Vater oder Mutter vieler neuer Ordnungen.

Wie Mathematik mögliche Ordnungen beschreibt, wie solche Ordnungsmuster aussehen können, das wollen wir an einigen Beispielen zeigen. Der Besitztrieb des Menschen ist sehr alt, die Stellung eines einzelnen in seiner Gesellschaft hängt davon ab, daß er von irgendwas mehr hat – mehr Schafe, mehr Untertanen, mehr Kinder, mehr Geld, mehr Anhänger, mehr Freizeit, vielleicht auch mehr Wissen, mehr Weisheit usw.

Bleiben wir bei den Hirten und ihren Herden. Hier ist nicht von Interesse, wie die Schafe aussehen oder wie die Hirten heißen, hier interessiert die Größe der Herden; Schafe werden gezählt, Herdengrößen miteinander verglichen. Das zugrunde gelegte Ordnungsmuster ist mit der Größe der Herden gegeben. Die natürlichen Zahlen liefern so ein Ordnungsmuster für diesen Zweck. Es gibt, wie wir schon erwähnten, menschliche Gesellschaften, in denen man nur »eins, zwei, viele« zählt – sie benötigen solche Vergleiche

Mathematik, die Wissenschaft von den Ordnungen 131

und deshalb das Ordnungsprinzip der natürlichen Zahlen nicht. Aber damit ist es nicht getan: Jemand erwirbt eine zusätzliche Herde. Ist seine Herde jetzt größer als die des Konkurrenten? Um das herauszufinden, muß er also addieren, schließlich multiplizieren, bei Erbschaften teilen; das zugrunde gelegte Ordnungsmuster wird differenzierter, enthält Operationen wie die vier Grundrechnungsarten. Man hat jetzt eine Struktur mit ihren Regeln, vereinfacht durch Abstraktion, die als Ordnung der Gesellschaft der Hirten dient. Diese Ordnung ist natürlich nicht die einzige in dieser Gruppe; ihre Mitglieder mögen sich auch noch lieben oder hassen, sie werden nahe oder entfernt voneinander wohnen usw. - sie ist aber eine Ordnung auf einen bestimmten Gesichtspunkt hin.

Die Struktur selbst wird schließlich ein von der Realität abgelöster Gegenstand der Mathematik, die Arithmetik. Sie kann selbst so komplex und reichhaltig sein, daß sie wiederum einem Ordnungsmuster unterworfen wird, um sie besser zu erkennen und zu verstehen. Besonders die Zahlen mit ihrer Addition und Multiplikation drängen sich dafür geradezu auf. Man bildet Quadratzahlen, Primzahlen, fragt, wie viele Primzahlen es gibt, usw. - die Zahlentheorie entsteht. Wir wollen keine Geschichte schreiben oder gar konstruieren, es geht uns nicht um die Chronologie, sondern darum darzulegen, daß die natürlichen Zahlen mit den auf ihnen möglichen Operationen eine reichhaltige Struktur besitzen, ein reichhaltiges Ordnungsmuster bilden, das seinerseits zum Gegenstand der Mathematik wird.

Verallgemeinern wir die Struktur, indem wir uns mehr für die Operationen mit den Zahlen, weniger für die Zahlen selbst, interessieren, so gelangen wir zu dem, was man Algebra nennt. Mit den Operationsregeln kann man herumspielen, zum Beispiel fragen, was geschieht, wenn man nicht $a \cdot b = b \cdot a$ fordert oder nicht fordert, daß $a \cdot b = 0$ nur möglich ist, wenn $a = 0$ oder $b = 0$ ist. So findet man etwa bei der Multiplikation von Matrizen, daß $a^2 = 0$ ist, ohne daß $a = 0$, wenn $a = \begin{pmatrix} 0 & 1 \\ 0 & 0 \end{pmatrix}$ und $0 = \begin{pmatrix} 0 & 0 \\ 0 & 0 \end{pmatrix}$ meint. Die Rechenregeln stehen zur Disposition, werden Gegenstand unserer Untersuchungen; wir können sie verändern. Es entstehen neue Ordnungsmuster; wir können versuchen, diese veränderten Ordnungsmuster an der Realität zu erproben. Auf der anderen Seite wird, wie wir schon darlegten, die Realität auch von den Ordnungen geprägt, denen wir sie unterwerfen.

Ein Teil der Probleme, die wir heute mit den technischen Konsequenzen der Naturwissenschaften haben, rührt wohl auch daher, daß wir falsche oder zu enge Ordnungsmuster benutzen und aufzuprägen versuchen. Die Idee, die Vorstellung, daß »das Ganze die Summe seiner Teile ist«, ist ein solches Ordnungsmuster, was oft falsch benutzt wird. Wir wollen dies etwas genauer ausführen: Wenn ein System S aus n Teilsystemen $S_1,\ldots,S_n$ besteht, kurz $S = S_1 \cup S_2 \cup \ldots \cup S_n$, und jedes System eine gewisse quantifizierbare Eigenschaft $\lambda(S_i)$ besitzt, dann zieht man häufig den Schluß, daß $\lambda(S_1 \cup \ldots \cup S_n) = \lambda(S_1) + \ldots + \lambda(S_n)$, das heißt, daß die Eigenschaft des Gesamtsystems gerade die Summe der Eigenschaften der Einzelsysteme ist; λ ist hier eine Abbildung, die jedem System S_i eine Zahl, eben $\lambda(S_i)$, zuordnet, und die spezielle Struktur, die sich in der Gleichung $\lambda(S_1 \cup \ldots \cup S_n) = \lambda(S_1) + \ldots + \lambda(S_n)$ ausdrückt, würden Mathematiker als *linear* bezeichnen.

Machen wir uns dies an einem konkreten Beispiel klar, ein Beispiel, das wir in Kapitel sechs noch einmal aufgreifen werden: Als System S betrachten wir die Fischpopulation eines Teiches, bestehend aus zwei Teilsystemen, nämlich den Karpfen und den Hechten in diesem Teich. $\lambda(S)$ sei die jährliche Änderung der Fischpopulation in diesem Teich; sie hat zwei Komponenten, die Änderung der Hechte und die der Karpfen: $\lambda(S_1)$ sei die durch die Karpfen, $\lambda(S_2)$ die durch die Hechte hervorgerufene Änderung. Sind es zu Beginn des Jahres x Karpfen und y Hechte, so ist also zu diesem Zeitpunkt $S = (x,y)$. Haben nun die Karpfen einen Geburtenüberschuß von 10 Prozent, so gilt, da Karpfen selten Hechte fressen, für die durch die Karpfen hervorgerufene Änderung der Population $\lambda(S_1) = (\Delta x, \Delta y) = (0.1 \cdot x, 0)$. Dagegen muß $\lambda(S_2)$ die durch die Hechte vorgerufene Änderung natürlich berücksichtigen, daß Hechte Karpfen fressen, sagen wir pro Hecht 8 Karpfen im Jahr. y Hechte, die außerdem eine Geburtenüberschußrate von 5 Prozent haben, fressen also $8 \cdot y$ Karpfen; demnach ist $\lambda(S_2) = (\Delta x, \Delta y) = (-8y, 0.05y)$. Legen wir unser lineares Ordnungsprinzip zugrunde, nehmen wir also an, daß $\lambda(S) = \lambda(S_1) + \lambda(S_2)$ gilt, daß also, abgesehen vom gelegentlichen Fressen oder Gefressenwerden, die Lebensumstände der Hechte bzw. der Karpfen von denen der anderen Art unabhängig sind, so ist die jährliche Änderung des Systems gegeben durch

$$\lambda(S) = \lambda(S_1) + \lambda(S_2) = (0.1x - 8y, 0.05y).$$

Wir können damit ein wenig herumspielen: Beginnen wir mit einem Hecht und 10 Karpfen, so sind es nach einem Jahr noch $10+\Delta x = 10+0.1 \cdot 10 - 8 \cdot 1 = 3$ Karpfen, während sich die Hechte kaum verändert haben. Im darauffolgenden Jahr werden die 3 Überlebenden dann schneller gefressen sein, als es allen Beteiligten lieb ist, nach 2 Jahren sind dann sicher keine Karpfen mehr vorhanden, also $S = S_2$. Hätten wir mit 100 Karpfen und einem Hecht begonnen, so hätten wir nach einem Jahr 102 Karpfen; wir hätten zunächst ein 2prozentiges Wachstum, und wir müßten warten, bis die Hechte, die sich ja um 5 Prozent jährlich vermehren, stark genug werden, um letztendlich den Karpfen ein düsteres Ende zu bereiten. Wachsen allerdings die Hechte langsam genug und sind die Anfangspopulationen groß genug (man bestimme eine Wachstumsrate für Hechte so, daß alles dann stimmt), dann würden beide Arten sich vermehren; wir hätten ein exponentielles Wachstum für beide Sorten, ein für den Fischer herrlicher, aber nicht realistischer Gedanke.

Der Grund liegt natürlich darin, daß die zugrunde gelegte Struktur, die Linearität, falsch gewählt ist. Das Ganze ist eben nicht einfach die Summe seiner Teile, die Welt ist nicht linear; durch das Zusammenkoppeln der Teilsysteme entstehen neue Phänomene, denn Hechte und Karpfen haben nicht nur ein »Bratkartoffelverhältnis«. Die Freßrate der Hechte hängt natürlich von der Zahl der noch vorhandenen Karpfen ab; weniger Karpfen erschweren die Jagd, und ohne Karpfen sterben auch die Hechte aus, da sie dann nichts mehr zu fressen haben. Alle Daten, die 5 und 10 Prozent sowie die 8 Karpfen, die wir annehmen, ändern sich also, wenn die Teilsysteme zusammenkommen. Die Teile überlagern sich nicht einfach additiv, das Superpositionsprinzip hat hier keine Gültigkeit, die Ordnung ist nicht linear.

Wir hoffen, es ist klar, daß die Anwendung eines linearen Ordnungsmusters nicht nur im Hinblick auf das Fischereiwesen falsch ist und zu falschen Prognosen führt. Dennoch wird es in so vielen mehr oder weniger unbewußten Annahmen verwendet: Doppelt soviel Gift verursacht doppelt so großen Schaden, die Wirkungen verschiedener Medikamente addieren sich, bei Abrüstungsgesprächen werden Waffen dadurch verglichen, daß man sie zählt.

Nicht Wissenschaft ist schuld an falschen Prognosen oder gar am falschen Verhalten: Falsche Anwendung von Modellen, Nichtbeachtung der Voraussetzungen und Beschreibungen eines mathematischen Modells, die Wahl einer einfach »bequemen« Struktur (zum Beispiel einer Linearität) anstelle einer wirklichkeitsnahen, aber komplexen – das sind Gründe für schädliche Folgen, die man aber nicht durch weniger, sondern durch mehr und bessere Wissenschaft (und vor allem durch bessere Wissenschaftler) vermeidet.

Das lineare Denken geht beispielsweise so weit, daß viele Studenten im ersten Semester folgende Frage spontan falsch beantworten: Ein Flugzeug fliegt zweimal von Frankfurt nach New York und zurück, einmal bei vollständiger Windstille, das andere Mal mit Gegenwind hin und gleichstarkem Rückenwind zurück. Wie verhalten sich die Flugzeiten? Die falsche Antwort, daß die Zeit jedesmal die gleiche sei (Sind denn diese Studenten nie mit dem Rad gefahren?), geht von der Idee aus, daß sich die beiden Wirkungen des Windes aufheben, als ob die Flugzeit linear von der Geschwindigkeit abhinge. Denken Sie jetzt einmal mit, und versuchen Sie die folgende Zeile mit der einzigen Erklärung, daß t_w bzw. v_w die Zeit bzw. die Geschwindigkeit des Windes beim Flug mit Wind ist, zu verstehen:

$$t_w = \frac{s}{v-v_w} + \frac{s}{v+v_w} = 2s \frac{v}{(v-v_w)(v+v_w)} > 2s \cdot \frac{1}{v} = t_{ow}$$

Kehren wir vom kleinen Ausflug in die Nichtlinearität zu unseren Ordnungen zurück. Ordnungen prägen die Welt, und wir Mathematiker interessieren uns für Ordnungsmuster. Indem wir solche Ordnungsmuster oder Vergleichsmaßstäbe, wie wir sie auch anfangs nannten, bereitstellen und anwenden, »trennen wir – zumindest in der gedanklichen Reflexion – die Welt in zwei prinzipiell ganz unterschiedlich zu analysierende Bereiche. Auf der einen Seite haben wir den zunächst einmal leer und grundsätzlich homogenen, das heißt überall ununterscheidbar gedachten, in der Regel raum-zeitlichen Rahmen, dessen Homogenität das Messen und Vergleichen von unterschiedlichen Dingen zu unterschiedlichen Zeiten und an unterschiedlichen Orten überhaupt erst ermöglicht. Auf der anderen Seite haben wir die innerhalb dieses Rahmens tatsächlich vorfindbare, historisch gewordene ›bunte‹ Welt der wirklichen Dinge und konkreten Lebenssituationen. Auch wenn in dieser wirklichen Welt gelegentlich Symmetrien anklingen, die eigentliche Heimat von Symmetrie ist aus dieser, vor allem mathematisch-physikalischen Sicht der gedanklich durch Abstraktion von aller tatsächlichen ›Ausfüllung‹ gewonnene leere Rahmen.

Dessen wesentliche Eigenschaft, eben seine prinzipielle Homogenität, kann nämlich in präziser Weise durch die mathematisch mittels des Gruppenbegriffs exakt beschreibbare Form der in ihm waltenden Symmetrieverhältnisse zum Ausdruck gebracht werden, und zwar in Gestalt seiner jeweils zu spezifizierenden *Symmetriegruppe* ... Die sichtbaren Symmetrien sind demgegenüber immer nur ein kleiner Ausschnitt aus der in der Regel viel umfassenderen Gesamtheit dieser verborgenen Symmetrien. Früher als jede in einem gegebenen Rahmen konkret vorfindbare, durch Messung zu bestätigende Symmetrie ist eben die aller Messung zugrundeliegende Symmetrie des Rahmens selbst« [42, S. 88/89].

Ebenso wie bei Hoffmann erscheint hier der Begriff der *Symmetrie*. Besondere Strukturen in Raum und Zeit werden durch Symmetrien geliefert. Solche Symmetrien haben von jeher mathematisches Denken in besonderer Weise angeregt und herausgefordert, erscheint etwas Symmetrisches doch oft sogar als Inbegriff des Geordneten, Regelmäßigen. Warum aber rufen Symmetrien ein so großes Interesse hervor, warum erscheint etwas Symmetrisches oft als Inbegriff des Geordneten? Symmetrie erweckt zunächst einmal Aufmerksamkeit. So werden in unserer sichtbaren Umwelt viele Zeichen, die unsere Aufmerksamkeit erregen sollen, überwiegend symmetrisch gestaltet. Unserer Wahrnehmung fällt Symmetrisches besonders in asymmetrischer Umgebung auf, und dies gilt nicht nur für die Wahrnehmung der sichtbaren Umwelt. Doch auch umgekehrt machen wir die Erfahrung, daß Unregelmäßiges in einem regelmäßigen Umfeld oft stört oder, wertneutraler ausgedrückt, zumindest unsere Neugier erregt, so daß wir sagen können: Es ist das Wechselspiel zwischen Symmetrischem und Asymmetrischem, das aufmerken läßt. Symmetrie erregt also Aufmerksamkeit, ist, wie es Rudolf Wille als These formuliert, »für das Wahrnehmen ein Erkennungs- und Orientierungsprinzip« [43, S. 453].

Wir haben schon erwähnt, daß bereits die Pythagoräer um 500 v. Chr. die fünf »vollkommenen Körper«, die regelmäßigen, eingehend untersucht haben. Sie sind, neben der Kugel, fast die »symmetrischsten« Gebilde, die man sich vorstellen kann. Ihre Seitenflächen bestehen aus gleichseitigen Drei-, Vier- oder Fünfecken, »sehen von allen Seiten gleich aus«. Es gibt nur fünf solcher Körper, von denen der Tetraeder (mit dreieckigen Seiten) und der Würfel wohl allen, dagegen Oktaeder, Dodekaeder und Ikosaeder (vgl. auch Abb. S. 36) aber wohl nur wenigen bekannt sind.

Was ist aber nun symmetrisch an ihnen? Was ist Symmetrie überhaupt? In Wörterbüchern und Lexika findet man unter dem Stichwort »Symmetrie« eine Vielzahl unterschiedlicher Begriffsbestimmungen [entnommen 43, S. 437]:

- *Gleich-, Ebenmaß* (Der große Duden 12, 1961);
- *(griech. Ebenmaß): Eigenschaft eines ebenen oder räumlichen Gebildes, beiderseits einer (gedachten) Achse ein Spiegelbild zu ergeben, Spiegelgleichheit* (Duden – Das große Wörterbuch der Deutschen Sprache, 1981);
- *grch. [Ebenmaß]: die harmonische Zuordnung mehrerer Teile, besonders in der bildenden Kunst, in der Antike aber auch als Seelenzustand verstanden* (Brockhaus, Enzyklopädie, 1973);
- *allgemein soviel wie Gleich- oder Regelmäßigkeit, Ebenmaß; die harmonische Anordnung mehrerer Teile eines Ganzen zueinander; Spiegelgleichheit* (Meyers Enzyklopädisches Lexikon, 1978);
- *eigtl.: Gleichmaß, Ebenmaß: Nichtunterscheidbarkeit von Elementen eines Systems in bezug auf bestimmte Relationen; Anordnung von Elementen eines Systems bzw. Ablauf von Prozessen in materiellen Systemen, so daß sich bei Spiegelung (...) wiederum ein entgegengesetzt gleiches System bzw. ein entgegengesetzt gleicher Prozeßablauf ergibt* (Marxistisch Leninistisches Wörterbuch der Philosophie, Rowohlt 1973).

Wir sehen also, daß Symmetrie mit einer Vielzahl von verschiedenen Begriffen in Verbindung gebracht wird, mit Begriffen wie Gleichmaß, Ebenmaß, Spiegelung, Zuordnung, Gleichheit, Regelmäßigkeit, Anordnung, Nichtunterscheidbarkeit.

Wille unternimmt in seinem Beitrag zum Darmstädter Symposium über Symmetrie den Versuch, eine Definition von Symmetrie zu geben, »die dem heutigen Gebrauch des Wortes möglichst weitgehend entspricht« [43, S. 437], und kommt zu dem Vorschlag, daß ein Kurzeintrag so aussehen könnte: »*Symmetrie* (griech. Ebenmaß): Gleichheit von Teilen als Ausdruck eines Ganzen.«

Ein ausführlicher Eintrag (ohne begriffsgeschichtliche Anmerkungen) könnte daher folgendes Aussehen haben: »*Symmetrie* (griech. Ebenmaß): Gleichheit von Teilen als Ausdruck eines Ganzen. Da Gleichheit in erster Linie eine Zweierbeziehung ist, wird ›Symmetrie‹ auch als eine Zusammenfassung von Paaren gleicher Teile zu einem Ganzen verstanden (insbesondere dann, wenn in

Mathematik, die Wissenschaft von den Ordnungen   137

der Mehrzahl von ›*Symmetrien*‹ die Rede ist). Für die mathematische Behandlung des Symmetriephänomens wird dieses Verständnis präzisiert zum Begriff der ›*Symmetrietransformation*‹ (›*Symmetrieoperation*‹) als einer umkehrbaren Abbildung (Zuordnungsvorschrift), die Teile stets in strukturgleiche Teile überführt. Die Gesamtheit aller Symmetrietransformationen eines strukturierten Objektes bildet die zugehörige ›*Symmetriegruppe*‹, die den ›*Symmetrietyp*‹ des Objektes festlegt. Die Erscheinungsformen von Symmetrie sind vielfältig; ihre Benennungen spiegeln häufig geometrische Vorstellungen wider. Man spricht unter anderem von ›*bilateraler Symmetrie*‹ (Spiegelung), ›*rotativer Symmetrie*‹ (Drehung), ›*translativer Symmetrie*‹ (Verschiebung), ›*homöometrischer Symmetrie*‹ (Streckung), ›*ornamentaler Symmetrie*‹ (ebene Bewegung), ›*kristallographischer Symmetrie*‹ (räumliche Bewegung). Beachtung finden auch ›*verborgene*‹ Symmetrien, die nicht direkt erkennbar sind, aber bedeutungsvoll sein können. Bei verminderter bzw. fehlender Symmetrie benutzt man die Begriffe ›*Symmetriestörung*‹, ›*Symmetriebrechung*‹ und ›*Dissymmetrie*‹ bzw. ›*Asymmetrie*‹. Symmetrie ist reich an Bedeutungen: Sie ist für das Wahrnehmen ein Erkennungs- und Orientierungsmuster, für das Denken ein Ordnungs- und Erkenntnismittel, für das Handeln ein Zweckmäßigkeits- und Gestaltungsprinzip. Als Vollkommenheitsprinzip erfährt Symmetrie ein breites Spektrum an Deutungen und Wertungen, die vom Symbol göttlicher Allgegenwart bis zum Ausdruck absolutistischer Macht, vom Zeichen inhaltlicher Leere bis zur Vorstellung seelischer Harmonie reichen« [43, S. 458].

Wenn wir noch einmal die vielen unterschiedlichen Begriffsbestimmungen von Symmetrie durchlesen, so erkennen wir, daß fast alle Beschreibungen Symmetrie im Zusammenhang mit einem Ganzen sehen, indem zum Beispiel Symmetrie als Eigenschaft eines ebenen oder räumlichen Gebildes oder als harmonische Zuordnung mehrerer Teile eines Ganzen zueinander beschrieben wird. Deshalb kommt Wille zu den Aussagen: »*Symmetrie ist Gleichheit von Teilen eines Ganzen*«, und »*Symmetrie ist Ausdruck eines Ganzen*« [43, S. 443/444]. Wille verwendet in diesem Zusammenhang das Wort *Gleichheit*, nicht aber *Identität*. So wie man in unserer Sprache die Aussagen unterscheidet: Hans und Willi spielen mit *demselben* Ball, Hans und Willi spielen mit *dem gleichen* Ball, so wird hier bewußt Symmetrie als *Gleichheit* von Teilen beschrieben, die ja dann vorliegt, wenn die Teile in wesentlichen Merkmalen übereinstimmen und nicht unbedingt identisch sind.

Wir können Gleichheit aber nur dann wahrnehmen, wenn wir *vergleichen* können, wenn wir zwei Teile in Beziehung zueinander setzen. Deshalb äußert sich Symmetrie häufig in mehreren Gleichheitsvorstellungen, die jeweils zwei Teile miteinander in Beziehung bringen. Solche Teilvorstellungen von Symmetrie sind der Grund dafür, daß man auch von *Symmetrien* spricht. Dies bringt Wille zu dem modifizierten Symmetriebegriff: »*Eine Symmetrie ist eine Zusammenfassung von Paaren gleicher Teile zu einem Ganzen*, insbesondere dann, wenn in der Mehrzahl von Symmetrien die Rede ist.«

Für die mathematische Behandlung des Symmetriephänomens leitet Wille daraus den Begriff der *Symmetrietransformation* als eine umkehrbare Abbildung (Zuordnungsvorschrift) ab, die Teile stets in strukturgleiche Teile überführt. Dabei bedeutet für geometrische Symmetrietransformationen Strukturgleichheit in der Regel Deckungsgleichheit. Es kommt uns das Bild eines leeren weißen Blattes in den Sinn, als Bild für vollkommene Symmetrie: Man kann das Blatt drehen und wenden, wie man will, die weiße Fläche des Blattes sieht immer gleich aus, jeder Teil der Fläche ist mit jedem anderen deckungsgleich. Zeichnen wir auf das weiße Blatt einen Kreis und drehen den Kreis um seinen Mittelpunkt, so erhalten wir dasselbe Bild, unabhängig davon, um wieviel Grad der

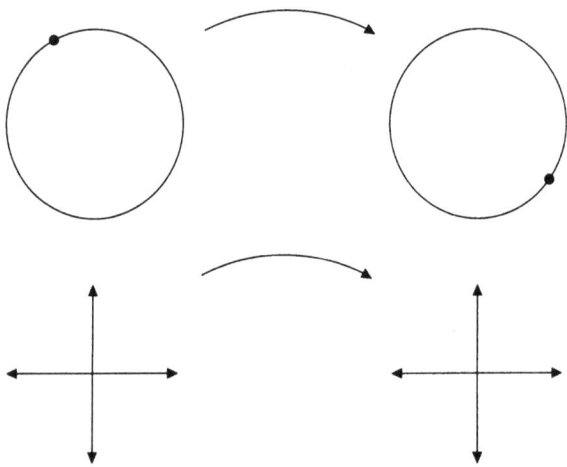

Kreis gedreht worden ist. Das Bild bleibt gegenüber allen Drehungen von beliebigem Winkel invariant.

Anders verhält es sich mit einem gezeichneten Kreuz, dessen Bild nur bei Drehungen um 90° unverändert bleibt; dieses Bild ist also invariant gegenüber solchen Drehungen. Drehungen sind aber nicht die einzigen möglichen Beispiele für Symmetrietransformationen. Verschieben wir zum Beispiel den Mittelpunkt des erwähnten Kreises auf dem Blatt, so bleibt das Bild des Kreises invariant gegenüber dieser Verschiebung, dieser Translation (Wille spricht von »Translativer Symmetrie«). Ebenso können Symmetrieformen durch Spiegelung erzeugt werden.

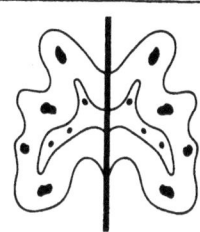

Es gibt also eine Vielzahl von Symmetrietransformationen, und so brauchen wir uns nicht zu wundern, wenn Mathematiker eine umfassende Klassifikation aller Symmetrietransformationen vorzunehmen versuchen. Symmetrietransformationen haben nun die wichtige Eigenschaft, daß die Hintereinanderausführung von zwei oder mehreren Symmetrietransformationen stets wieder eine Symmetrietransformation ist und daß die jeweilige Umkehrabbildung einer Symmetrietransformation ebenfalls eine Symmetrietransformation ist. Dies besagt, daß die Gesamtheit aller Symmetrietransformationen eines Objektes (wie des Kreises, des Kreuzes oder des Würfels) die mathematische Struktur einer Gruppe bildet, die sogenannte *Symmetriegruppe des Objektes*. So besteht die Symmetriegruppe (= Gesamtheit aller Symmetrietransformationen) eines Würfels aus 48 Symmetrietransformationen – und die Symmetriegruppe des Kreises?

Der Begriff der Symmetrietransformation ermöglicht uns, Symmetrietypen zu unterscheiden; dabei sind Objekte von demselben Symmetrietyp, wenn ihre Symmetriegruppen strukturgleich sind. Dadurch, daß wir zwischen verschiedenen Symmetrien zu unterscheiden versuchen, beginnen wir, sie zu ordnen, ein Ordnungsmuster zu entwerfen, um mit seiner Hilfe besser zu verstehen, Zusammenhänge aufzudecken. Schon der Versuch, zwischen Symmetrischem und Nichtsymmetrischem zu unterscheiden, ist ein Versuch, Ordnung zu schaffen, sich Klarheit über Zusammenhänge zu verschaffen, insbesondere über solche, die uns auf den ersten Blick verborgen bleiben. Symmetrieentdeckung ist somit ein Entwerfen, eine Schaffung von Ordnungsmustern oder, wie es Wille ausdrückt: »Symmetrie ist für das Denken ein Ordnungs- und Erkenntnisprinzip« [43, S. 454].

Wir haben dargelegt, daß Symmetrien ordnend eingreifen können, eine ordnende Kraft besitzen. Dies gilt insbesondere auch für geometrische Symmetrien. Felix Klein legt in seinem Erlanger Programm von 1872 dar, daß die Geometrie selbst auf das Ordnungsprinzip Symmetrie gegründet werden kann, eine Einsicht, die zu einer grundlegenden Leitidee wissenschaftlicher Erkenntnis wird. Felix Klein bestimmt die Merkmale und Gesetze der euklidischen Geometrie mit Hilfe der Symmetriegruppe der räumlichen Bewegungen (einschließlich der Spiegelungen). So ist die Eigenschaft »Abstand 1 zu haben« ein Merkmal der euklidischen Geometrie, da Punkte vom Abstand 1 durch Bewegungen stets wieder in Punkte vom Abstand 1 überführt werden, und so ist auch der Satz von Pythagoras ein Beispiel eines Gesetzes der euklidischen Geometrie. Das Kleinsche Programm findet seine erfolgreiche Anwendung in der Physik. Zum Beispiel lassen sich die Größen und Gesetze der klassischen Mechanik auf die Symmetriegruppe der sogenannten Galilei-Transformationen gründen, und diese Gruppe ersetzt Albert Einstein durch eine neue, relativistische Symmetriegruppe der Raum- Zeit-Welt, der sogenannten Lorentzgruppe, und erschafft damit die Relativitätstheorie. Ebenso postulieren die heute konkurrierenden Elementarteilchen-Theorien jeweils unterschiedliche Gruppen verborgener Symmetrien, die sie sich aus dem großen, von der Mathematik bereitgestellten und klassifizierten Vorrat solcher möglichen Gruppen jeweils geeignet herausgreifen.

Wir wollen hier noch auf einen weiteren Gesichtspunkt bei der Symmetrieentdeckung eingehen. Mit ihrer Hilfe wählen wir nämlich aus der Fülle der einwirkenden Informationen, aus dem, wenn man so will, »Chaos der Informationen«, in bezug auf die Zweckbestimmungen einige aus, andere berücksichtigen wir nicht mehr.

Je mehr Symmetrien, auch verborgene Symmetrien entdeckt werden, desto weniger Informationen werden berücksichtigt, desto weniger Informationen werden in bezug auf die zugrunde gelegte Zweckbestimmung benötigt. Hier können wir wieder das Bild des leeren weißen Blattes aufgreifen, als Bild für höchste Symmetrie, aber eben ohne Informationen, während wir zum Beschreiben des Kreises auf dem weißen Blatt nur drei Zahlen benötigen: die beiden Koordinaten des Mittelpunktes und die Länge des Radius. Auf der anderen Seite entspricht dem Chaos, dem Fehlen jeglicher, auch jeglicher verborgener Symmetrie, die Flut aller Informationen. Symmetrieentdeckung ermöglicht somit auch Reduktion von Informationen.

In diesem Zusammenhang müssen wir auch auf die Symmetriebrechung, die Symmetriestörung eingehen. Wenn Symmetrieentdeckung eine Reduktion von Informationen ermöglicht, so können wir auch sagen, daß Symmetriebrechung einer Speicherung von Informationen entspricht. Greifen wir zur Verdeutlichung ein Beispiel auf, was wir noch in einem ganz anderen Zusammenhang verwenden werden (vgl. Kapitel 6): Vier Städte, die die Eckpunkte eines Quadrates bilden, sollen durch ein Straßensystem verbunden werden; dabei soll allerdings die Gesamtlänge aller Straßen möglichst gering sein. Eine Lösung dieses Problems, auf das wir in Kapitel 6 etwas ausführlicher eingehen werden, wird in dem folgenden Bild durch die gestrichelte Linie beschrieben:

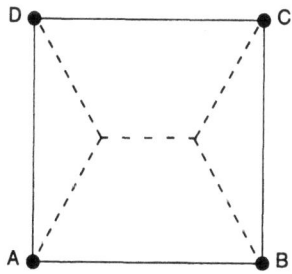

Diese Figur hat weniger Symmetrien als das Quadrat. Im Fall einer solchen Abnahme von Symmetrie zwischen Ausgangslage (Quadrat) zu Lösung (gestrichelte Linie) sprechen Physiker von *gebrochener Symmetrie*.

Fassen wir zusammen: Symmetrieentdeckung ist Entwerfen von Ordnungsmustern, ist Ordnen, sie bedeutet Reduktion von Informationen, sie führt zu vereinfachten Abbildern der Wirklichkeit, zu Modellen der Wirklichkeit. Symmetrie wird so zum Gegenstand der Mathematik, der Wissenschaft von den möglichen Ordnungen.

6. Der Rohstoff für die Bildung von Modellen – mit Beispielen mathematischer Modelle

Wir haben in Kapitel 2 gesehen, daß sich Mathematik schon in der Antike in verschiedenen Erscheinungsformen mathematischen Denkens offenbart: einmal in der arithmetischen – der Beschäftigung mit Zahlen – und zum anderen in der geometrischen Form – der Auseinandersetzung mit Gebilden in der Ebene und im Raum. Die Idee, das mathematische Denken selbst zu überprüfen und darüber nachzudenken, das heißt sich der Logik und der mathematischen Methode bewußt zu werden, wird erst später geboren. Die mathematische Methode, so wie sie heute benutzt wird, wäre den Griechen möglicherweise gar nicht so fremd, aber die Objekte, denen mathematisches Denken heute gewidmet wird, sind teilweise so abstrakt und verschiedenartig, daß ihnen nicht nur die Griechen, sondern auch die meisten Mathematiker des vergangenen Jahrhunderts staunend, wenn nicht gar fassungslos gegenüberstünden.

Daß Zahlen mit geometrischen Objekten in Verbindung gebracht werden – denken wir zum Beispiel an die Länge, die eine Strecke hat, an den Flächeninhalt, den ein Gebiet in der Ebene hat, oder an das Volumen, das ein Körper hat –, können wir als erstes sichtbares Beispiel für die Anwendung von Mathematik deuten. Wenn wir die Anfänge der Geometrie als die Beobachtung von Eigenschaften der den Menschen umgebenden sichtbaren Realität ansehen, so können wir wohl mit Recht sagen, daß die Geometrie in Wirklichkeit als empirische Wissenschaft beginnt.

Bei allen Versuchen zu beschreiben, was Mathematik ist, herrscht wohl Übereinstimmung darüber, daß Mathematik keine empirische Wissenschaft ist; zumindest werden die meisten Menschen sagen, daß Mathematik in einer Weise betrieben wird, die sich in entscheidenden Punkten von den Techniken der empirischen Wissenschaften unterscheidet. Aber wir haben auch gesehen, wie eng die Entwicklung der Mathematik mit den Naturwissenschaften verbunden ist. Und so erstaunt es nicht, daß mathematische Methoden heute die »theoretischen Abteilungen«

der Naturwissenschaften durchdringen und beherrschen. Ob es allerdings in den modernen empirischen Wissenschaften immer stärker zu einem bedeutenden Erfolgskriterium geworden ist, »ob sie der mathematischen Methode oder den annähernd mathematischen Methoden der Physik zugänglich sind«, wie es der große Mathematiker John von Neumann (1902–1957) formuliert [45, S. 30], mag dahingestellt sein.

Unbestritten jedoch ist, daß Entwicklung und Verwendung mathematischer Methoden eine notwendige Voraussetzung und ein Stimulans für die heutigen Technologien waren und sind. In dem schon erwähnten Report vor der American Mathematical Society und der Mathematical Association of America betont Edward E. David: »Damit mathematische Forschung erneuert wird, muß Mathematik als das wahrgenommen werden, was sie historisch war, als eine wesentliche Mitwirkende an Wissenschaft und Technologie, gestärkt durch ihre eigene Forschung«, und er bedauert, daß viel zuwenig Leute erkennen, daß moderne Hochtechnologie im wesentlichen mathematische Technologie ist [2, S. 142]. Insofern können wir den Eintritt in das Technologiezeitalter auch als Eintritt in das Mathematikzeitalter bezeichnen.

Mathematische Sprache und mathematisches Kalkül erlauben Formulierungen von Theorien wie die der Thermodynamik, die der elektromagnetischen Felder, die von chemischen Reaktionen, aber auch die Beschreibung von Satellitenbahnen, von Strömungen des Blutes im Herzen, von Megachips und Computertomographen. Und gerade in den letzten Jahren bedient sich ein weiteres Gebiet der Naturwissenschaft immer mehr mathematischer Methoden – das große Gebiet der Molekularbiologie. Die jüngsten bedeutenden Entdeckungen auf diesem Gebiet beginnen einen Rahmen für Theorien zu schaffen, die ein besseres Verständnis von dem versprechen, was wir mit Leben bezeichnen. Das Verständnis der Funktionsweise eines Nervensystems in lebenden Organismen oder gar der vielen Geheimnisse im Zusammenhang mit der Arbeitsweise des menschlichen Gehirns wird, so hofft man, nach und nach mit Hilfe neuer mathematischer Ideen und Methoden, beispielsweise der Kombinatorik, vertieft werden.

Bei all diesen Problemen, die gegenwärtig so intensiv bearbeitet werden, spielt der Einsatz von Computern eine bedeutende Rolle. Die Komplexität der Probleme, ihr Umfang, haben eine Größenordnung erreicht, bei der ein Lösungsversuch ohne Mitwirkung

Der Rohstoff für die Bildung von Modellen   145

von Computern ein hoffnungsloses Unterfangen wäre – wir brauchen dabei nur an die Aufgaben zu denken, die im Zusammenhang mit der Raumfahrt zu lösen sind; Computer ermöglichen es uns heute, sehr umfangreiche, wirklichkeitsnahe mathematische Modelle auszuwerten, um so ein besseres Bild der Realität zu erhalten. Auch in den modernen Wirtschaftswissenschaften – in der Volkswirtschaftslehre ebenso wie in der Betriebswirtschaftslehre – steigt die Bedeutung der Mathematik in gleichem Maße, wie die Ausbreitung der Computer fortschreitet.

Wir haben schon an vielen Stellen auf die Bedeutung der Computer hingewiesen, haben die Beziehung zwischen Mathematik und Computer gestreift und wollen dies vertieft im nächsten Kapitel tun. Schon hier ist es uns aber wichtig zu betonen, daß bei der Entwicklung der Computer mathematische Methoden, Ideen der mathematischen Logik, der Algebra, der Kombinatorik und der Topologie eine bedeutende Rolle spielten und spielen und daß es Mathematiker waren, die die ersten Rechner bauten.

Um seinem Vater bei der Arbeit zu helfen, konstruiert der französische Mathematiker Blaise Pascal (1623-1662) im 17. Jahrhundert die erste Rechenmaschine, die arithmetische Operationen ausführt. Leibniz, einer der Schöpfer der mathematischen Logik

Rechenmaschine von Pascal (Original im Conservatoire des Arts et Métiers in Paris)
Historia-Photo

und der Mitbegründer der Infinitesimalrechnung, baut 1671 seine Rechenmaschine. Zu den führenden Köpfen, die den modernen Computer entwickeln, zählt vor allem John von Neumann. 1945 beenden der Elektroingenieur John Prosper Eckert Jr. (geb. 1919) und der Physiker John W. Manchly (geb. 1907) den Bau des Rechners ENIAC (Electronic Numerical Integrator and Computer), der eine bestimmte Abfolge von Rechenschritten durchführen soll. Dieser Rechner hat aber den Nachteil, daß er bei einer veränderten Abfolge der Rechenschritte umgebaut werden muß. John von Neumann hört davon und entwickelt ein Programm, das geändert werden kann, ohne die Schaltkreise des Computers umbauen zu müssen.

Die Weiterentwicklung der mathematischen Methoden können vielleicht auch bei der Untersuchung der Arbeitsweise eines Nervensystems oder des menschlichen Gehirns in Zukunft erfolgreich angewendet werden.

Wir wollen nun anhand von einigen Beispielen darzustellen versuchen, wie mathematische Modelle Realitäten beschreiben und mathematische Methoden Antworten – wenn auch oft unvollständige – auf beobachtete Phänomene und aus ihnen resultierende Fragen geben können.

Immer wieder haben wir von der mathematischen Modellbildung gesprochen, von der Darstellung eines Aspektes der Welt mittels mathematischer Begriffe, und vielleicht hat die Verknüpfung von *Mathematik* und *Modell* in dem Ausdruck *mathematisches Modell* bei dem einen oder anderen ein wenig Erstaunen hervorgerufen. Unter einem Modell stellen wir uns in der Regel zunächst einen Entwurf oder eine Nachbildung (zum Beispiel eines Bauwerkes) in einem kleineren Maßstab vor; wir denken vielleicht an ein einmaliges Kleidungsstück, an die bestimmte Ausführung eines Fabrikats (Automodell), wir können uns einen Gegenstand oder einen Menschen als Vorbild für ein Werk der bildenden Kunst vorstellen, vielleicht sehen wir sogar ein Mannequin oder einen Bodybuilder vor unserem geistigen Auge.

In der »Enzyclopaedia Britannica« schreibt um die Jahrhundertwende der Physiker und Philosoph Ludwig Boltzmann, der in den letzten Jahrzehnten eine Renaissance erfahren hat, eine vierseitige Abhandlung zum Stichwort »Modell«. Für ihn sind Modelle zunächst »greifbare Darstellungen ... eines Gegenstandes, der bereits existiert oder der in Gedanken oder Wirklichkeit zu konstruieren ist«. Er erwähnt als Beispiele Modelle für Gußformen in Technik und Kunst, Modelle in der Medizin und kommt schließlich zu seinem Hauptanliegen: »Modelle in den mathematischen, physikalischen und mechanischen Wissenschaften sind von größter Bedeutung.« Sind wir damit schon bei mathematischen Modellen? Es scheint so: Unter Hinweis auf Maxwell, Helmholtz, Mach und Hertz schreibt er: »Unsere Gedanken stehen zu den Dingen in gleichem Verhältnis wie die Modelle zu den Gegenständen, die sie darstellen.« Unsere Gedanken als Modelle der Wirklichkeit – der Schluß liegt nahe, aber Boltzmann sieht ihn (noch) nicht. Er erläutert, was er meint: »Wenn wir danach streben, unsere Vorstellungen vom Raum durch Figuren, durch Methoden der deskriptiven Geometrie und durch verschiedene Draht- und Gipsmodelle zu unterstützen, unsere Topographie durch Pläne, Karten und Globen, unsere mechanischen und physikalischen Ideen durch kinetische Modelle, so erweitern wir einfach das Prinzip, mit dessen Hilfe wir Gegenstände in Gedanken erfassen und in Sprache oder Schrift ausdrücken.« Aber: »In keinem dieser Fälle, weder bei Karten, Musiknoten, Figuren etc. können wir mit Fug und Recht von Modellen sprechen, denn diese beinhalten immer eine konkrete räumliche Analogie in drei Dimensionen.«

Modelle sind für ihn also immer noch feste, dreidimensionale Körper aus Holz, Draht, Gips, und sie dienen in der Mathematik und Naturwissenschaft zur Veranschaulichung von Gleichungen oder von funktionalen Zusammenhängen. Diese und andere dreidimensionale Körper sind auch heute noch das, was die Umgangssprache mit Modell oder auch »model« meint. Aber es ist nicht das, was in »Mathematik und Modellierung« gemeint ist. Dabei ist Boltzmann, wie oben angedeutet, schon ganz nahe daran, vertritt der im Alter von 37 Jahren 1894 verstorbene Physiker Heinrich Hertz in seinen unmittelbar nach seinem Tod veröffentlichten »Prinzipien der Mechanik« eine Wissenschaftsauffassung, die Modellen in unserem Sinn – mathematischen Modellen der Wirklichkeit – eine entscheidende Rolle zuspricht.

Zu Beginn der Einleitung in diesem Buch schreibt Hertz: »Es ist die nächste und in gewissem Sinne wichtigste Aufgabe unserer bewußten Naturerkenntnis, daß sie uns befähige, zukünftige Erfahrungen vorauszusehen, um nach dieser Voraussicht unser gegenwärtiges Handeln einrichten zu können. Als Grundlage für die Lösung jener Aufgabe der Erkenntnis benutzen wir unter allen

148 Der Rohstoff für die Bildung von Modellen

Alberto Giacometti »Der Platz«, Bronzeplastik (1948) Emanuel Hoffmann-Stiftung, Kunstmuseum Basel Öffentliche Kunstsammlung Basel VG Bild-Kunst

Umständen vorangegangene Erfahrungen, gewonnen durch zufällige Beobachtungen oder durch absichtlichen Versuch. Das Verfahren aber, dessen wir uns zur Ableitung des Zukünftigen aus dem Vergangenen und damit zur Erlangung der erstrebten Voraussicht stets bedienen, ist dieses: *Wir machen uns innere Scheinbilder oder Symbole der äußeren Gegenstände, und zwar machen wir sie von solcher Art, daß die denknotwendigen Folgen der Bilder stets wieder die Bilder seien von den naturnotwendigen Folgen der abgebildeten Gegenstände.* Damit diese Forderung überhaupt erfüllbar sei, müssen gewisse Übereinstimmungen vorhanden sein zwischen der Natur und unserem Geiste. Die Erfahrung lehrt uns, daß die Forderung erfüllbar ist und daß also solche Übereinstimmungen in der Tat bestehen. Ist es uns einmal geglückt, aus der angesammelten bisherigen Erfahrung Bilder von der verlangten Beschaffenheit abzuleiten, so können wir an ihnen, wie an *Modellen,* in kurzer Zeit die Folgen entwickeln, welche in der äußeren Welt erst in längerer Zeit oder als Folgen unseres eigenen Eingreifens auftreten werden; wir vermögen so den Tatsachen vorauszueilen und können nach der gewonnenen Einsicht unsere gegenwärtigen Entschlüsse richten. – Die Bilder, von welchen wir reden, sind unsere Vorstellungen von den Dingen; sie haben mit den Dingen die eine wesentliche Übereinstimmung, welche in der Erfüllung der genannten Forderung liegt, aber es ist für ihren Zweck nicht nötig, *daß sie irgendeine weitere Übereinstimmung mit den Dingen haben.* In der Tat wissen

wir auch nicht und haben auch kein Mittel zu erfahren, ob unsere
Vorstellungen von den Dingen mit jenen in irgend etwas anderem
übereinstimmen, als allein in ebenjener einen fundamentalen Beziehung« [46, S. 1-2].

Kürzer und prägnanter kann man eine Wissenschaftstheorie, die
ihre Ausformungen unter verschiedenen Namen bis heute erhält,
nicht formulieren. Vollzieht man die im Text angedeutete Identifikation von Bild und Modell, so hat man den passenden Modellierungsbegriff. Hertz stellt auch gleich die Grundregeln des Modellierens auf:

1. Modelle sind nicht eindeutig: Verschiedene Bilder derselben
   Gegenstände sind möglich. Dieses Prinzip wird bis heute – oft
   zum Schaden der Erkenntnis – manchmal außer acht gelassen.
2. Modelle müssen in sich widerspruchsfrei sein (Hertz nennt sie
   »logisch zulässig«). So sind zum Beispiel Gleichungen, die
   keine Lösungen zulassen, unzulässig.
3. Modelle müssen »richtig« sein: »Unrichtig nennen wir zulässige
   Bilder dann, wenn ihre wesentlichen Beziehungen den Beziehungen der äußeren Dinge widersprechen, das heißt, wenn sie
   jener ersten Grundforderung nicht genügen« [46, S. 2].
4. Schließlich unterscheiden sich zwei zulässige und richtige Bilder desselben Gegenstandes noch durch ihre Zweckmäßigkeit,
   das heißt durch den Reichtum der durch sie dargestellten Beziehungen oder durch die Sparsamkeit und Eleganz des Modells.

Nach unserer Auffassung hat Hertz in den ersten vier Seiten der
Einleitung die allgemeinen Regeln einer wissenschaftlichen Modellierung vollständig und klar aufgestellt. Er macht im weiteren
auch deutlich, woraus und wie diese Modelle gemacht werden: Der
Rohstoff dieser Modelle, das Material, aus dem die Bilder geformt
werden, ist die Mathematik, ihre »Zulässigkeit« besteht in mathematischer Widerspruchsfreiheit und ist daher eindeutig entscheidbar; ihre »Richtigkeit« prüft man, indem man mathematische
Schlußfolgerungen mit Messungen vergleicht, und sie hängt daher
vom Stand unserer Erfahrungen ab. Im Sinne des sogenannten
»Ludwig-Konzepts« kann man auch sagen, daß jedes Modell seinen »Richtigkeitsbereich« hat, den Teil der Welt, der durch dieses
Modell adäquat beschrieben wird, und dieser Richtigkeitsbereich
kann sich in der Geschichte verändern, wachsen oder – meist

schrumpfen: Man denke nur an die klassische Mechanik, die ja auch Hertz im Auge hat.

Modellieren als das Erstellen mathematischer Bilder eines Teiles der Wirklichkeit: eine hundert Jahre alte Beschreibung dessen, was beispielsweise Astronomie und Physik schon seit Jahrtausenden tun. Die theoretische Physik erstellt die Modelle mit Hilfe der Mathematik, die Experimentalphysik prüft ihre Richtigkeit. Das hat schon Galilei gesagt und getan. Was also ist heute neu, warum diese plötzliche Aktualität des Modellierens? Die Antwort liegt in den modernen Möglichkeiten der »Modellauswertung«: Man muß die »denknotwendigen Folgen der Bilder« ermitteln, um Vorhersagen über die »naturnotwendigen Folgen der Gegenstände« zu erhalten. Man muß also Modelle auswerten, um ihre Richtigkeit zu prüfen – man muß die Lösungen der »Modellgleichungen« für bestimmte Parametersätze berechnen und diese Lösungen mit dem Experiment vergleichen.

Es ist klar, daß dies für komplizierte Modelle eine schwierige Aufgabe ist – man braucht geeignete Algorithmen und eben leistungsfähige Rechner zur Ausführung dieser Algorithmen. Der bekannte russische Mathematiker Alexander A. Samarskii (geb. 1919) – er ist heute einer der »Päpste« der sowjetischen numerischen Mathematik und Gründer und Direktor des »Zentrums für mathematische Modellierung« in Moskau – spricht dabei vom »Computerexperiment«, da es dieselbe Aufgabe hat wie ein normales Experiment, nämlich die Richtigkeit des Modells zu prüfen. Dieses Computerexperiment mit seinen drei Stufen (der »Triade«, wie Samarskii das nennt) Modell – Algorithmus – Programm ist nach Samarskii nicht nur eine neue Wissenschaftsrichtung – »es ist eine neue wissenschaftliche Methode, die sowohl den Denkstil eines modernen Wissenschaftlers als auch den Kreis der Probleme bestimmt, welche sich der Forscher zu stellen vermag« [47, S. 33]. Es ist »eine neue Art, die Natur zu befragen« – und es ist darüber hinaus auch eine neue Methode des technischen Designs.

Natürlich wurde dieses Computerexperiment, dieses »scientific computing«, erst möglich durch die Entwicklungen der Computertechnik. Samarskii betont: »Erstmals in der gesamten Wissenschaftsgeschichte erhielt der Theoretiker, welcher früher nur über seinen Bleistift, das Papier und einfachste Instrumente verfügte, ein gewaltiges und modernes Instrumentarium in die Hand. Auf diese Weise wurde er seiner intellektuellen Ausrüstung nach dem

Experimentator vergleichbar, der über Radioteleskope, Teilchenbeschleuniger, Magnetfallen und andere ›schwere Geschütze‹ der Wissenschaft verfügt« [47, S. 34]. Man kann jetzt Modelle ganz anders nutzen: Während die Physik erklärt und sich manchmal mit einfachen eindimensionalen Modellen weiterhelfen konnte, ist Technik immer dreidimensional; technische Geräte haben meist komplexe Geometrien – die zugehörigen Modelle sind erst mit modernen Computern auswertbar. Aber auch in anderen Naturwissenschaften waren früher realistische Modelle zu komplex, um sie auszuwerten, das heißt, um sie zu überprüfen und sie zur Vorhersage anzuwenden: Heute beherrscht das Computerexperiment viele Teile der Physik, Chemie, Biologie, dringt mehr und mehr in die Wirtschafts- und Sozialwissenschaften, sogar in die Geisteswissenschaften ein.

Und obwohl es manchmal schamhaft verschwiegen wird: Mathematik ist überall wesentlich beteiligt – in der Modellerstellung und in der Modellauswertung. Natürlich nicht Mathematik alleine: Bei der Modellerstellung muß der Spezialist (der Physiker, Ingenieur etc.) mit dem mehr »generalistischen« Mathematiker eng zusammenarbeiten – der letztere kennt den Rohstoff des Modells, der andere das, was modelliert werden soll; keiner kann ohne den anderen oder wenigstens ohne die Kenntnisse des anderen erfolgreich arbeiten. Samarskii spricht von einer Symbiose von Physikern und Mathematikern bei der Lösung der »größten Probleme unserer Zeit, zum Beispiel der Erschließung des Weltraums«. Bei der Auswertung der Modelle müssen Informatiker und Mathematiker zusammenarbeiten: Die von Mathematikern erstellten Algorithmen müssen zu den Rechnern passen, die Computer müssen den Forderungen der Algorithmen entsprechend weiterentwickelt werden. Teamwork ist also gefordert, der Triade Modell-Algorithmus-Programm steht das Team aus Fachwissenschaftler-Mathematiker-Informatiker gegenüber, nicht mit genauen Entsprechungen und manchmal in teilweiser Personalunion. Ob man dies dann als »Computersimulation« oder als mathematische Modellbildung und Modellauswertung bezeichnet, ist gleichgültig – man sollte nur die Bestandteile und zugrundeliegenden Regeln nicht über dem Namen vergessen. Die Notwendigkeit der Zusammenarbeit stellt sicher neue Anforderungen an die Ausbildung der Wissenschaftler – sie müssen zum Beispiel eine gemeinsame Sprache finden –, aber diese Fragen der Hochschulausbildung und der wissenschaftlichen Weiterbildung sind nicht Gegenstand dieses Buches.

Wie man mit Mathematik aus der Vergangenheit für die Zukunft lernt

Wir wollen nun die Hertzschen Regeln der Modellbildung anhand eines Beispieles aus eigener Erfahrung verdeutlichen. In diesem Beispiel geht es um die Steuerung eines solarbeheizten Schwimmbades: Wie muß man zusätzlich heizen, um eine erwünschte Wassertemperatur bei möglichst geringen Energiekosten aufrechtzuerhalten? Um eine solche Steuerung zu finden, ist es notwendig, die Verhaltensweise des »Systems Schwimmbad«, seine Reaktion auf Sonneneinstrahlung, Wind, Luftfeuchtigkeit usw., vorherzusagen. Wir wollen also »die naturnotwendigen Folgen« dieser Klimadaten auf die Wassertemperatur erfassen und machen uns dazu ein Modell der Wirklichkeit. Solche Modelle sind nicht eindeutig: Man kann versuchen, die Physik der Wechselwirkungen zwischen Wassertemperatur und Klima zu verstehen und mathematisch zu beschreiben – ein äußerst kompliziertes Vorhaben, das nur mit größtem Aufwand zum Erfolg führen kann. Man kann auch einen anderen Weg gehen: Man lernt aus der Vergangenheit, das heißt, man beobachtet Eingangs- und Ausgangsdaten des Systems »Schwimmbad« über eine bestimmte Zeit, versucht, eine Gesetzmäßigkeit zu erkennen, um diese dann für die Zukunft zu verwenden.

Benutzt man den mathematischen Begriff einer Abbildung, so kann man sagen, daß das System jene Funktionen, die die Eingangsdaten beschreiben, abbildet in die Funktion, die den zeitlichen Verlauf der Wassertemperatur darstellt. Die Beobachtung liefert dann gewisse Informationen über diese Abbildung, nämlich für bestimmte Urbilder der Abbildung (das heißt für einige Eingangsdaten) die zugehörigen Bilder (das heißt einige Ausgangsdaten). Die mathematische Modellbildung besteht nun darin, eine geeignete Klasse von mathematischen Abbildungen festzulegen und aus dieser Klasse dann diejenige Abbildung auszuwählen, welche die durch die Beobachtung gegebene Wirklichkeit am besten annähert. Die Aufgabe, die zu bewältigen ist, hat also zwei Aspekte:

- Zunächst muß man die Sorte der mathematischen Abbildungen erraten, die grundsätzlich geeignet sind, das wirkliche Verhalten qualitativ wiederzugeben.
- Dann muß man das beste Exemplar dieser Sorte bestimmen, jenes, das das beobachtete Verhalten quantitativ besonders gut approximiert.

Das folgende Bild zeigt schematisch den notwendigen Modellierungsprozeß – das Ersetzen des Schwimmbades durch eine Abbildung. Welche Abbildungsklassen kommen in Frage? Hier ist reichhaltiger Rohstoff vorhanden, sind Kenntnisse seines typischen Verhaltens notwendig – die Klasse darf nicht zu klein gewählt werden, da sonst eine Anpassung an die zur Verfügung stehenden Daten nicht möglich ist; sie darf nicht zu groß sein, da sonst die Auswahl der bestmöglichen Abbildung aus dieser Klasse zu aufwendig wird. Die Hertzschen Kriterien werden bestätigt: Es sind

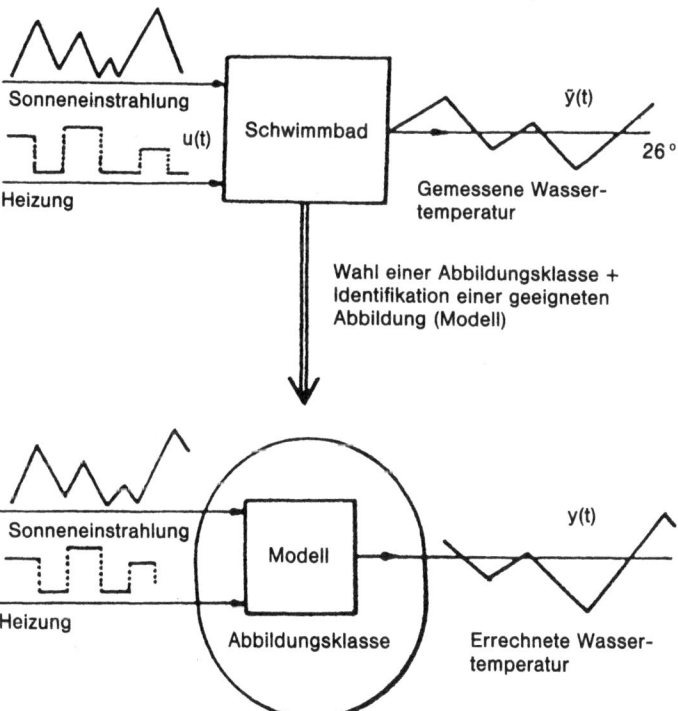

viele Modelle möglich, aber wir haben darauf zu achten, daß sie »zulässig« sind (es muß sich um mathematisch vernünftig definierte Abbildungen handeln), daß sie »richtig« sind (die errechnete Wassertemperatur stimmt mit der gemessenen bis auf tolerierbare Abweichungen überein) und daß sie »ökonomisch« sind (unter allen zulässigen, richtigen Modellen wählen wir jenes, dessen Auswertung den geringsten Aufwand bedeutet).

Die lineare Systemtheorie legt die Wahl der sogenannten linearen, zeitinvarianten Kontrolltheorie als Abbildungsklasse nahe. Dabei werden die m Eingangsdaten $u_1(k), \ldots, u_m(k)$, die die Meßwerte in diskreten Zeitpunkten t_k darstellen, zu einem Vektor u(k) zusammengefaßt, und die Transformation in eine Ausgangsfunktion y(k) (errechnete Wassertemperatur zur Zeit t_k) erfolgt vermöge der Vorschrift

$$x(k+1) = Ax(k)+Bu(k)$$
$$y(k+1) = Cx(k).$$

Hier sind x(k) fiktive »innere« Zustände des Systems, wobei die Dimension der Vektoren x(k) als ein Maß für die Komplexität des Übertragungsverhaltens angesehen werden kann; diese Dimension n sowie die (n×m)-Matrix B, die (n×n)-Matrix A und die (1×n)-Matrix C können dann so gewählt werden, daß sich das errechnete y(k) von der gemessenen Temperatur sowenig wie möglich unterscheidet. Die Komplexität des Systems kann man mit Konzepten wie Entropie messen, die aus der Physik entlehnt sind. Je ungeordneter, chaotischer das Verhältnis von Eingang zu Ausgang wirkt, desto höher ist diese Komplexität und damit die Dimension n des Zustandsraumes.

Die Bestimmung geeigneter A, B und C stellt dann eine »normale« Optimierungsaufgabe dar; allerdings sind es recht viele Parameter, beim Schwimmbad etwa 50, von denen das System abhängt und bezüglich derer man optimieren muß. Hat man genügend Rechnerkapazität oder genügend Zeit, so ist dies kein Problem. Muß das alles auf einem Personalcomputer (PC) in Echtzeit gehen, so benötigt man etwas mehr Mathematik: Es gibt bei allen Modellen gute und schlechte Auswertungsverfahren, und meist lohnt es sich, etwas mehr mathematisch nachzudenken, ehe man sich an das Programmieren macht. Hier braucht man etwas von der Theorie der Normalformen, ja sogar etwas von Mannigfaltigkeiten, um

Wie man mit Mathematik aus der Vergangenheit für die Zukunft lernt 155

den Aufwand wesentlich zu reduzieren – dann aber laufen solche Identifikationsprogramme ohne weiteres auf PCs.

Es gibt allerdings viele Fälle, in denen das Ergebnis sehr unbefriedigend ist, weil die Abbildungsklasse zu klein gewählt ist; zum Beispiel kann die angenommene Linearität des Systems bei echt nichtlinearem Systemverhalten auch bei großen Zustandsraumdimensionen eine zu große Einschränkung bedeuten. Man muß Nichtlinearitäten hinzufügen, die allerdings nun wiederum den Aufwand stark erhöhen. Hier das richtige Maß, das heißt ein Modell zu finden, das so einfach wie möglich, aber so genau wie nötig ist, ist eine Kunst – man braucht Erfahrung und Phantasie. Man beachte: Die Parameter des identifizierten Systems haben keine physikalische Bedeutung – es ist kein physikalisches Modell, eher eine mathematische »black box«, die aber ihre Aufgabe, eine optimale Steuerung des Schwimmbades zu ermöglichen, ganz ausgezeichnet erfüllt.

Das folgende Bild zeigt gemessene und errechnete Wassertem-

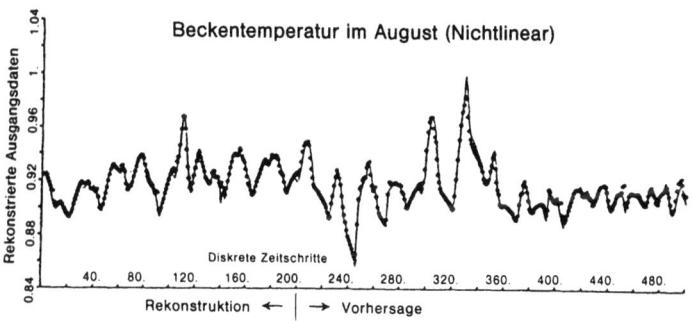

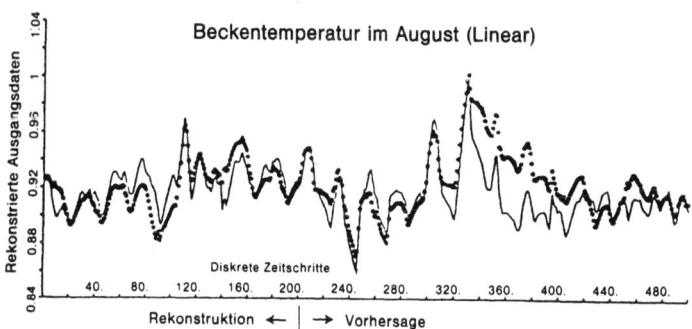

peratur zu gegebenen Eingangsdaten (Sonneneinstrahlung etc.), oben für ein rein lineares, unten für ein verbessertes nichtlineares Modell. Dabei wird aus den Daten für die ersten 200 Zeitschritte gelernt, danach sind die errechneten Punkte wirklich Eintagesvorhersagen, die zumindest im nichtlinearen Fall fast exakt mit den dann später gemessenen Werten übereinstimmen [48].

Wir wollen hinzufügen, daß ähnliche Aufgabenstellungen, nämlich die Identifikation von Systemen, bei der aus der Vergangenheit gelernt und die Zukunft beherrscht werden soll, sehr oft auftreten; insbesondere immer dann, wenn man viele »Lerndaten« zur Verfügung hat, aber wenig Kenntnisse über die inneren Mechanismen des Systems besitzt. Beispiele aus der Praxis sind

- die Steuerung eines Autoprüfstandes,
- die Vorhersage der Quellergiebigkeit einer kommunalen Wasserversorgung,
- die Absatzvorhersage eines Betriebes, um die Lagerhaltung besser planen zu können,
- die Ursachenanalyse bei Waldschäden.

Wieviel Menschen leben auf der Erde im Jahr 2700?

Fast täglich lesen wir in den Zeitungen etwas über Prognosen, Prognosen über wirtschaftliche Wachstumsraten im nächsten Jahr, Prognosen über die Erdbevölkerungszahl im Jahre 2000, Vorhersagen über die Ausbreitung von Epidemien usw. Wir möchten anhand von einfachen Beispielen zeigen, wie Wachstumsprozesse verschiedenster Arten beschrieben werden können, wie man daraus Vorhersagen ableiten kann, aber auch mit welcher Vorsicht man dabei vorgehen muß.

Wachstums- und auch Zerfallsprozesse sind allgegenwärtig, sowohl in der belebten als auch in der unbelebten Natur. Wir brauchen dabei nur an das Wachstum von Bakterienkolonien in den medizinischen Versuchslabors, an den Zerfall radioaktiver Elemente, oder eben an die Entwicklung der Erdbevölkerung in der Zukunft zu denken.

Wenn $p(t)$ die Anzahl der Menschen zur Zeit t ist und r der Unterschied zwischen der Geburtenrate und der Sterberate, dann beträgt die Änderung der Bevölkerung pro Zeiteinheit gerade $r \cdot p(t)$.

Wie läßt sich diese Änderung aber auch noch beschreiben? Wir wissen vielleicht aus der Schule, daß wir mit der Ableitung der Weg-Zeit-Funktion eines (geradlinig bewegten) Körpers die Geschwindigkeit beschreiben können – statt Geschwindigkeit können wir aber auch sagen: die Änderung des Weges pro Zeiteinheit. Dies deutet nun darauf hin, daß auch in anderen physikalischen (und nicht nur physikalischen) Zusammenhängen die Ableitung einer Funktion eine *Änderung* von (physikalischen) Zuständen (Größen) beschreibt. Dies trifft auch für die Bevölkerung zu; die Ableitung p'(t) beschreibt also die Änderung der Bevölkerung pro Zeiteinheit. Wir erhalten somit die Beziehung

$$p'(t) = r \cdot p(t).$$

Natürlich kann r, die Differenz zwischen Geburten- und Sterberate, auch von der Zeit und der Bevölkerung abhängen, sich etwa von Jahr zu Jahr oder mit wachsender Bevölkerungszahl ändern, so daß $r = r(t,p)$. Wir aber wollen den einfachsten Fall untersuchen, bei dem der Unterschied zwischen Geburtenrate und Sterberate zu jeder Zeit gleich bleibt und sich auch nicht in Abhängigkeit der Bevölkerungsstärke verändert, so daß r also konstant ist. Die Wachstumsgleichung $p'(t) = r \cdot p(t)$, r konstant, ist das mathematische Modell für das Malthussche Bevölkerungsgesetz (»Die Bevölkerung vermehre sich in geometrischer Progression«), das der englische Nationalökonom Thomas Robert Malthus (1766–1834) gegen Ende des 18. Jahrhunderts, 1798, veröffentlicht. Sie ist eine Gleichung, die einen Zusammenhang zwischen der Funktion p(t) und ihrer Ableitung $p' = p'(t)$ herstellt. Gleichungen, die eine Beziehung zwischen einer Funktion und ihren Ableitungen beschreiben, werden in der Mathematik *Differentialgleichungen* genannt.

Die mathematische Aufgabe besteht nun darin, eine oder eventuell mehrere Funktionen zu finden, die diese Gleichung erfüllen. Wir müssen also prüfen, ob die Wachstumsgleichung als mathematisches Modell widerspruchsfrei, »logisch zulässig«, ist. Da wir wissen, wieviel Menschen zu einem (früheren) Zeitpunkt t_0, etwa zur Zeit $t_0 = 1950$, gelebt haben, muß die gesuchte Lösung der Gleichung $p'(t) = r \cdot p(t)$ außerdem noch die Bedingung $p(t_0) = p_0$ erfüllen, wenn p_0 die Anzahl der Menschen zur Zeit t_0 ist. Der Mathematiker spricht hier von der Lösung eines *Anfangswertproblems*. Wir haben durch die Gleichungen

158 Der Rohstoff für die Bildung von Modellen

$$p'(t) = r \cdot p(t), \; r \text{ konstant, und } p(t_0) = p_0$$

ein sehr vereinfachtes mathematisches Modell formuliert, das auch relativ einfach gelöst werden kann. Die Lösung

$$p(t) = p_0 \cdot \exp(r(t-t_0))$$

zeigt das exponentielle zeitliche Wachstum einer Population von Lebewesen, die das Gesetz von Malthus und die dabei gemachten Annahmen erfüllen. ($\exp(x)$ ist dabei e^x, wobei $e = 2{,}7182\ldots$ die Eulersche Zahl ist; e^x ist deshalb »natürlich«, weil $(e^x)' = e^x$ gilt.)

Wenn man etwas vertrauter mit stetigen und differenzierbaren Funktionen ist, wird man hier vielleicht einwenden, daß das Wachstum der Erdbevölkerung doch nicht mit Hilfe einer differenzierbaren Funktion $p(t)$ beschrieben werden kann, weil die Bevölkerungszahl doch immer eine ganze Zahl ist, sich die Bevölkerung also immer nur in ganzzahligen Einheiten verändern und daher nicht durch eine stetige oder gar differenzierbare Funktion der Zeit beschrieben werden kann. Der Einwand ist natürlich berechtigt, doch wenn die zu untersuchende Population sehr viele Exemplare besitzt, so daß die Zunahme oder Abnahme um ein Exemplar kaum ins Gewicht fällt, dann können wir den zeitlichen Verlauf der Population sehr gut mit Hilfe einer stetigen, ja sogar einer differenzierbaren Funktion annähern.

Eine sehr wichtige Aufgabe besteht jetzt darin nachzuprüfen, ob ein solches Modell überhaupt *sinnvoll*, im Sinne von Hertz »richtig« ist. Wir müssen deshalb das mathematische Ergebnis an den Realitäten messen. Das Ergebnis einer solchen Überprüfung kann dann dazu führen, daß das zugrunde gelegte Modell neu überdacht und verbessert, das heißt, den Realitäten besser angepaßt werden muß.

Wir wollen dies an dem Beispiel der Erdbevölkerung nachprüfen und benutzen dazu einen Auszug einer Bevölkerungsstatistik der Erde.

Jahr	1	1850	1940	1950	1960	1970	1980
Erdbevölkerung (in Mio.)	ca. 160	ca. 1200	2249	2509	3010	3632	4419

Für die vorhin gefundene Lösung $p(t) = p_0 \exp(r(t-t_0))$ bestimmen wir die Konstante r so, daß $p(t)$ für $t_0 = 1950$ und $t_1 = 1970$ mit der Erdbevölkerung in der angegebenen Tabelle übereinstimmt. Zählen wir in Millionen, so ist also $p_0 = p(1950) = 2509$, und wir erhalten aus der Lösung für $t_1 = 1970$ die Gleichung

$$3632 = p(1970) = 2509 \exp(r(1970-1950)),$$

woraus wir für die Konstante $r = \frac{1}{20} \ln\left(\frac{3632}{2059}\right) \approx 0{,}0185$ errechnen können. Unser (sehr vereinfachtes) Modell liefert somit die Lösung

$$p(t) = 2509 \exp(0{,}0185(t-1950)) \qquad \text{(Angabe in Mio.)}.$$

Wir können dieses Ergebnis mit den vorliegenden Daten vergleichen, soweit sie die Erdbevölkerung der Vergangenheit betreffen:

Jahr	1	1850	1940	1950	1960	1970	1980	1990
Erdbevölkerung (in Mio.)	ca. 160	ca. 1200	2249	2509	3010	3632	4419	
$p(t)$ (in Mio.)	$5{,}5 \cdot 10^{-13}$	395	2085	2509	3019	3632	4371	5259

Der Vergleich zeigt, daß unser Ergebnis lediglich für »kleine« Zeitabschnitte mit überraschender Genauigkeit die angegebenen Größen der Erdbevölkerung wiedergibt; und sehen wir die Lösung für diesen Zeitabschnitt als realistisch an, dann folgt $\frac{p(t+1)}{p(t)} = \exp(r) \approx 1{,}0187$, das heißt, die Erdbevölkerung wächst momentan um etwa 1,87 Prozent.

Werfen wir aber einen Blick in die Vergangenheit, etwa in das Jahr 1, dann müssen wir feststellen, daß zu diesem Zeitpunkt nach unserer Formel überhaupt kein Mensch gelebt haben kann; aber jeder von uns kann eine ganze Menge Zeitgenossen dieses Jahres aufzählen. Wagen wir einen Blick in die ferne Zukunft, etwa in das

Jahr 2700, dann sagt unser Ergebnis eine Bevölkerungszahl von $p = p(2700) \approx 2.662.788.041$ Millionen Menschen voraus, eine Zahl, die angesichts der Gesamtoberfläche der Erde von 510 Millionen km² bei einer Wasserfläche von 361 Millionen km² doch sehr unsinnig erscheint; dies bedeutet nämlich, daß dann 5 Personen auf einem Quadratmeter leben müßten, selbst wenn wir eine Lebensweise auf Booten miteinbeziehen würden. Für eine solche weit in die Zukunft reichende Prognose bzw. für eine weit in die Vergangenheit reichende Aussage ist also unser Modell nicht brauchbar und sollte besser aufgegeben werden; wir können aber auch nicht die Tatsache leugnen, daß es für den kurzen Zeitraum von 1950 bis jetzt in relativ genauer Übereinstimmung mit den bekannten Daten steht.

Leider beruhen viele in Zeitungen und Zeitschriften veröffentlichte Vorhersagen über Wachstumsraten der Erdbevölkerung oder über Ausbreitung von Epidemien auf solchen vereinfachten Modellen und sind daher mit größter Vorsicht anzusehen. Solange nicht klar ist, welche Annahmen einem solchen Modell zugrunde liegen, sind keinerlei einigermaßen gesicherte Prognosen zu machen; da nützt auch keine noch so publikumswirksame Aufmachung in der Medienlandschaft.

Unser Modell $p'(t) = r \cdot p(t)$ wird allerdings nur so lange vernünftige Werte liefern, wie die Population nicht zu stark angewachsen ist. Werden der zur Verfügung stehende Lebensraum, die vorhandene Nahrung oder sonstige notwendige Ressourcen knapp, so entsteht ein Existenzkampf, der »kontraproduktiv« ist. Begegnungen zwischen Mitgliedern der Population haben dann also einen negativen Effekt auf das Wachstum; die Anzahl solcher Begegnungen wird im allgemeinen proportional zu p^2 sein, und wir erhalten deshalb ein für solche Fälle modifiziertes Modell

$$p'(t) = \alpha p(t) - \beta (p(t))^2.$$

Dieses Gesetz heißt »logistisches Gesetz« des Populationswachstums und wurde schon 1837 von dem holländischen Biomathematiker Pierre François Verhulst (1804–1849) aufgestellt; dabei werden die beiden Größen α und β als (positive) Konstanten aufgenommen und Vitalkoeffizienten der Population genannt. Offensichtlich ist der Vitalkoeffizient β um so kleiner, je größer der dem einzelnen Exemplar zur Verfügung stehende Lebensraum ist und je mehr Nahrungsmittel zur Verfügung stehen. In diesem Fall bleibt auch bei nicht zu großer Population p(t) das Produkt $\beta \cdot (p(t))^2$ im Vergleich zum Produkt $\alpha \cdot p(t)$ sehr klein, so daß wir es dann vernachlässigen können und wieder das Malthussche Modell erhalten.

Die mathematische Aufgabe besteht nun ebenfalls darin, eine oder mehrere Funktionen zu finden, die diese Gleichung erfüllen. Hat die Population zur Zeit t_0 den Wert p_0, dann soll die gesuchte Lösung der Gleichung $p'(t) = \alpha \cdot p(t) - \beta \cdot (p(t))^2$ auch noch die Bedingung $p(t_0) = p_0$ erfüllen. Gesucht ist in diesem Fall also eine Lösung des Anfangswertproblems

$$p'(t) = \alpha \cdot p(t) - \beta \cdot (p(t))^2, \; \alpha, \beta \text{ konstant, und } p(t_0) = p_0.$$

Die (nach etwas längerer Rechnung zu findende) Lösung lautet

$$p(t) = \frac{\alpha \cdot p_0 \cdot \exp(\alpha(t-t_0))}{\alpha - \beta p_0 + \beta p_0 \exp(\alpha(t-t_0))} = \frac{\alpha \cdot p_0}{\beta p_0 + (\alpha - \beta p_0)\exp(\alpha(t_0-t))}.$$

Wir wollen nicht erklären, wie man die Lösung findet, fordern aber jeden des Differenzierens Kundigen auf nachzuprüfen, ob es sich tatsächlich um eine Lösung handelt.

Nun erkennen wir, daß sich für immer größer werdendes t der letzte Quotient immer mehr dem Ausdruck $\frac{\alpha}{\beta}$ nähert, daß also

$$\lim_{t \to \infty} p(t) = \frac{\alpha \cdot p_0}{\beta \cdot p_0} = \frac{\alpha}{\beta};$$

die Population nähert sich im Laufe der Zeit dem Grenzwert $\frac{\alpha}{\beta}$, und die Zuwachsrate nimmt den Wert Null an. Der folgende Graph von p(t) für $p_0 < \frac{\alpha}{2\beta}$ zeigt, daß in der Zeit bis zum Erreichen der Hälfte des Grenzwertes ein beschleunigtes Wachstum vorliegt, der dann eine Zeit des verminderten Wachstums folgt. Betrachten wir dagegen den Graphen von p(t) als die Lösung des Malthusschen Modells, so sehen wir, daß dort ein exponentielles Wachstum vorliegt, bei dem die Population p(t) im Laufe der Zeit immer schneller immer größere Werte annimmt.

Wir wollen auch die Lösung für das logistische Gesetz auf die zukünftige Entwicklung der Erdbevölkerung anwenden und eine Prognose wagen. Dazu benötigen wir allerdings Angaben über die Vitalkoeffizienten α und β. Wir glauben den Ökologen und setzen ihren Erfahrungen folgend $\alpha = 0{,}029$. Da zur heutigen Zeit die

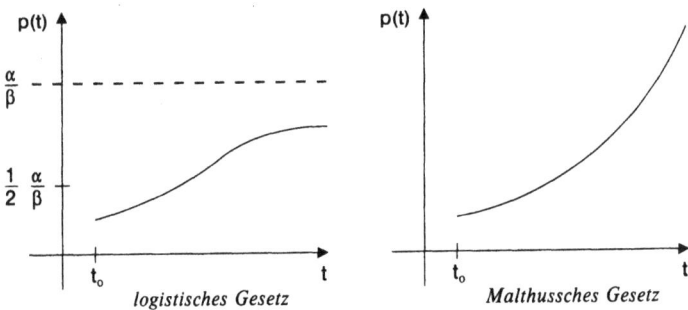

Erdbevölkerung jährlich um etwa 1,87 Prozent zunimmt, können wir wegen

$$\frac{p'(t)}{p(t)} = \alpha - \beta \cdot p(t) \quad \text{oder} \quad 0{,}0187 = \alpha - \beta \cdot p(t)$$

mit $\alpha = 0{,}029$ die Konstante β berechnen, wenn wir $p(t)$ auf das Jahr $t = 1950$ beziehen; dies ergibt $\beta = 4{,}105 \cdot 10^{-12}$. Legen wir jetzt das logistische Gesetz des Populationswachstums zugrunde, so wird die Erdbevölkerung dem Grenzwert

$$\frac{\alpha}{\beta} = \frac{0{,}029}{4{,}105 \cdot 10^{-12}} = 7{,}06 \cdot 10^9,$$

also etwa 7,1 Milliarden Menschen, zustreben. Selbst bei diesem Modell dürfen wir nicht vergessen, daß die Vitalkoeffizienten α und β durch verbesserte medizinische Betreuung, technologische Weiterentwicklungen, Naturkatastrophen, Umweltverschmutzungen und viele andere Einflüsse verändert werden können, so daß diese Koeffizienten im Laufe der Zeit ebenfalls neu bestimmt werden müssen. Man überlege sich einmal, welchem Grenzwert die Erdbevölkerung zustrebt, wenn wir den Vitalkoeffizienten α nur ein wenig verändern und $\alpha = 0{,}038$ annehmen, die Zuwachsrate der Erdbevölkerung weiterhin mit 1,87 Prozent angesetzt und $p(t)$ ebenfalls auf das Jahr $t = 1950$ bezogen wird; man vergleiche dann den Grenzwert mit der Erdbevölkerungszahl heute. Wir erkennen nun, wie empfindlich solche Vorhersagen gegen kleine Änderungen in den Modellannahmen sind – eine Prognose, die auf so »wenig robusten« Modellen beruht, ist dann auch wenig seriös!

Wir haben in diesem Modell noch nicht berücksichtigt, daß die Geburtenrate stärker von der Anzahl der Frauen als von der Anzahl der Männer abhängt und daß Altersgruppen eine nicht zu unterschätzende Rolle spielen. Wir haben nicht berücksichtigt, daß es Populationen gibt, die besonders anfällig für Epidemien sind und deshalb periodisch zwischen zwei Werten schwanken können, usw. Man kann viele Verbesserungen einbauen – die kurzfristigen Prognosen werden dadurch besser, langfristige bleiben äußerst fragwürdig.

Der Hecht im Karpfenteich

Den bisher diskutierten Modellen war die Annahme gemeinsam, daß die Lebewesen im wesentlichen sich selbst überlassen sind, daß außer Geburt und Tod weder eine Zuwanderung noch eine Abwanderung der Gruppe stattfindet, wie das ja bei der Erdbevölkerung auf unserem Planeten bisher der Fall war. Wie aber können wir das Wachstumsverhalten einer Gruppe von Lebewesen beschreiben, die sich mit anderen, mit feindlichen Gruppen auseinanderzusetzen hat?

Wir kommen wieder auf das Wachstumsverhalten unserer Karpfen und Hechte in einem See zurück, auf dem und an dem darüber hinaus noch Angler ihrem Vergnügen nachgehen. Wie sollen sich die Angler verhalten, damit sie möglichst viele Karpfen angeln können? Natürlich gehen wir davon aus, daß sich das Verhalten der Hechte nicht ändert – »Bekehrungen«, wie im folgenden Gedicht von Christian Morgenstern (1871-1914), werden ausgeschlossen.

Ein Hecht, vom Heiligen Sankt Anton
bekehrt, beschloß samt Frau und Sohn
am vegetarischen Gedanken
moralisch sich emporzuranken.

Er aß seit jenem nur noch dies:
Seegras, Seerose und Seegries.
Doch Grieß, Gras, Rose floß, o Graus,
entsetzlich wieder hinten aus.

Der ganze Teich ward angesteckt.
Fünfhundert Fische sind verreckt.
Doch Sankt Anton, gerufen eilig,
sprach nichts als: »Heilig! heilig! heilig!«

Bleiben wir bei den unheiligen Hechten und kommen zu den gestellten Fragen zurück. Um auf sie eine Antwort geben zu können, teilen wir alle Fische im See zunächst einmal in zwei Gruppen ein, zum einen in die Gruppe y der Raubfische und zum anderen in die Gruppe x der Beutefische; dabei braucht die Gruppe der letzteren durchaus nicht nur aus Karpfen zu bestehen – mit $x(t)$ bzw. $y(t)$ bezeichnen wir die Anzahl der Beute- bzw. Raubfische zur Zeit t. Der See soll groß genug sein, so daß die Fische genügend Lebensraum haben, die Fischpopulation im Verhältnis zur Größe des Sees nicht sehr dicht ist; pflanzliche Nahrung sei im Überfluß vorhanden, die Beutefische müssen dann nicht nennenswert um die Nahrung konkurrieren. Wären nun keine Raubfische im See vorhanden, dann könnten sich die anderen ungefährdet dem Gesetz von Malthus entsprechend vermehren. In diesem Fall wäre die Gleichung $x'(t) = \alpha \cdot x(t)$, wobei α eine positive Konstante ist, ein einfaches und adäquates Modell.

Nun aber leben Raubfische in dem See, und es finden für die »Speisefische« leider tödliche Kontakte mit jenen statt. Die Anzahl dieser Kontakte pro Zeiteinheit ist proportional zu $x(t) \cdot y(t)$. Daher beschreibt die modifizierte Gleichung

$$x'(t) = \alpha \cdot x(t) - \beta x(t) \cdot y(t), \; \alpha, \beta \text{ positive Konstanten,}$$

das Wachstumsverhalten der Beutefische. Wie aber ist das Wachstumsverhalten der Raubfische? Ihr Wachstum hat, wie die Gleichung zeigt, ja einen Einfluß auf die Vermehrung oder Verminderung der Beutefische. Sie selbst würden aussterben ohne Beute, ihre Wachstumsrate wäre negativ, und wir bezeichnen sie mit $-\gamma$, wobei γ selbst positiv ist. Ihre Lage verbessert sich durch Kontakte mit den Beutefischen; diese Kontakte sind wiederum proportional zu $x(t) \cdot y(t)$. Somit beschreibt die Gleichung

$$y'(t) = -\gamma y(t) + \delta x(t)y(t), \; \gamma, \delta \text{ positive Konstanten,}$$

das Wachstumsverhalten der Hechte; aber auch dieses hängt von der Population der Beutefische ab. *Beide Gleichungen* gehören also zusammen:

$$x'(t) = \alpha \cdot x(t) - \beta x(t) \cdot y(t)$$
$$y'(t) = -\gamma \cdot y(t) + \delta x(t) \cdot y(t)$$

, wobei $\alpha, \beta, \gamma, \delta$ positive Konstanten sind.

Dieses System von (zwei) *Differentialgleichungen* beschreibt die Wechselwirkung zwischen Raubfischen und Beutefischen, wenn nicht geangelt wird.

Wiederum besteht die (mathematische) Aufgabe darin, Funktionen x(t) und y(t) zu finden, die beide Gleichungen zugleich erfüllen. Natürlich sind x(t) = 0 und y(t) = 0 Lösungen dieses Systems, aber uninteressant, weil sie bedeuten, daß weder Beutefische noch Raubfische in dem See leben. Aber auch x(t) = γ/δ und y(t) = α/β sind Lösungen dieses Systems. (Wir hoffen, Sie haben wieder Bleistift und Papier zur Hand und prüfen dies durch Einsetzen nach.) Diese Lösungen besagen, daß zu jeder Zeit die gleiche Anzahl (nämlich γ/δ) von Speisefischen und die gleiche Anzahl (nämlich α/β) von Raubfischen im See leben, also ein Gleichgewicht zwischen diesen Gruppen herrscht. – Konstante Lösungen eines Differentialgleichungssystems werden auch *Gleichgewichte* oder *Gleichgewichtslösungen* des Differentialgleichungssystems genannt. – Dieses System besitzt aber auch noch die nichtkonstanten Lösungen x(t) = $x_0 \cdot$ exp(αt), y(t) = 0 bzw. x(t) = 0, y(t) = $y_0$exp(-γt), wobei x_0 und y_0 beliebige positive Konstanten sein können. Was bedeuten diese Lösungspaare in bezug auf unsere Beutefische und Raubfische?

Wir haben einige sehr spezielle Lösungen des Differentialgleichungssystems gefunden, wir möchten aber natürlich möglichst alle Lösungen finden, zumal die bisher gefundenen recht uninteressant sind.

Um uns Lösungen zu veranschaulichen, tragen wir für jedes t den Punkt (x(t), y(t)) in der xy-Ebene ein. Durchläuft t einen bestimmten Zeitraum, so durchlaufen die Punkte eine Kurve in dieser Ebene, die wir *Phasenbahn der Lösung* nennen. Die Phasenbahn gibt uns Information über alle vorkommenden Zustände, sagt aber nichts über die zeitliche Reihenfolge und die Geschwindigkeit, in der diese Zustände angenommen werden. Der Graph der Lösung, also die Menge aller Punkte (t, x(t), y(t)), enthält mehr Informationen, ist aber weniger anschaulich. Die Phasenbahn ist die Projektion des Graphen in die xy-Ebene, die man auch *Phasenebene* nennt.

Wie sehen denn nun die Phasenbahnen der drei bereits gefundenen Lösungen aus? Die Phasenbahn der Lösung x(t) = 0, y(t) = 0 besteht aus einem einzigen Punkt, dem Nullpunkt (0, 0); ebenso besteht die Phasenbahn der Lösung x(t) = γ/δ, y(t) = α/β aus nur

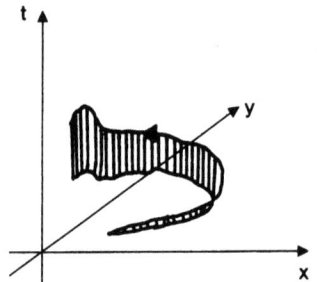 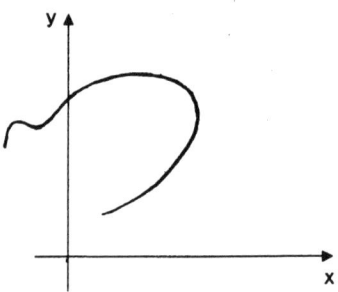

Graph einer Lösung
$x = x(t)$, $y = y(t)$

zugehörige Phasenbahn

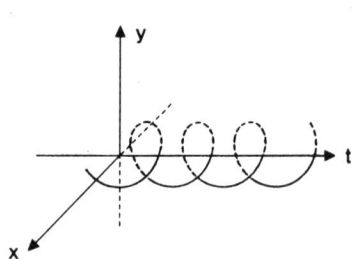 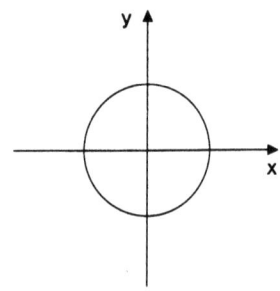

Graph der Lösung $x = \cos t$, $y = \sin t$

zugehörige Phasenbahn

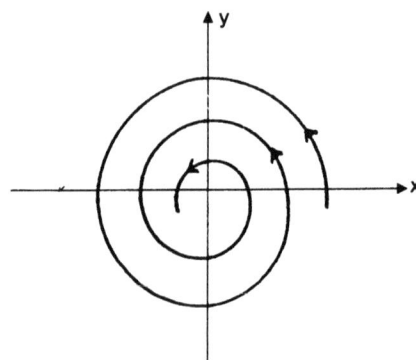

Phasenbahn von $x = e^{-t}\cos t$, $y = e^{-t}\sin t$

einem Punkt, dem (Gleichgewichts-)Punkt $P = P(\gamma/\delta, \alpha/\beta)$. Dagegen liegt die Phasenbahn der Lösung $x(t) = x_0 \exp(\alpha t)$, $y(t) = 0$ auf der x-Achse, und die Phasenbahn der Lösung $x(t) = 0$, $y(t) = y_0 \exp(-\gamma t)$ auf der y-Achse.

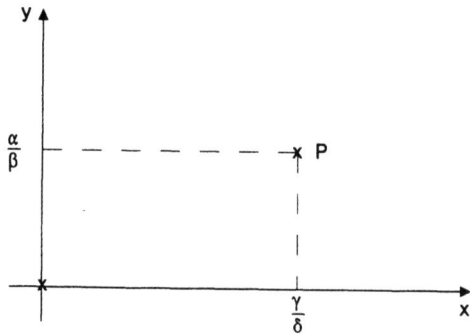

Einer der Gründe, warum man nicht die Lösung selbst betrachtet, sich vielmehr mit ihrer Phasenbahn zufrieden gibt, liegt in der Möglichkeit, diese Bahn zu berechnen, ohne die Lösung selbst kennen zu müssen. So erhalten wir für Lösungen $x \neq 0$, $y \neq 0$ unseres Gleichungssystems, das die Wechselbeziehung zwischen den Raubfischen und den Beutefischen beschreibt, als Phasenbahnen die Lösungskurven der folgenden *einzigen* Differentialgleichung

$$\frac{dy}{dx} = \frac{-\gamma y + \delta xy}{\alpha x - \beta xy} = \frac{(-\gamma + \delta x)y}{(\alpha - \beta y)x},$$

für deren Lösung man nach einiger Rechnung die Beziehung

$$\frac{y(t)^\alpha}{e^{\beta y(t)}} \cdot \frac{x(t)^\gamma}{e^{\delta x(t)}} = \text{konstant} > 0$$

erhält. Damit kann man nachweisen, daß für jede Lösung $x = x(t)$, $y = y(t)$ des betrachteten Differentialgleichungssystems, die mit positiven Werten $x(0)$, $y(0)$ startet, die Phasenbahn eine *geschlossene* Kurve ist und die in der folgenden Abbildung beschriebene Form hat:

168 Der Rohstoff für die Bildung von Modellen

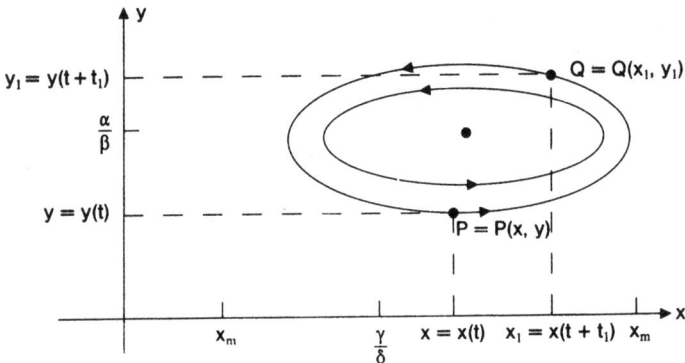

Was aber haben diese geschlossenen Phasenbahnen mit dem Wachstum unserer Karpfen und Hechte zu tun? Zu einem gewissen Zeitpunkt t leben $x = x(t)$ Beutefische und $y = y(t)$ Raubfische im See; dies entspricht dem Punkt $P = P(x, y)$ auf der (äußeren) Phasenbahn. Etwas später, zur Zeit $t + t_1$, leben $x_1 = x(t + t_1)$ Beutefische und $y_1 = y(t + t_1)$ Raubfische; dies entspricht dem Punkt $Q = Q(x_1, y_1)$ auf dieser Phasenbahn. Wenn wir auf dieser Phasenbahn weitergehen, gelangen wir schließlich wieder zum Punkt $P = P(x, y)$; das heißt, nach einer gewissen Zeit T haben wir wieder denselben Zustand erreicht, da $x(t) = x(t + T)$ und $y(t) = y(t + T)$. Für jede Lösung $x = x(t)$, $y = y(t)$ (mit $x(0) > 0$ und $y(0) > 0$) gibt es eine Periode $T > 0$, für die $x(t) = x(t + T)$ und $y(t) = y(t + T) - x(t)$, $y(t)$ sind also *periodische* Funktionen. Die Annahmen $x(0) > 0$ und $y(0) > 0$ sind natürlich vernünftig, da sie ja nichts anderes besagen, als daß am Anfang sowohl Beutefische als auch Raubfische in dem See vorhanden sind. Die Periodizität der Lösung $x = x(t)$, $y = y(t)$ liefert uns dann die Information, daß die Anzahl der Beutefische und die der Raubfische nach der Zeit T genauso groß sein wird wie am Anfang und daß danach die Veränderung beider Populationen sich genauso verhalten wird, wie sie von Beginn bis zur Zeit T gewesen ist, wenn ... ja wenn sich keine weiteren Einflüsse bemerkbar machen, insbesondere also auch nicht geangelt wird.

Man kann noch nachweisen, daß im Mittel während eines Jahres der Anteil der Speisefische gerade $\bar{x} = \gamma/\delta$ und der Anteil der Raubfische gerade $\bar{y} = \alpha/\beta$ beträgt, mit anderen Worten, die Mittelwerte von $x(t)$ und $y(t)$ sind gerade die Gleichgewichte γ/δ und α/β.

Vielleicht werden jetzt die Angler unter den Lesern fragen: »Ihr Mathematiker erklärt mir, daß, wenn ich fünfhundert Karpfen und zehn Hechte in einem See ohne Fische aussetze, nach einer gewissen Zeit wiederum fünfhundert Karpfen und zehn Hechte in dem See leben, egal, wie die Fische sich vermehren? Ich habe doch die Fische ausgesetzt, damit sie sich vermehren und ich um so mehr angeln kann. Darf ich denn überhaupt angeln, wird dadurch der Bestand nicht gefährdet?«

Nun, wir wollen jetzt auch einmal die Auswirkungen des Anglers mit in unsere Überlegungen für ein Modell einbeziehen. Wenn wir angeln und dabei erfolgreich sind, wird sich die Zahl der Beutefische mit einer Rate $\varepsilon \cdot x(t)$ und die der Raubfische mit einer Rate $\varepsilon \cdot y(t)$ vermindern, vorausgesetzt, wir angeln über einen gewissen Zeitraum mit gleicher Intensität und beide Fischsorten beißen mit gleicher Wahrscheinlichkeit an. Die neue Situation wird dann durch das System der beiden modifizierten Differentialgleichungen beschrieben:

$$x'(t) = \alpha x(t) - \beta x(t) y(t) - \varepsilon x(t) = (\alpha - \varepsilon) x(t) - \beta x(t) y(t)$$
$$y'(t) = -\gamma y(t) + \delta x(t) y(t) - \varepsilon y(t) = -(\gamma + \varepsilon) y(t) + \delta x(t) y(t)$$

Für $\alpha - \varepsilon > 0$ ist dieses System von derselben Gestalt wie das anfangs beschriebene System, nur daß anstelle von α jetzt $\alpha - \varepsilon$ und anstelle von γ jetzt $\gamma + \varepsilon$ steht. Aus diesem Grunde sind die Mittelwerte von Lösungen $x = x(t)$, $y = y(t)$ mit $x(0) > 0$, $y(0) > 0$ in diesem Fall

$$\bar{x} = \frac{\gamma + \varepsilon}{\delta} \text{ und } \bar{y} = \frac{\alpha - \varepsilon}{\beta}.$$

Was können wir denn aus diesen Ergebnissen ablesen und eventuell an Empfehlungen dem Angler mitgeben? Die Bedingung $\alpha - \varepsilon > 0$, das heißt $\alpha > \varepsilon$, besagt, daß nicht zu intensiv geangelt werden soll, damit der Bestand der Hechte nicht gefährdet ist. Ein intensives Angeln, das heißt $\varepsilon < \alpha$, aber ε nahe bei α, erhöht im Durchschnitt die Anzahl der Beutefische deutlich, denn $\frac{\gamma + \varepsilon}{\delta} > \frac{\gamma}{\delta}$, und es vermindert beträchtlich die durchschnittliche Anzahl der Raubfische, denn $\frac{\alpha - \varepsilon}{\beta} \approx 0$. Wenig Angeln dagegen, das heißt sehr kleines, fast verschwindendes ε, läßt die Zahl der Speisefische und die der Raubfische im Durchschnitt fast unverändert. Unser Rat an die Angler deshalb: Geht ruhig eurem Hobby nach, aber übertreibt es nicht, sonst verschwinden die Hechte völlig. (Bei unterschiedlicher Bißrate gibt es dann unterschiedliche Strategien, je nachdem, ob man lieber Karpfen oder Hechte ißt. Vielleicht schmecken auch Karpfen in hechtfreien Seen schlechter – sie haben zu wenig Streß!)

Dieses Ergebnis wurde in der Tat von dem italienischen Biologen Umberto D'Ancona (1896–1964) im Verlaufe seiner Forschungen über den Wechsel der zahlenmäßigen Verteilung verschiedener Fischarten beobachtet, als ihm auffiel, daß während des Ersten Weltkrieges der Prozentsatz an Haien besonders stark anwuchs im Vergleich zu der Zeit vor und nach dem Kriege, während aber zu derselben Zeit sich die Speisefische prozentual nicht so stark vermehrten. Er konnte sich nicht erklären, warum die Einschränkung des Fischereibetriebes während des Krieges die Raubfische mehr begünstigte als ihre Beute. Deshalb wandte er sich an den bekannten italienischen Mathematiker Vito Volterra (1860–1940), der das eben beschriebene Modell entwickelte und somit D'Anconas Problem vollständig lösen konnte. [48], [50], [51].

Der kürzeste Weg ist nicht immer der beste

Oft im täglichen Leben sehen wir uns vor die Frage gestellt, welches die beste Lösung eines Problems ist und was im schlimmsten Falle passieren könnte! Wir interessieren uns für die optimale Strategie, den Profit, den Erfolg oder das Vergnügen zu maximieren und Verluste, Mißerfolg oder Unbehagen zu minimieren. Wie kann man mit möglichst geringem Aufwand das Bestmögliche herausholen? – eine nicht nur bei Schülern beliebte Fragestellung. Wie muß etwa ein Boot geformt sein, damit es einen möglichst geringen Wasserwiderstand besitzt, wie muß ein Auto aussehen, damit in ihm immer fünf Personen bequem sitzen können und der Luftwiderstand möglichst klein ist? Wie kommen wir mit dem Auto auf dem *kürzesten Weg* von Worms nach Kaiserslautern? Benutzen wir auch dann dieselbe Strecke, wenn wir in *kürzester Zeit* von Worms nach Kaiserslautern gelangen wollen – schließlich gibt es ja Geschwindigkeitsbeschränkungen, die einzuhalten sind? Wie muß ein Behälter aussehen, wenn in ihn möglichst viel Sand hineingeschaufelt werden soll, wir aber nur über eine bestimmte Menge an Material zur Herstellung des Behälters verfügen? Alles Fragen, vor die wir so oder in ähnlicher Form immer wieder gestellt werden.

Im 17. Jahrhundert, als Newton und Leibniz den Infinitesimalkalkül entwickeln, rücken auch Untersuchungen von Maxima und Minima immer mehr in den Mittelpunkt. Allgemeine Methoden zu ihrer Bestimmung werden entwickelt, so daß schließlich eine neue mathematische Disziplin entsteht, heute bekannt unter dem Namen *Variationsrechnung* – wir haben schon im dritten Kapitel ein Beispiel dafür beschrieben. Diese Disziplin ist eng verbunden mit dem Namen dreier Schweizer Mathematiker, von Jakob Bernoulli (1654–1705), seinem Bruder Johann Bernoulli (1667–1748) und dessen berühmtem Schüler Leonhard Euler sowie mit dem Namen Joseph Louis Lagrange (1736–1813), einem französischen Mathematiker. Sie untersuchen Fragen der angeschnittenen Art auf systematische Weise, und dabei wird immer deutlicher, daß viele physikalische Gesetze durch ein Minimum- oder Maximumprinzip in adäquater Form beschrieben werden können.

Der Name Bernoulli ist in der Geschichte der Mathematik untrennbar verbunden mit der Etablierung des Infinitesimalkalküls von Leibniz. Die Familie Bernoulli erinnert an das vergleichbare Dynastiephänomen der Musikerfamilie Bach, und kein Geringerer als Friedrich der Große bezeichnet »Mathematik treiben« mit »bernoullisern«. Mathematische Begriffe wie *Bernoullische Zahl, Bernoullisches Theorem* usw. sind fast immer mit dem Namen Jakob Bernoulli verbunden. *Jakob I.* studiert Philosophie und Theologie und – gegen den Willen seines Vaters – auch Mathematik und Astronomie, hält von 1683 an Vorlesungen an der Universität seiner Heimatstadt Basel, gibt Descartes' *Geometrie* neu heraus und erhält 1687 schließlich den Lehrstuhl für Mathematik an dieser Universität. Von 1690 an beschäftigt er sich besonders mit Problemen der Infinitesimalrechnung, wobei ihm einige bahnbrechende Ergebnisse gelingen, unter anderem die Lösungen der nach ihm benannten *Bernoullischen Differentialgleichung* und des *isoperimetrischen Problems* der Variationsrechnung.

Sein Bruder *Johann I.*, der ursprünglich Kaufmann werden soll, aber mehr an der Mathematik interessiert ist und lieber die Vorlesungen seines zwölf Jahre älteren Bruders hört, beschäftigt sich ebenfalls mit der Infinitesimalrechnung und studiert vor allem die Schriften von Leibniz, mit dem er von 1693 an einen regen Briefwechsel führt. 1695 übernimmt er eine Professur für Mathematik in Groningen, kehrt aber 1705, nach dem Tode Jakobs, nach Basel zurück, um dessen vakant gewordenen Lehrstuhl anzutreten. Johann hat das Glück, seinen Bruder fast um das Doppelte zu überleben und somit viele später berühmt gewordene Klassiker des 18. Jahrhunderts zu seinen Schülern zählen zu können. Einer von ihnen ist Leonhard Euler, der ihn sowohl an Quantität wie Qualität der Arbeiten noch weit übertreffen soll. Eulers Lehrer heißt zwar Johann Bernoulli, aber im Grunde gibt dieser nur Jakobs Mathematik weiter, denn alle wesentlichen mathematischen Ansätze Eulers – außer vielleicht jene der analytischen Zahlentheorie – gehen auf Jakob Bernoulli zurück.

Johanns Sohn *Daniel I.* (1700–1782) beginnt bereits mit dreizehn Jahren ein Studium der Philosophie und Logik und wird von seinem Vater und seinem älteren Bruder *Niklaus II.* (1695–1726) in Mathematik unterrichtet. 1721 schließt er sein Medizinstudium ab, folgt seinem Bruder nach Venedig, wo er 1724 seine *Exercitationes mathematicae* veröffentlicht. Daraufhin wird er ein Jahr später an die Akademie der Wissenschaften in Petersburg berufen, wo er von 1727 an mit Euler zusammenarbeitet. Mehr als mathematische interessieren ihn physikalische Probleme; er kehrt 1733 in seine Heimat zurück und schließt dort sein Hauptwerk, die *Hydrodynamica*, 1738 ab. Gleichzeitig übernimmt er den Lehrstuhl für Anatomie und Botanik und später (1750) dann den Lehrstuhl für Physik an der Universität Basel, den er bis 1776 innehat.

Daß die Bernoullis über ein Jahrhundert lang die Mathematik in Europa beeinflussen, mag auch ihr Stammbaum auf der nächsten Seite verdeutlichen [52, S. 327].

Leonard Euler, den sein Lehrer Johann Bernoulli 1745 als den »Fürsten unter den Mathematikern« bezeichnet, wird am 15. April 1707 als Sohn des reformierten Pfarrers Paul Euler zu Riehen bei Basel geboren. Schon früh entwickelt sich seine außergewöhnliche Erfindungskraft: Er besucht mit dreizehn Jahren die Universität, wo er zunächst Philosophie und Theologie, bald jedoch bei Johann I. Bernoulli Mathematik studiert. Mit seiner Dissertation über den Schall (1727) bewirbt er sich um die eben frei gewordene Physikprofessur in Basel, wird aber wegen seiner Jugend nicht in Betracht gezogen. Dies ist sein Glück, denn er folgt in demselben Jahr den Brüdern Niklaus II. und Daniel I. Bernoulli nach St. Petersburg an die unter Peter dem Großen (1672–1725) gegründete Akademie. Bis 1730 wirkt Euler in diesem geistigen Zentrum der russischen Aufklärung als Assistent, danach als Professor der Physik; 1733 wird ihm die mathematische Professur mit allen Neben-

Der kürzeste Weg ist nicht immer der beste 173

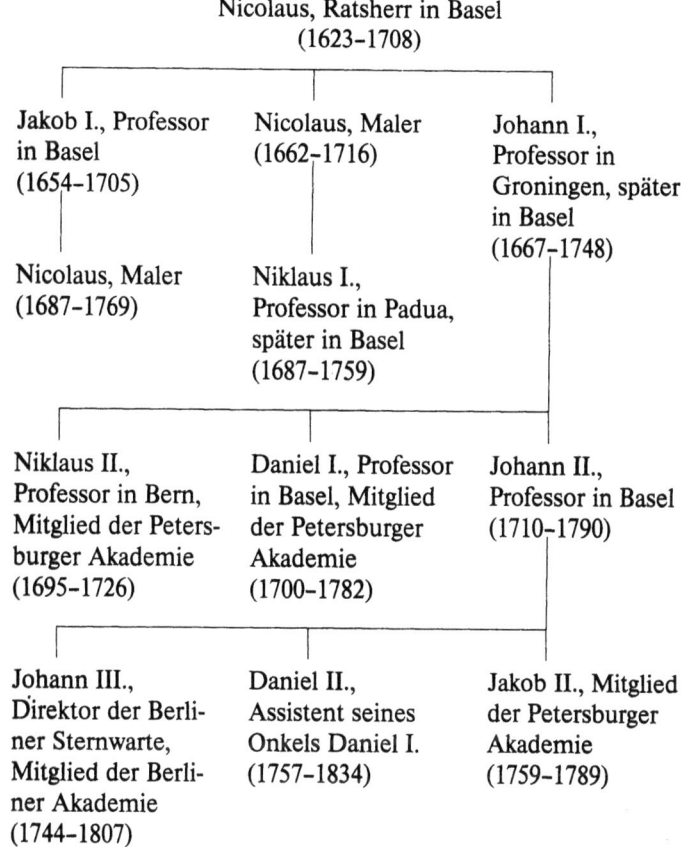

ämtern übertragen. Eulers Anteil am Aufbau der Akademie ist unschätzbar groß, seine rein wissenschaftliche Produktion in der ersten Petersburger Periode geradezu gewaltig: Bis zu seinem Weggang 1741 nach Berlin verfaßt er gegen hundert Arbeiten, darunter sein Hauptwerk der »ersten Petersburger Periode«, die 1736 gedruckte zweibändige *Mechanica*, die erste »analytische Mechanik« in der Geschichte der Wissenschaften. In Berlin gilt es, die von Friedrich II. gegründete Preußische Akademie der Wissenschaften mit aufzubauen; er wirkt dort fünfundzwanzig Jahre, ab 1744, als Direktor der mathematischen Klasse und seit dem Tod des ersten Akademiepräsidenten Pierre-Louis de Moreau de Maupertius als eigentlicher Leiter der ganzen Akademie, ohne von Friedrich II. zum Präsidenten ernannt worden zu sein. In der Berliner Periode entstehen neben Hunderten von Abhandlungen die Bücher über Variationsrechnung (*Methodos,* 1744), Funktionentheorie (*Introductio,* 1748), Differentialrechnung (1755) sowie die »zweite Mechanik« (*Theoria motus,* 1765). Das gestörte Verhältnis Friedrichs zur Mathematik und zu Euler erleichtert Euler 1766 die Annahme eines Rufes der Kaiserin Katharina II. (1729–1796) zurück nach St. Petersburg. Obwohl er im selben Jahr erblindet, steigert er seine wissenschaftliche Produktion ins Unvorstellbare: Von seinen rund neunhundert Abhandlungen und Büchern, darunter die *Integralrechnung,* die *Dioptrica* und die *Vollständige Anleitung zur Algebra* – die ungefähr dreitausend heute bekannten Briefe nicht mitgerechnet – stammt etwa die Hälfte aus dieser zweiten Petersburger Periode. Am 18. September 1783 stirbt Euler in St. Petersburg an den Folgen eines Schlaganfalls.

Leonhard Euler Historia-Photo

Wir wollen jetzt aber zu den Extrema zurückkehren und die mathematische Grundidee bei der Suche nach Maxima und Minima anhand eines Bildes verdeutlichen: Es ist Nacht und sehr dunkel draußen, Wolken verdecken den Mond und die Sterne, auch sonst ist kein Licht zu sehen, und wir suchen unseren Weg durch eine sehr hügelige Landschaft. Zum Glück haben wir eine Taschenlampe dabei, die uns den Weg unmittelbar vor uns ausleuchtet. Natürlich wollen wir die höchsten Stellen in der Umgebung erklimmen in der Hoffnung, von dort in weiterer oder näherer Entfernung Lichter von Häusern oder gar Ortschaften entdecken zu können. Wie könnten wir vorgehen? Nun, wir könnten loswandern, wir würden spüren, ob wir bergab oder bergauf gehen, und wir würden Stellen finden, von denen aus wir nicht mehr bergauf gehen könnten, egal, in welche Richtung wir uns wenden. Wir würden sagen, daß wir einen Hochpunkt erreicht haben. Hätten wir eine lange Latte und eine Wasserwaage, die wir darauflegen könnten, so würden wir mit Hilfe der Taschenlampe feststellen, daß die Latte an dieser Stelle immer waagerecht liegt, egal in welche Richtung wir sie drehen.

Prinzipiell könnten wir so alle Gipfel in der Umgebung finden, vorausgesetzt natürlich, daß die Bodenoberfläche einigermaßen glatt ist und nicht zu bizarre Formen besitzt. Würden wir an einem Punkt die Wasserwaage nur in einer Richtung auslegen und dabei feststellen, daß sie waagerecht liegt, so könnten wir auf diese Weise auch Bergpässe (Sattel) ausfindig machen.

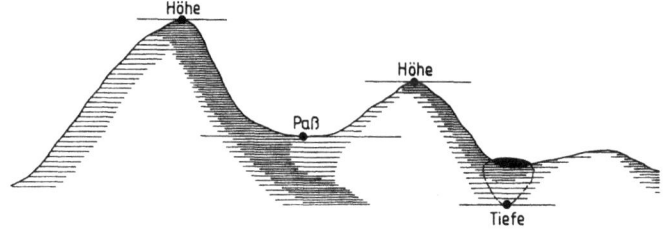

Die Idee mit der horizontalen Waage (= Tangente) wird also dazu benutzt, diejenigen Stellen auszusortieren, die mit Sicherheit keine Bergspitzen sein können; denn überall dort, wo die Tangente (= Waage) nicht horizontal ist, kann ja kein Maximum vorliegen.

Ähnlich geht der Mathematiker beim Auffinden von Extrema, das heißt Maxima oder Minima, vor: Er konstruiert sich ein dem Problem angepaßtes »mathematisches Gebirge«, benutzt eine mathematische Strategie, diejenigen Stellen herauszufinden, in denen ein Maximum oder ein Minimum vorliegen könnte. Die Beschreibung eines geeigneten Gebirges kann mit Hilfe einer Gleichung, seine Maxima und Minima mit Hilfe von Differentialgleichungen (Euler-Lagrange-Gleichungen) geschehen. Die Lösung, das heißt das Auffinden von Maxima und Minima, ist in vielen Fällen keineswegs einfach.

Vielleicht erkennen wir jetzt deutlicher, wieso die Ableitung einer Funktion von so entscheidender Bedeutung ist. Eine Kurve kann nämlich nur in solchen Punkten, die nicht zum Rand des Definitionsbereiches gehören, ein Maximum oder ein Minimum besitzen, in denen die Tangente horizontal, parallel zur x-Achse, ist, sie also keine Steigung besitzt. Mit anderen Worten: Sehen wir von den Punkten am Rand des Definitionsintervalls ab, in denen natürlich auch ein Maximum oder Minimum vorliegen kann (und oft auch vorliegen wird), so gilt in einem Punkt x, in dem die Funktion f einen Extremwert hat, die Gleichung f'(x) = 0. Daß aber nicht in jedem Punkt x, für den f'(x) = 0 gilt, ein Maximum oder Minimum vorliegen muß, zeigt in dem Bild der Punkt x_5.

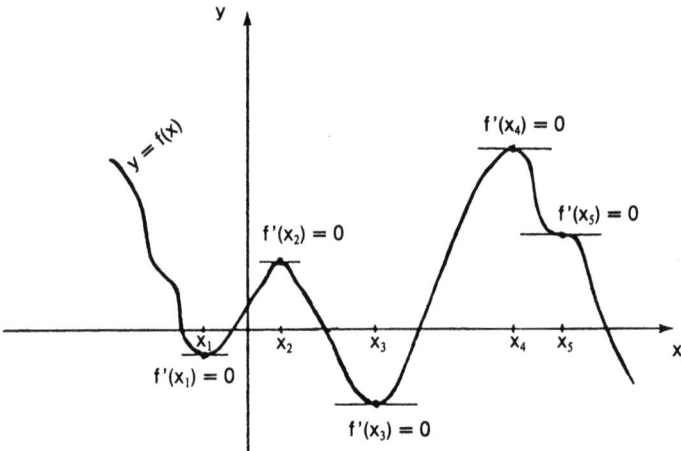

Maximum- und Minimumeigenschaften – kurz: Extremaleigenschaften – sind schon seit der Antike bekannt. So weiß bereits Heron von Alexandria (1. Jh.), daß Licht immer den kürzesten Weg zurücklegt und daß deshalb bei der Reflexion des Lichtes an einem ebenen Spiegel der Einfallswinkel gleich dem Reflexionswinkel ist.

Mathematisch läßt sich diese Aussage wie folgt beschreiben: Zwei Punkte A und B liegen auf einer Seite einer Geraden g, aber nicht auf der Geraden selbst: Für welchen Punkt P auf der Geraden ist dann die Strecke $\overline{AP}+\overline{PB}$ von A nach P und anschließend von P nach B am kürzesten?

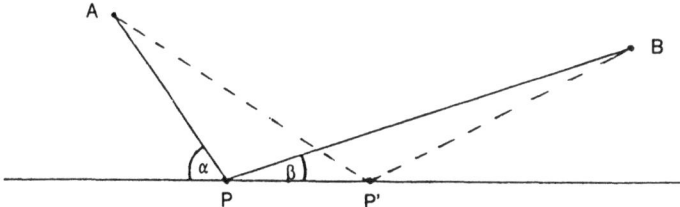

Wenn g ein Flußufer markieren würde und wir müßten von A nach B laufen und zwischendurch noch einen Eimer Wasser schöpfen, dann würden wir uns derselben Aufgabe gegenübersehen. Herons Antwort ist die Empfehlung, auf einer geraden Linie von A nach P und anschließend auf einer geraden Linie von P nach B zu gehen und dabei den Punkt P, die Wasserstelle, so zu wählen, daß der Winkel α gleich dem Winkel β ist. Man versuche einmal selbst, Herons Behauptung zu beweisen.

Der folgende geometrische Sachverhalt, den wir später noch einmal verwenden wollen, ist eng verbunden mit Herons Problem: Wir haben ja gesehen, daß die Strecken $\overline{AP}$ und $\overline{PB}$ denselben Winkel mit der Geraden g bilden, wenn der Punkt P derjenige Punkt auf der Geraden ist, bei dem die Länge der Gesamtstrecke $\overline{AP}+\overline{PB}$ minimal wird; diese Länge betrage nun a. Wollen wir alle Punkte R in der Ebene bestimmen, so daß die Länge der Strecken $\overline{AR}+\overline{RB}$ ebenfalls a beträgt, dann liegen alle diese Punkte auf einer Kurve, nämlich auf der Ellipse mit den beiden Brennpunkten A und B. Außerdem ist die Gerade g genau die Tangente an diese Kurve (= Ellipse) im Punkt P. Das bedeutet, daß jedes Licht, das von einem Brennpunkt einer Ellipse ausgestrahlt und an der Ellipse reflektiert wird, durch den anderen Brennpunkt gehen muß.

Auch die Beugung eines Lichtstrahles kann mit Hilfe eines Extremalprinzips beschrieben werden. Circa 1700 Jahre nach Heron entdeckt Fermat im 17. Jahrhundert, daß das nach Willibrod Snellius van Royen (1580 od. 1591-1626) benannte Snellius-

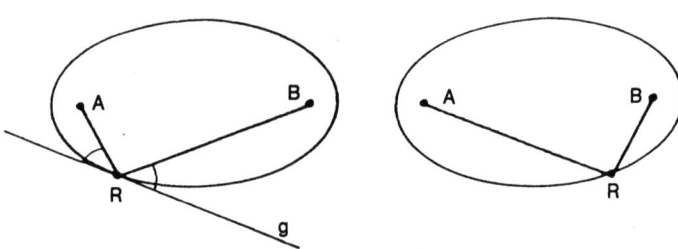

sche Brechungsgesetz des Lichtes ebenfalls mit Hilfe eines Minimumprinzips beschrieben werden kann: Das Licht legt den Weg zwischen den Punkten A und B in möglichst *kurzer Zeit* zurück.

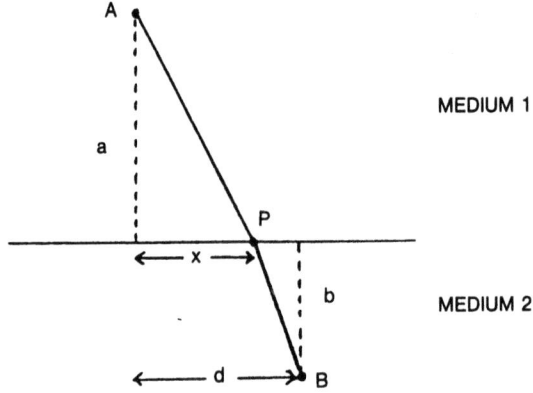

Ist die Ausbreitungsgeschwindigkeit des Lichtes im Medium 1 konstant, etwa v_1, im Medium 2 ebenfalls konstant, etwa v_2, dann beträgt die Zeit t_1, die das Licht im Medium 1 verbringt, gerade $t_1 = \frac{\overline{AP}}{v_1}$, da $v_1 = \frac{\overline{AP}}{t_1}$; ebenso beträgt die Zeit im Medium 2 gerade $t_2 = \frac{\overline{PB}}{v_2}$. Nach Pythagoras ist aber $\overline{AP}^2 = a^2 + x^2$ und $\overline{PB}^2 = b^2 + (d-x)^2$, also $\overline{AP} = \sqrt{a^2+x^2}$ und $\overline{PB} = \sqrt{b^2+(d-x)^2}$. Also beträgt die Gesamtzeit des Lichtes

$$t_1 + t_2 = \frac{\overline{AP}}{v_1} + \frac{\overline{PB}}{v_2} = \frac{\sqrt{a^2+x^2}}{v_1} + \frac{\sqrt{b^2+(d-x)^2}}{v_2}.$$

Diese Gesamtzeit hängt nur noch von der Lage des Punktes P, also nur von x, ab und ist somit eine Funktion von x, $f(x) = \frac{1}{v_1}\sqrt{a^2+x^2} + \frac{1}{v_2}\sqrt{b^2+(d-x)^2}$. Die Gesamtzeit $t_1+t_2 = f(x)$ soll minimiert werden. Die, wie wir gesehen haben, notwendige Bedingung f'(x)=0 (da x von $-\infty$ bis $+\infty$ variieren kann, gibt es keine Randpunkte; für $x \to \pm\infty$ strebt t_1+t_2 gegen $+\infty$, daher muß das Minimum im Innern sein) liefert

das heißt:
$$0 = \frac{x}{v_1\sqrt{a^2+x^2}} - \frac{d-x}{v_2\sqrt{b^2+(d-x)^2}} = \frac{x}{v_1 \cdot \overline{AP}} - \frac{d-x}{v_2 \cdot \overline{PB}},$$

$$\frac{\sin\alpha}{v_1} - \frac{\sin\beta}{v_2} = 0 \quad \text{oder} \quad \frac{\sin\alpha}{\sin\beta} = \frac{v_1}{v_2}.$$

Mit denselben Überlegungen läßt sich auch das Reflexionsgesetz von Heron nachweisen, wenn wir bedenken, daß bei gleichem Medium und damit bei gleicher konstanter Geschwindigkeit ($v_1=v_2$) die kürzeste Zeit ja auf der kürzesten Strecke benötigt wird.

Ein ähnliches Minimalproblem, das ebenfalls noch elementargeometrisch gelöst werden kann, stammt von Jakob Steiner (1796-1863). Er stellt die Aufgabe, drei Städte A, B und C durch ein Straßennetz so zu verbinden, daß die Gesamtlänge aller Straßen möglichst klein bleibt; dabei soll angenommen werden, daß keine Hindernisse zwischen den Städten liegen, die umfahren werden müßten, und daß die Gegend, in der die Städte liegen, eben ist. Dieselbe Aufgabe stellt sich, wenn sich drei Dörfer entschließen, eine gemeinsame Kläranlage zu bauen und den Standort dieser Kläranlage bestimmen wollen ausschließlich unter dem Gesichtspunkt, möglichst wenige Meter an Rohren verlegen zu müssen. Wie läßt sich dies nun mathematisch beschreiben?

Wir suchen zu gegebenen Punkten A, B und C in der Ebene einen Punkt P, und zwar so, daß die Summe der drei Strecken $\overline{AP}$, $\overline{BP}$ und $\overline{CP}$ insgesamt möglichst klein, also minimal, wird.

Die Lösung hängt davon ab, wie die Punkte A, B und C zueinander liegen. Denken wir uns die Punkte A, B und C als Eckpunkte eines Dreiecks und sind alle Winkel in diesem Dreieck kleiner als 120°, dann liegt der Punkt P innerhalb dieses Dreiecks, und zwar interessanterweise so, daß die Winkel APC, APB und BPC alle gleich sind und damit 120° betragen. Ist jedoch in dem gedachten Dreieck einer der Winkel 120° oder größer, etwa der bei C, dann stimmt P mit diesem Punkt, hier also mit C, überein.

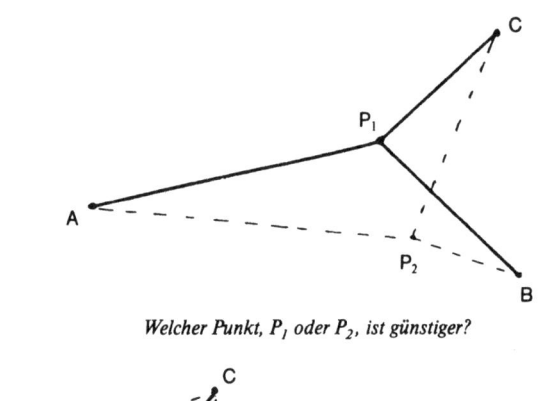

Welcher Punkt, P_1 oder P_2, ist günstiger?

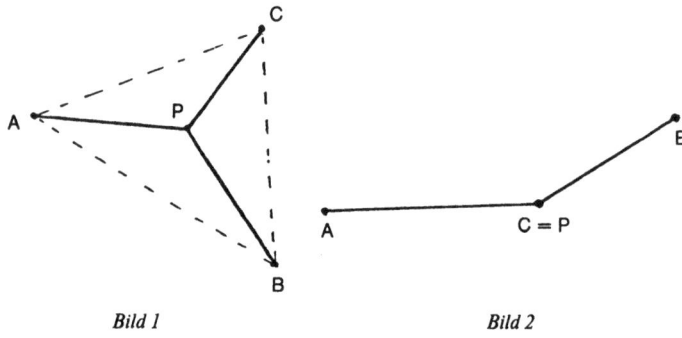

Bild 1   Bild 2

In Steiners Aufgabe werden 3 Punkte miteinander verbunden. Natürlich läßt sich dieses Problem auch auf 4, 5 oder allgemein auf n Punkte verallgemeinern, wobei n eine ganze Zahl größer als 3 ist. Für 4 Punkte, wie sie in dem nachfolgenden Bild angeordnet sind, ist der gesuchte Punkt P Schnittpunkt der beiden Diagonalen $\overline{A_1A_3}$ und $\overline{A_4A_2}$ in dem Viereck mit den Eckpunkten A_1, A_2, A_3 und A_4, eine nicht gerade spannende Verallgemeinerung des Problems von Steiner.

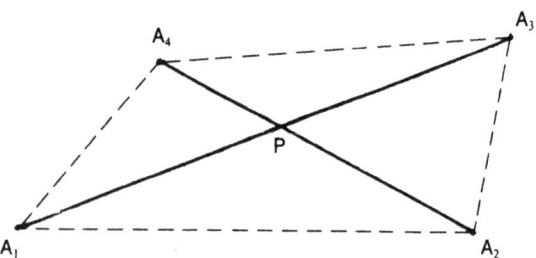

Eine viel interessantere Verallgemeinerung finden wir, wenn wir zum Beispiel ein Autobahnnetz mit möglichst geringer Straßenlänge bauen wollen, das drei oder mehr Städte untereinander verbinden soll. Die folgenden Bilder zeigen einige mögliche Lösungen.

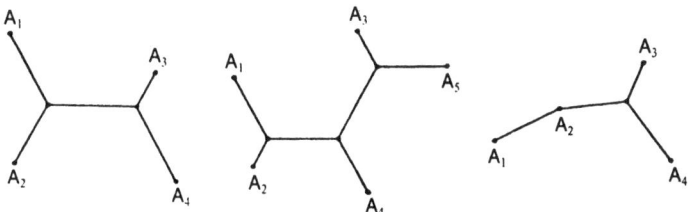

Die Lösungen eines Problems brauchen nicht mehr eindeutig zu sein, wie wir an 4 Punkten erkennen, die Eckpunkte eines Quadrates sind:

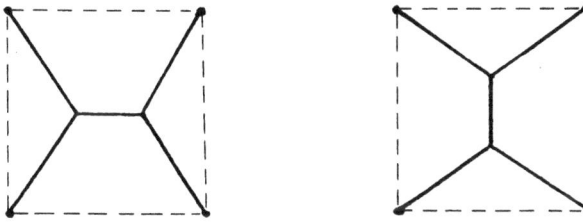

Diese Beispiele haben wir schon im vorigen Kapitel im Zusammenhang mit Symmetrien erwähnt.

Wenn wir zwei Städte, die sehr weit auseinanderliegen, auf dem kürzesten Weg miteinander verbinden wollen, dann müssen wir berücksichtigen, daß diese Städte auf der Erdoberfläche, also auf einer gekrümmten Fläche, liegen; wir suchen in diesem Fall dann die kürzeste Verbindung von zwei Punkten auf einer gekrümmten Oberfläche, eine typische Aufgabe in der Geodäsie. Wir erinnern uns, daß auch Gauß seine mathematischen Fähigkeiten bei Problemen der Geodäsie voll einsetzte, als er in den Jahren 1821 bis 1825 das Königreich Hannover vermessen sollte. Genaue geodätische Vermessungen werden zuerst im 17. und 18. Jahrhundert vorgenommen, angeregt durch das rein wissenschaftliche Interesse an der Gestalt der Erde; es handelt sich vor allem darum, den Streit, ob unser Planet ein abgeplattetes oder verlängertes Rotationsellipsoid sei, durch eine exakte Gradmessung zu entscheiden. Nach dem endgültigen Beweis der ersten Annahme beginnt im 19. Jahrhundert das genaue Studium der Erdgestalt im einzelnen, angeregt auch durch den Wunsch der Landesfürsten, eine exakte Vermessung ihrer Gebiete herzustellen. Gauß' Wirken hat auch hier so bestimmend auf alle Weiterentwicklungen der Vermessungswissenschaft eingewirkt, daß die Geodäten ihn ganz zu den ihren zählen.

Andere bekannte Extremalaufgaben bestehen darin, den kürzesten Weg zwischen einem Punkt und einer Kurve oder den kürzesten Abstand zwischen zwei Kurven zu finden. In diesen Fällen trifft die kürzeste Verbindungsstrecke jeweils senkrecht auf die Kurven.

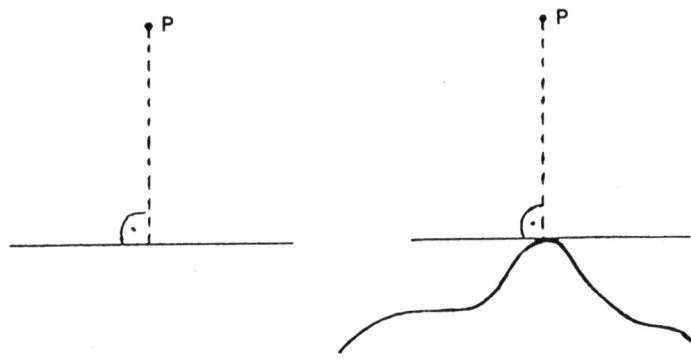

1696 stellt Johann Bernoulli als Herausforderung an andere Mathematiker folgendes Problem, heute bekannt als das *Brachystochronen-Problem:* Zu zwei gegebenen Punkten A und B in einer vertikalen Ebene bestimme man die Bahnkurve von A nach B, die ein beweglicher Punkt unter dem Einfluß der Erdanziehungskraft in möglichst kurzer Zeit durchläuft.

Wir können uns das so vorstellen: Ein Punkt A werde mit einem tiefer gelegenen Punkt B durch einen Draht verbunden; eine Perle, aufgesteckt auf den Draht, soll bei A starten und unter dem Einfluß der Schwerkraft den Draht hinab zum Punkt B gleiten; Reibung und Luftwiderstand sollen dabei nicht berücksichtigt werden. Wie muß der Draht geformt sein, damit die Perle in kürzester Zeit von A nach B gelangt? Wir können auch fragen: Wie muß eine Rutschbahn von A nach B geformt werden, damit man möglichst schnell von A nach B rutschen kann? Die Lösung besteht sicher nicht in der geraden Verbindungsstrecke von A nach B, sie ist auch kein Stück eines Kreisbogens, wie es 1638 Galilei annimmt. Aber wie muß dann dieser Draht gebogen werden?

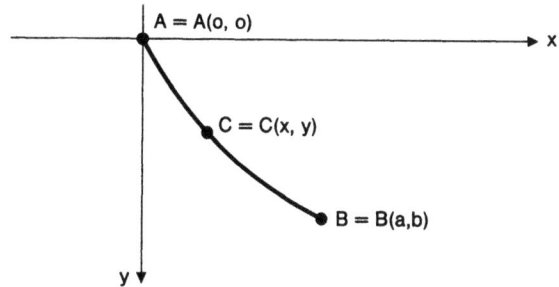

Um eine mathematische Beschreibung dieser Aufgabe zu finden, wählen wir ein Koordinatensystem mit dem Ursprung im Punkt A, so daß A die Koordinaten (0,0) hat und B etwa die Koordinaten (a,b). Ist $y = y(x)$ eine Kurve, die A mit B verbindet, so ist die Geschwindigkeit in einem Punkt $C = C(x,y)$ der Kurve gegeben durch $V = V(x,y(x)) = \sqrt{2gy(x)}$ – dabei sei g die Gravitationskonstante –, wenn die Perle mit der Geschwindigkeit 0 startet. Die Länge $L = L(x)$ der Kurve zwischen $A = A(0,0)$ und $C = C(x,y)$ ist

$$L(x) = \int_0^x \sqrt{1+(y'(s))^2}\, ds.$$

(Solche Formeln für die »Bogenlänge« einer Kurve gehören nicht unbedingt zum Schulstoff; man prüfe nach, daß für eine einfache Kurve, wie etwa eine Strecke oder einen Kreisbogen, das Richtige herauskommt.)

Beschreiben wir die von der Zeit abhängige Bewegung durch $x = x(t)$, $y = y(x(t))$, dann ergibt sich für die Geschwindigkeit auch

$$V = \frac{dL}{dt} = \sqrt{1+(y'(x))^2}\, \frac{dx}{dt};$$

daher ist $\sqrt{2gy(x)} = \sqrt{1+(y'(x))^2}\, \frac{dx}{dt}$. Für die Zeit, die die Perle benötigt, um von A nach B zu kommen, gilt schließlich

184 Der Rohstoff für die Bildung von Modellen

$$T = \int_0^a \left(\frac{dt}{dx}\right) dx$$

und damit

$$T = T(y) = \int_0^a \sqrt{\frac{1+(y'(x))^2}{2gy(x)}}\, dx.$$

Die Zeit hängt von der Bahn, also von der Funktion x → y(x) ab, was wir mit T(y) andeuten. Sie gilt es zu minimieren, das bedeutet, der Wert des Integrals soll möglichst klein werden. Die mathematische Aufgabe kann somit so formuliert werden: Gesucht ist eine (differenzierbare) Funktion y=y(x) mit y(0)=0 und y(a)=b, so daß

$$T = T(y) = \int_0^a \sqrt{\frac{1+(y'(x))^2}{2gy(x)}}\, dx$$

minimal wird. – Man beachte, daß das Argument unserer zu minimierenden Funktion T jetzt wieder eine Funktion und nicht wie bisher eine reelle Zahl ist. Um so etwas wie T'(y)=0 als notwendige Bedingung zu erhalten, muß man lernen, T nach »Funktionen« zu differenzieren. T'(y)=0 ist dann eine Gleichung für eine gesuchte Funktion y – sie ist eine Differentialgleichung, die schon erwähnte Euler-Lagrange-Gleichung. Dieses Gebiet ist das Herz der Variationsrechnung; wir können die Einzelheiten hier nicht ausführen. Das Ergebnis für unser Rutschbahnproblem wollen wir aber noch angeben: Die Kurve, die die geforderten Eigenschaften hat, ist, wie gesagt, keineswegs die Verbindungsstrecke von A nach B – der kürzeste Weg ist nicht immer der beste Weg! –, sondern eine Zykloide, und beschreibt den Weg eines festen Punktes P auf einem Kreis mit festem Radius, wenn dieser Kreis auf der Geraden durch A und B abgerollt wird.

Wir haben eine ganze Reihe von Beispielen für Extremalaufgaben geschildert, und bei ihnen allen sind die gesuchten mathematischen Objekte kaum irgendwelchen Beschränkungen unterworfen.

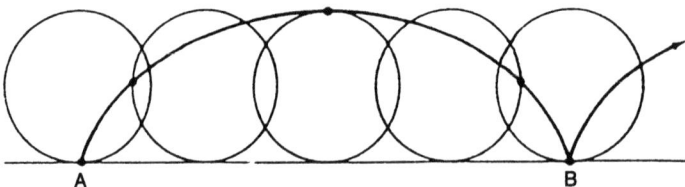

So suchen wir uns beim Reflexionsgesetz unter allen Punkten auf der Geraden g denjenigen Punkt heraus, bei dem der zurückgelegte Weg des Lichtstrahls minimal wird. Ähnliches geschieht beim Brechungsgesetz: Auch hier sind zunächst alle Punkte auf der Geraden, die den Übergang von Medium 1 zu Medium 2 darstellt, mögliche potentielle Kandidaten. Beim Problem von Steiner wird der Punkt unter allen Punkten in der Ebene ausgesucht und beim Brachystochronen-Problem nach einer differenzierbaren Funktion unter allen differenzierbaren Funktionen gefragt – die Forderungen $y(0) = 0$ und $y(a) = b$ sind hier keine wesentlichen Einschränkungen.

Anders verhält es sich dagegen bei der folgenden Frage: Wie sieht eine Kurve aus, die bei einer fest vorgegebenen Länge L die größte Fläche umschließt? Daß diese Kurve gerade der Kreis ist, gehört zu den »offensichtlichen« mathematischen Tatsachen, die erst mit Hilfe moderner Methoden bewiesen werden können.

Wir wollen uns dieses Beispiel ein wenig genauer ansehen. Wenn es so eine Kurve C gibt, dann wählen wir auf ihr zwei Punkte A und B, die die Kurve in zwei Teilkurven gleicher Länge teilt; dann halbiert die Strecke $\overline{AB}$ auch die Fläche, denn sonst könnten wir die größere Teilfläche an der Strecke $\overline{AB}$ spiegeln und würden eine andere Kurve mit derselben Länge L erhalten, die aber eine größere Fläche umschließt.

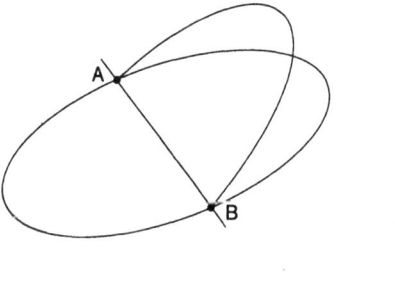
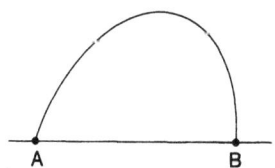

Also muß für die halbe Kurve folgende Frage beantwortet werden: Wie sieht die Kurve aus, die die beiden Punkte $A = A(a,0)$ und $B = B(b,0)$ verbindet und die Länge L/2 hat, so daß der Flächeninhalt der von der gesuchten Kurve und der Strecke $\overline{AB}$ berandeten Fläche möglichst groß ist? Lassen wir hier der Einfachheit wegen nur Kurven der Form $y = y(x)$ in der x-y-Ebene zu, dann müssen wir die Fläche

$$F = F(y) = \int_a^b y(x) dx$$

maximieren. Gesucht ist in diesem Fall eine (differenzierbare) Funktion $y = y(x)$, die die Bedingung $\frac{L}{2} = \int_a^b \sqrt{1+(y'(x))^2}\, dx$ erfüllen muß, da die Kurve ja die vorgeschriebene Länge haben soll. (Hier benötigen wir wieder die schon erwähnte Bogenlänge.) Wir haben damit den Vorrat an Funktionen, die Lösung des Problems sein könnten, dadurch eingeschränkt, daß wir eine zusätzliche Forderung, eine zusätzliche Bedingung, nämlich $\frac{L}{2} = \int_a^b \sqrt{1+(y'(x))^2}\, dx$, an sie stellen. Wir können sagen: Gesucht ist eine Funktion, die die Fläche $F = F(y) = \int_a^b y(x) dx$ maximiert *und* die Forderung $L = 2\int_a^b \sqrt{1+(y'(x))^2}\, dx$ erfüllt.

Viele interessante – allerdings oft auch schwer zu beweisende – Ergebnisse findet man besonders dann, wenn solche zusätzlichen Bedingungen, sogenannte Nebenbedingungen, berücksichtigt werden müssen. Wenn wir zum Beispiel drei Städte durch Straßen verbinden wollen, deren Gesamtlänge möglichst kurz sein soll, bei denen aber Berge, Seen oder Naturschutzgebiete eine direkte Verbindung nicht möglich machen, dann erhalten wir eine Verallgemeinerung des Problems von Steiner, in der eben Hindernisse vorkommen. Auch in diesem Fall wird dann nach Lösungen gesucht, die zusätzliche Bedingungen, Nebenbedingungen, erfüllen müssen.

Wie wir schon erwähnten, ist es gewöhnlich recht schwierig, ja manchmal sogar unmöglich, Variationsprobleme mit Hilfe mathe-

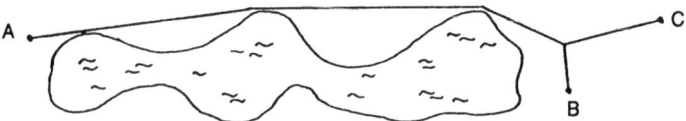

matischer Formeln oder geometrischer Konstruktionen explizit zu lösen. Oft hilft man sich dann dadurch, daß man eine Lösung näherungsweise bestimmt. Gemäß der zweiten Forderung von Hertz, sich von der »Richtigkeit« des Modells zu überzeugen, müssen wir überpüfen, ob diese Lösung für das konkret zu lösende Problem eine genügend genaue Approximation darstellt. Dies kann dadurch geschehen, daß mit Hilfe der angenäherten Lösung gemachte Vorhersagen mit Experimenten verglichen werden. Dabei können wir spezielle Parameterwerte studieren, die solche Vergleiche besonders einfach machen. Zu bedenken dabei ist, daß Vorhersagen aus zwei Gründen falsch sein können: Die Modellauswertung ist falsch, oder das Modell ist unzulänglich. Man muß diese Fehlerquellen wohl unterscheiden, um sie beseitigen zu können. Schließlich sollte man daran denken, daß es nicht nur *ein* »naturnahes« Modell gibt, sollte sich überlegen, ob nicht ein anderes zulässiges und richtiges Modell sinnvoll ist, aber besser und leichter ausgewertet werden kann. [54], [55].

Spiel mit Seifenblasen: Das Kind im Mathematiker

Viele Ideen für mathematische Probleme – Existenz, mathematische Eigenschaften der Lösung, Näherungsmethoden – erhält man, wenn man sich erinnert, wofür die Gleichung ein Modell sein soll. Oft erweist es sich als fruchtbar und stimulierend, wenn man das mathematische Modell als eine Interpretation, etwa eines physikalischen Phänomens, ansieht. So verdankt Riemann viele seiner bedeutenden Ergebnisse in der Funktionentheorie einfachen Experimenten zu elektrischen Strömen in dünnen Metallplatten. »Mit Dirichlet dagegen verbindet ihn [Riemann] eine starke innere Sympathie ähnlicher Denkweise. Dirichlet liebt es, sich die Theoreme am anschaulichen Substrat klarzumachen; daneben zergliedert er logisch scharf die Grundlagen und vermeidet tunlichst lange Rechnungen ... Riemann denkt sich den Raum mit kontinuierlichem Stoff erfüllt, der die Wirkungen der Gravitation, des Lichtes und der Elektrizität überträgt. Er hat die Vorstellung einer zeitlichen Verbreitung der Vorgänge« [18, S. 250/251].

Einige der schönsten Beispiele für eine solche Vorgehensweise liefern die verschiedenen, oft bizarr anmutenden Formen von

188 Der Rohstoff für die Bildung von Modellen

Seifenhäutchen, die Minimalflächen (minimal bezüglich der Energie) realisieren. Jeder von uns hat sicher schon einmal das faszinierende Spiel mit den Seifenblasen genossen. Man taucht einen dünnen Draht, meist zu einem Kreis gebogen, in eine geeignete Seifenlauge, zieht ihn mit einigem Geschick heraus und erhält ein vom Draht berandetes Seifenhäutchen – die Geschickteren unter uns haben den Draht vielleicht nicht nur zu einem Kreis gebogen, sondern sich verschiedene komplizierte geometrische Gebilde ausgedacht und dann nach dem Herausziehen aus der Seifenlauge natürlich die verschiedensten Zusammensetzungen aus einem oder mehreren Seifenhäutchen erhalten, wobei der Phantasie da keine Grenzen gesetzt sind. In allen Fällen erhalten wir ein Seifenhäutchen, das die kleinste Fläche hat; wir sprechen hier von den soeben erwähnten Minimalflächen.

Eine gespannte Haut (Flüssigkeitslamelle) hat zwei sehr eng beieinander liegende Oberflächen, auf die Oberflächenspannungen wirken. Die verschwindend geringe Masse erlaubt es, den Einfluß der Gravitationskräfte zu vernachlässigen. Die Oberflächenspannungen in einer nicht geschlossenen Flüssigkeitslamelle bewirken nun, daß eine eingespannte Haut eine Lage einnimmt, in der ihr Flächeninhalt am kleinsten, genauer ein relatives Mini-

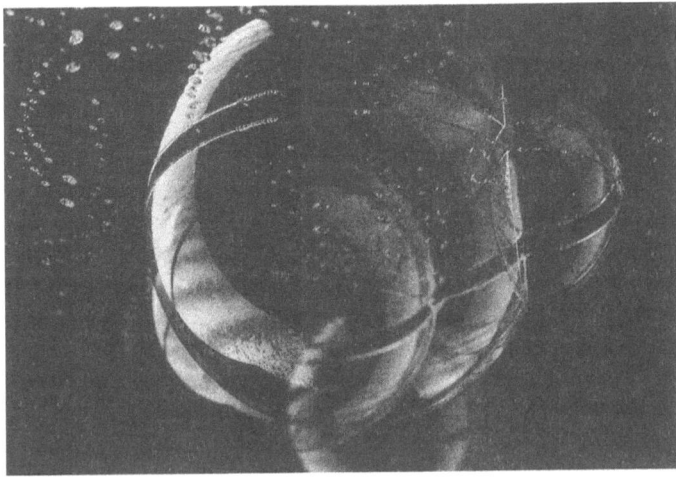

Seifenblasen ZEFA

mum, ist, das heißt: Bei kleinen Verformungen, die man beispielsweise durch vorsichtiges Blasen gegen die Seifenhaut erzielen kann, vergrößert sich der Flächeninhalt.

Wir haben schon im dritten Kapitel von dem Belgier Joseph Antoine Ferdinand Plateau berichtet, der sich in der zweiten Hälfte des vorigen Jahrhunderts ausführlich mit dem Phänomen der Oberflächenspannungen auseinandersetzt und durch seine interessanten Experimente mit Seifenblasen und Seifenhäutchen berühmt wird. Es ist von einer gewissen Tragik, daß Plateau 1843 im Alter von zweiundvierzig Jahren sein Sehvermögen verliert und die meisten seiner Gebilde nicht mehr sehen kann, weil er vierzehn Jahre zuvor bei einem Experiment einmal länger als 25 Sekunden ohne Schutz direkt in die Sonne geschaut hat. Es ist heute üblich, von dem »Plateauschen Problem« zu sprechen, das in seiner einfachsten Form in folgende Frage gekleidet werden kann: Gibt es zu jeder geschlossenen Kurve im Raum eine Minimalfläche, die von dieser Kurve berandet wird, und wie kann eine solche Fläche bestimmt werden? Viele berühmte Mathematiker des 19. und des 20. Jahrhunderts setzen sich intensiv mit dieser Frage auseinander, doch erst um 1930 beweisen der amerikanische Mathematiker Jesse Douglas (1879-1965) und – auf völlig verschiedene Weise – der ungarische Mathematiker Tibor Radó (1895-1965) die Existenz einer Lösung für den allgemeinen Fall. Für seine Arbeiten über Minimalflächen erhält Douglas 1936 die Fields-Medaille. Die Arbeiten von Douglas und Radó bedeuten aber nicht das Ende der Untersuchungen von Minimalflächen, und man kann selbst heute wohl nicht behaupten, daß das durch die weitreichenden Untersuchungen der letzten Jahrzehnte erläuterte, vertiefte und in seiner Fassung vervollständigte Problem erschöpfend und in angemessener Allgemeinheit behandelt worden sei.

Lösen wir uns von der Frage nach der Existenz von Minimalflächen und lassen uns von ihrer Vielfalt verzaubern. Verbiegen wir einen geschlossenen Draht zu einem Kreis und tauchen ihn in eine Seifenlauge, so bildet das Seifenhäutchen nach dem Herausziehen eine Kreisfläche. Wenn wir den Draht kontinuierlich verbiegen, so würden wir vielleicht erwarten, daß jedesmal in ähnlicher Weise eine Fläche »vom Typ der offenen Kreisscheibe« als Minimalfläche herauskommt. Dies ist aber keineswegs so. Hat der geschlossene Draht eine Form, wie sie im folgenden Bild gezeigt wird, dann

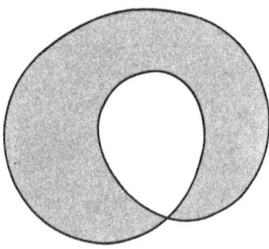

erhalten wir eine Minimalfläche, die ganz besondere Eigenschaften vorweisen kann.

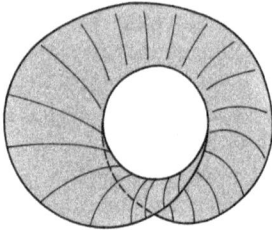

Diese Fläche hat keine zwei verschiedenen Seiten, keine obere oder untere Seite, wie wir es von einem Blatt Papier oder eben der Kreisfläche gewohnt sind und bei denen zum Beispiel eine Fliege immer über den Rand klettern müßte, wollte sie von einer Seite auf die andere Seite gelangen. Auf dieser Fläche könnte die Fliege überall hinlaufen, ohne jemals einen Rand überqueren zu müssen.

Ameisenbild von M. C. Escher © 1997 Cordon Art – Baarn – Holland

Die erhaltene Fläche ist von derselben Art wie das schon erwähnte berühmte Möbiusband, benannt nach dem Mathematiker August Ferdinand Möbius. Wir können uns eine solche Fläche auch selber herstellen, indem wir einen Papierstreifen einmal um 180° verdrehen und seine schmalen Enden zusammenkleben.

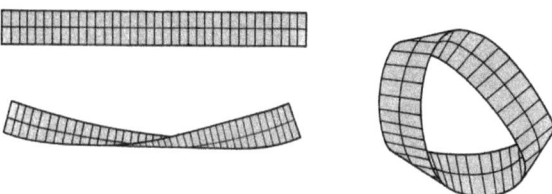

Mathematiker sprechen bei solchen Flächen von »nichtorientierbaren« Flächen, weil man eben oben und unten nicht richtig unterscheiden kann. Wenn wir den Draht so formen, daß als Minimalfläche gerade eine Art Möbiusband gebildet wird, und wir anschließend den Draht langsam kontinuierlich auseinanderziehen, dann kommt ein Moment, in dem sich der Charakter der Minimalfläche völlig verändert: Aus dem Möbiusband wird wieder eine zusammenhängende Fläche vom Typ einer Kreisscheibe. Der umgekehrte Übergang von der zusammenhängenden Fläche zum Möbiusband findet allerdings nicht an derselben Stelle, sondern zu einem späteren Moment statt. Dies zeigt, daß es eine Zustandsform des geschlossenen Drahtes geben muß, in dem *beide* Flächen, das Möbiusband *und* die Fläche vom Typ einer Kreisscheibe, relative Minima in bezug auf die Oberflächenspannung darstellen.

Dieselbe geschlossene Kurve kann sogar drei verschiedene Minimalflächen beranden, wie diese Figuren zeigen:

Die Figuren in der Mitte und rechts haben eine gewisse Ähnlichkeit, während die linke Figur doch einen völlig anderen Charakter hat.

Was geschieht nun, wenn wir zwei geschlossene, etwa kreisrunde Drähte parallel in eine Seifenlauge tauchen und sie anschließend wieder herausziehen? In der Regel werden wir zwei parallele Kreisflächen als Minimalflächen erhalten. Wenn wir aber Glück haben und die parallelen Drähte nahe genug beieinander sind, dann bekommen wir ein zusammenhängendes Seifenhäutchen, das unsere Minimalfläche darstellt. Wenn wir die beiden parallelen Drähte beim Eintauchen noch enger zusammenhalten, dann können wir mit noch mehr Glück nicht nur eine einfach zusammenhängende Minimalfläche, sondern sogar ein Gebilde von drei Minimalflächen erhalten, die jeweils in einem Winkel von 120° aufeinanderstoßen – hier begegnet uns wieder der Winkel von 120° wie schon beim Problem von Steiner; eine Fläche davon ist einfach eine Kreisscheibe, die parallel zu den Drähten verläuft. Wenn wir diese Kreisfläche zerstören, dann erhalten wir wieder eine zusammenhängende Fläche, das Katenoid. Ziehen wir die Drähte weiter auseinander, dann gibt es einen Moment, in dem das Katenoid instabil wird und in zwei Kreisflächen überspringt. Dieser Moment hängt von dem Abstand der parallelen Drähte ab und kann genau angegeben werden. Das System der drei Flächen, das von den zwei kreisrunden Drähten berandet wird, stellt ein relatives Minimum des gesamten Flächeninhalts dar; dieser Flächeninhalt ist größer als der Flächeninhalt des entsprechenden Katenoids.

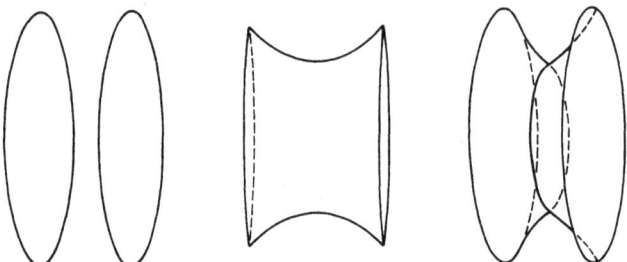

Aufgrund der Oberflächenspannung ist ein Seifenhäutchen nur dann in einem stabilen Gleichgewicht, wenn seine Oberfläche den kleinsten Flächeninhalt hat. Wenn Teile des Flächenrandes frei sind, das heißt, auf einer vorgegebenen Ebene oder anderen Fläche frei verschoben werden können – der Mathematiker spricht hier von »freien Rändern der Minimalfläche« –, so muß die Minimalfläche senkrecht auf die gegebene Ebene treffen. Dieses Verhalten kann dazu benutzt werden, um etwa Lösungen des Problems von Steiner und seiner Verallgemeinerung zu demonstrieren.

Zwei parallele Glasplatten werden durch drei oder mehrere senkrechte Stifte verbunden. Tauchen wir dieses Gebilde in eine Seifenlauge und ziehen es wieder heraus, so bildet das entstandene Seifenhäutchen zwischen den Platten ein System von Flächen, die die Stifte miteinander verbinden und senkrecht zwischen die Platten gespannt sind.

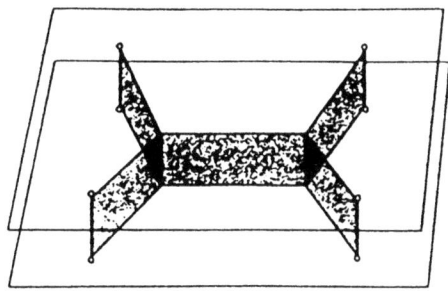

Daß die Seifenhäutchen senkrecht auf die Glasplatten treffen, liegt daran, daß sie an den Glasplatten frei verschoben werden könnten, ihre Ränder, die auf die Glasplatten treffen, also freie Ränder sind. Außerdem stoßen jeweils drei Seifenhäutchen wieder in den Winkeln von 120° aufeinander. Wir brauchen nur von oben auf die Glasplatten zu schauen. Die Gesamtfläche der Seifenhäutchen ist minimal, so daß sein Rand auf der Platte minimale Gesamtlänge hat.

Dasselbe Verhalten der Flächen tritt auch auf, wenn wir ein gerades Stück Draht, verbunden mit zwei nahe hintereinander liegenden Kreisbögen, in eine Seifenlauge tauchen.

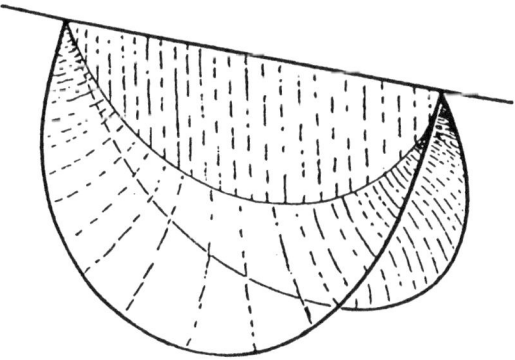

194 Der Rohstoff für die Bildung von Modellen

Hermann Amandus Schwarz (1843-1921) ist es, der 1867 einen Beweis dafür liefert, daß eine Minimalfläche entlang ihres freien Randes immer senkrecht auf eine andere Fläche trifft.

Ihre wohl schönsten und für alle sichtbaren Anwendungen finden Minimalflächen in den eleganten Konstruktionen des deutschen Architekten Frei Otto (geb. 1925) und seiner Mitarbeiter, dessen Werke in den letzten dreißig Jahren zu Recht Bewunderung und Anerkennung auslösen. Ihre Gebäude sind keine Bauwerke im herkömmlichen Stil, sondern gleichen eher einem Arrangement von Zelten. Viele der Dachformen sind unmittelbar Modellen von Minimalflächen entnommen. Frei Otto und sein Team haben Seifenhäutchen als Hilfsmittel benutzt, um ihre architektonischen Vorstellungen zu realisieren; sie haben viele Experimente mit haltbaren Seifenhäutchen durchgeführt, um ästhetisch überzeugende Formen zu finden, die in Bauwerke umgesetzt werden konnten. So wundert es einen nicht, wenn man unter dem Dach des 1967 gebauten

Olympiadach in München Institut für leichte Flächentragwerke

deutschen Pavillons bei der Weltausstellung in Montreal das Gefühl hat, unter einer durchsichtigen dünnen Haut zu stehen. Auch das bekannte Dach des Olympiastadions in München ist eine zeltartige Konstruktion, bedeckt von lichtdurchlässigen Acrylflächen, deren Entwurf von Frei Otto und dem Architekten Günter Behnisch (geb. 1922) stammt. Zu Recht nennt man Frei Otto einen Pionier auf dem Gebiet der Hängedachkonstruktion; die Schönheit dieser Konstruktionen und ihre lichtdurchflutete Leichtigkeit ziehen uns noch heute in ihren Bann und sind sichtbare Zeichen der engen Verwandtschaft von Mathematik und Kunst.

Der Reiz von Baukonstruktionen, die Minimalflächen verwenden, scheint auf mehreren Vorzügen zu beruhen. Einige davon sind, wie Almgren bemerkt [56]:

- Formen von Minimalflächen können ästhetisch beeindruckend sein;
- sie nutzen Material optimal aus, das heißt, sie benötigen eine minimale Menge von Material für die Form, die gestaltet werden soll;
- sattelförmige Gebäudeoberflächen (wie Minimalflächen) sind stark, da jeder normalen Last durch Zugkräfte des Materials in wenigstens einer Richtung widerstanden wird (und die meisten Materialien Zugkräfte stärker ertragen als Druckkräfte);
- Formen von Minimalflächen haben eine natürliche geometrische Strenge.

Die verschiedenen Möglichkeiten zur Herstellung großer dauerhafter Seifenhäute haben die Frage nach weiteren Nutzmöglichkeiten aufkommen lassen. Ob aber der Vorschlag des amerikanischen Wissenschaftlers Grosse realisiert werden kann, den man in der Züricher Zeitung *Die Weltwoche* (vom 30. 7. 1971, S. 45) unter der Überschrift »Der Professor und die Seifenblasen« lesen kann, wagen wir nicht zu entscheiden. Dort steht unter anderem: »Doch nicht nur friedlich-wissenschaftlich, sondern auch Ruhe erhaltend will der Forscher Grosse seine Blasen verstanden wissen. Anläßlich eines Kongresses amerikanischer Polizeibeamter in Miami erläuterte er einen Vorschlag, wonach Polizisten in Zukunft mit Hilfe dieser technischen Neuheit schmerzlos und wirksamer als mit Tränengas und Wasserwerfer gegen randalierende Demonstranten vorgehen könnten. Aus Behältern, die mühelos auf dem Rücken getragen würden, könnten die Hüter der Ordnung innerhalb Minutenfrist riesige, zwei Meter hohe Dämme aus farbigen Seifenkugeln vor den heranrückenden Demonstranten auftürmen. Zwar könnten die Demonstranten durch kräftige Fingerstöße einige der seifigen Plastikblasen zum Platzen bringen. Aber schon nach wenigen Versuchen würden die Hände durch die glitschige Lauge schlüpfrig, und die verbleibenden Blasen entwichen dann dem Fingerstoß. Dieser Vorschlag ist bislang praktisch noch nicht verwirklicht worden. Unterdessen aber experimentiert Dr. Grosse unverdrossen weiter. Eine seiner jüngsten Schöpfungen scheint einen neuen Größen-Weltrekord zu halten: diese Seifenblase ist so groß wie eine Haustüre« [zitiert in 57, S. 635]. [55], [58], [59], [60].

Mathematik, Detektiv im menschlichen Körper

Bei Bussen von Reiseunternehmen oder LKWs von Speditionsfirmen gehören Fahrtenschreiber heute zur Standardausrüstung. Sie dienen oft als wichtiges Beweismittel, insbesondere nach einem Unfall, wenn die Polizei feststellen will, ob der Fahrer zu schnell gefahren ist. Ein Fahrtenschreiber liefert die *Geschwindigkeit* auf *direkte* Weise (man mißt die Umdrehungszahl der Räder); er zeichnet den Graphen der Geschwindigkeit-Zeit-Funktion auf. Der *Weg* ist damit aber nur *indirekt* gegeben; man muß ihn rekonstruieren. Dabei stößt die Rekonstruktion des Weges auf keine großen Schwierigkeiten, da der Zusammenhang zwischen der Strecke $x(T)$ zur Zeit T und der Geschwindigkeit $v(t)$ gegeben ist durch die Gleichung

$$x(T) = \int_0^T v(t)dt.$$

Ein schwierigeres indirektes Problem begegnet uns bei der Fiebermessung. Besorgte Eltern, die in regelmäßigen Zeitabständen bei ihrem erkrankten Kind Fieber messen, werden ebenfalls den Verlauf der Fieberkurve – und diese ist ja nichts anderes als der Graph der Temperatur-Zeit-Funktion – angeben können, insbesondere dann, wenn die Temperatur beim Kind mittels eines angeschlossenen Gerätes kontinuierlich gemessen wird. Dabei sind die Eltern aber eigentlich nicht am Verlauf der Fieberkurve interessiert, sondern vielmehr daran, mit ihrer Hilfe etwas über die Krankheit und ihren Verlauf zu erfahren. Die Fieberkurve gibt ja nicht direkt Auskunft darüber, was für eine Krankheit das Kind hat. Um dies zu erfahren, sind die Eltern und der Arzt auch auf die Beobachtung anderer Symptome angewiesen. Dennoch sind alle diese Beobachtungen nur indirekte Beobachtungen des eigentlichen Krankheitsverlaufes (aus ihnen können etwa Schlüsse über die Ausbreitung der Bakterien im Körper gezogen werden) – direkt messen kann man diese Ausbreitungsprozesse aber nicht, im Gegensatz zu der Geschwindigkeit eines Autos. Wenn wir aber annehmen, daß die Prozesse in einer engen Beziehung zur Temperaturänderung stehen, so sind wir in der Lage, aus jenen richtige Schlußfolgerungen über den wirklichen Verlauf zu ziehen.

Im ersten Beispiel ist eine direkte Messung der Eigenschaften eines Objektes – in diesem Fall der Geschwindigkeit des Autos – möglich, so wie wir Länge, Breite und Höhe eines Quaders direkt messen können; im zweiten Beispiel müssen wir von indirekten Beobachtungen zurückschließen, aus Folgen auf Ursachen schließen, die gefragten Eigenschaften »identifizieren«. Bei den letztgenannten Beispielen sprechen die Mathematiker von einem *inversen Problem* oder auch von einem *Identifizierungsproblem*. Immer wieder begegnen uns inverse Probleme: Automaten müssen Münzen, Geldscheine oder Scheckkarten erkennen, selbst unser Gehirn löst jeden Tag bei jedem »Erkennen« durch Sehen, Hören oder Riechen Rekonstruktionsaufgaben – wir »sehen« an einem Körper gestreutes Licht und müssen den Körper aus diesen Daten identifizieren.

Ein typisches, inzwischen fast klassisches Beispiel für ein inverses Problem verbindet sich mit dem Computer-Tomographen, bei dem man aus Absorptionsmessungen von Röntgenstrahlen beispielsweise auf Tumore im Innern des Körpers zurückschließen will – man identifiziert also Verhältnisse im Körperinnern aus »indirekten« Messungen. Dabei werden Röntgenstrahlen durch den zu untersuchenden Körperteil geschickt und ihre Intensität danach gemessen; mit der Veränderung der Intensität, der Absorption, berechnet man die Gewebedichte des untersuchten Teils und erzeugt so ein Bild von einem Schnitt durch den Patienten, ein Computer-Tomogramm. Ein Verfahren, das auf ähnliche mathematische Probleme führt, wird auch in der Geophysik benutzt. Dort erzeugt man durch Sprengung seismische Wellen, Erdbebenwellen, die als Ausgangssignal dienen; die Laufzeit dieser Wellen wird dann gemessen und dazu benutzt, die geologische Beschaffenheit im Erdinnern zu bestimmen. Solchen Meßverfahren verdanken wir zum Beispiel die Erkenntnis, daß der innere flüssige Erdkern eben nicht kugelförmig ist, sondern ausgeprägte Auswölbungen und Vertiefungen besitzt.

Wir wollen die Wirkungsweise eines Computer-Tomographen und die dabei benutzten Ideen anhand des folgenden Vergleiches etwas näher zu erläutern versuchen.

Dazu stellen wir uns ein großes rechteckiges Kartoffelfeld vor, auf dem die Pflanzen von einer Krankheit befallen sind. Natürlich sind wir daran interessiert, ein möglichst genaues Bild von diesem Befall zu erhalten, wir wollen wissen, wo und in welcher Dichte die kranken Pflanzen auf dem Feld verteilt sind. Nun könnten wir alle kranken Pflanzen zählen, allerdings könnten wir mit dieser Gesamtzahl wenig anfangen; wir wüßten nicht, wo die kranken Pflanzen stehen und in welcher Verteilung sie über dem Feld verbreitet sind. Eine andere Möglichkeit besteht darin, das Kartoffelfeld in kleine quadratische Felder aufzuteilen und in jedem einzelnen Quadrat die Anzahl der kranken Pflanzen zu bestimmen. Auf diese Weise können wir uns ein genaueres Abbild des Befalls verschaffen; dieses Abbild setzt sich aus den gezählten kranken Pflanzen pro Einzelquadrat zusammen und ist um so genauer, je kleiner diese quadratischen Teilfelder sind, und natürlich exakt, wenn auf jedem Teilfeld genau eine Pflanze wächst.

Nun können wir das Innere eines menschlichen Körpers kaum Zelle für Zelle inspizieren, und deshalb ist die Vorgehensweise beim Computer-Tomographen völlig anders. Bleiben wir bei unserem Vergleich mit dem Kartoffelacker: Wir stellen Helfer an die Längsseite des Feldes nebeneinander in gleichen Abständen auf und lassen sie in dieselbe Richtung parallel zueinander auf einer geraden Linie durch das Feld bis an die andere Seite laufen. Bei diesem Gang durch das Feld soll jeder Helfer alle kranken Pflanzen auf seinem Weg zählen und am Ende die Gesamtzahl bekanntgeben. Er braucht dabei nicht anzugeben, an welcher Stelle auf seinem Weg die kranke Pflanze steht.

Jeder Helfer ermittelt also die Gesamtzahl der kranken Pflanzen entlang seines Weges, und wir erhalten n im allgemeinen verschiedene Zahlen, wenn n gerade die Anzahl der Helfer ist. Anschließend gehen die Helfer zu ihren Ausgangspositionen zurück und

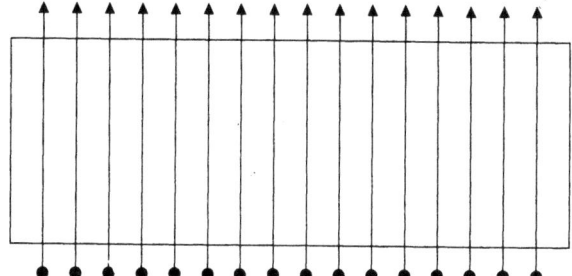

wiederholen den Vorgang, wobei sie allerdings in eine andere Richtung parallel zueinander durch das Feld gehen.

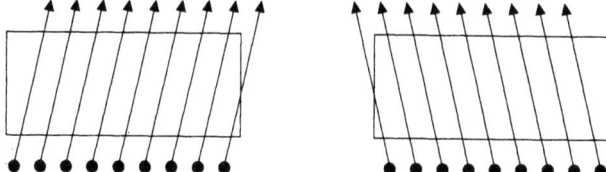

Wieder erhalten wir einen Satz von n Zahlen, wobei jede Zahl der Menge der kranken Pflanzen auf einem dieser Wege entspricht. Wir wiederholen diesen Vorgang mehrmals. Durch etwa 89malige Anwendung, bei der ein einzelner Helfer am Ausgangspunkt jedesmal seine Richtung um 2° verändert, bekommen wir 89 Datensätze von jedesmal n Zahlen.

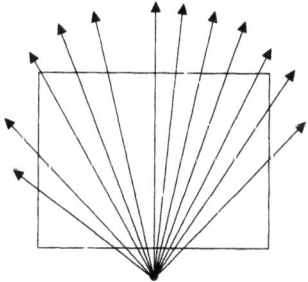

Jeder Satz von n Zahlen wird *Projektion* genannt – wir haben gewissermaßen bei jedem Durchgang die kranken Pflanzen entlang eines Weges auf einen Haufen geworfen, auf das Ende projiziert.

Die Kollektion all dieser Zahlensätze, das heißt die Menge der Projektionen, werden als *Projektionsdaten* bezeichnet. Wenn wir also n Helfer zur Verfügung haben und damit n parallele Wege bei jedem Durchgang und wenn wir 89mal den Durchgang durchführen, dann stehen uns am Ende als Projektionsdaten 89·n Zahlen zur Verfügung. Die Hauptaufgabe besteht nun darin, mit Hilfe dieser Projektionsdaten die Wirklichkeit zu rekonstruieren, herauszufinden, wo die kranken Pflanzen stehen, aus diesen Daten also ein Abbild des Befalls zu schaffen.

Die prinzipiell gleiche Vorgehensweise wird auch in der Astrophysik angewendet. Dort ist man in der Lage, mit Hilfe geeigneter Instrumente Radiowellen am Himmel zu lokalisieren. Ist jedoch die durch direkte Messungen gewonnene Standortbestimmung von Radioquellen zu ungenau, so kann man mit Hilfe des Mondes bessere Informationen erhalten, wenn der Mond vom Beobachter aus gesehen gerade denjenigen Teil des Himmels überstreicht, in dem die Radioquellen lokalisiert worden sind. Dies geschieht im wesentlichen auf folgende Weise: Man grenzt zunächst das Gebiet ein, in dem die Radioquellen liegen. Überdeckt der Mond zu einem Zeitpunkt t_0 einen Teil des eingegrenzten Himmelsabschnitts, so mißt man zu diesem Zeitpunkt die Intensität der Radioquellen aus dem vom Mond nicht abgedeckten Himmelsabschnitt; diese Intensität betrage $I_0 = I(t_0)$.

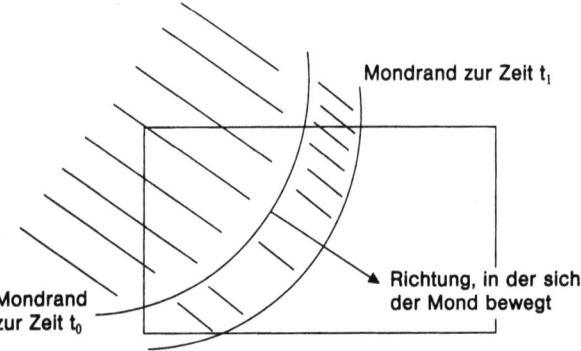

Etwas später, zur Zeit $t_1 = t_0 + \Delta t$, mißt man wiederum die Intensität der Radioquellen aus dem vom Mond zu diesem Zeitpunkt nicht abgedeckten Himmelsabschnitt; diese Intensität sei $I_1 = I(t_1)$. Die Differenz $I_0 - I_1$, die Differenz beider Messungen, ergibt dann die

Intensität der Radioquellen, die dem schmalen Streifen des Himmelsabschnitts entspricht, der vom Mond in der Zeit von t_0 nach t_1 durchwandert wird; dieser Streifen kann genau bestimmt werden. Wiederholt man diesen Vorgang, mißt also zur Zeit $t_2 = t_1 + \Delta t$ die Intensität I_2 der Radioquellen, so entspricht die Differenz $I_1 - I_2$ der Intensität der Radioquellen, bezogen auf denjenigen Himmelsabschnitt, den der Mond in der Zeit $t_2 - t_1 = \Delta t$ durchwandert.

So wie beim Kartoffelacker die Gesamtzahl kranker Pflanzen entlang der Wege ermittelt wird, wird hier die Gesamtintensität entlang eines schmalen Streifens des Himmelsabschnitts ermittelt. Das Aufsummieren der kranken Pflanzen kann man als Integral interpretieren: Ist x der Ort einer Pflanze und $a(x) = 1$, falls die Pflanze krank ist, bzw. $a(x) = 0$, falls sie gesund ist, so ist die »Projektion« einfach $\Sigma a(x)$, wobei über die x Pflanzen auf dem Weg summiert wird. Stehen die Pflanzen Δx auseinander und setzen wir $A(x) = 1$ bei kranken Pflanzen bzw. $A(x) = 0$ bei gesunden Pflanzen, dann ist die »Projektion« gleich $\int A(x)dx$. Mathematisch handelt es sich in beiden Fällen um die angenäherte Bestimmung eines *Linienintegrals*. Da sich die Richtung, in der der Mond sich im Himmelsabschnitt bewegt, von Tag zu Tag ändert, erhält man auf diese Weise verschiedene Projektionen und damit eine Reihe von Projektionsdaten. Aus diesen Daten kann man die Verteilung der Radioquellen am betrachteten Himmelsabschnitt rekonstruieren.

Beim Computer-Tomographen soll ein Bild von einem Schnitt durch den Patienten rekonstruiert werden, indem Röntgenstrahlen durch den zu untersuchenden Körperteil geschickt werden und dabei die Abnahme der Strahlenintensität entlang eines jeden Strahles durch den Körper gemessen wird. Das folgende Bild zeigt den schematischen Aufbau eines typischen CT-Scanners mit Röntgenröhre (unten) und Detektoren (oben).

Die Wirkungsweise des Computer-Tomographen können wir uns in etwa so vorstellen: Der Patient wird auf einen Tisch gelegt; auf der einen Seite des Tisches ist die Röntgenröhre als Strahlenquelle fest verankert; auf der anderen Seite, genau gegenüber, haben wir die Detektoren befestigt, die die Röntgenstrahlen aufnehmen sollen. Der Patient liegt also zwischen Röntgenröhre und Detektoren. Nun wird ein Bündel von Röntgenstrahlen durch den Patienten geschickt und ihre Intensität mit Hilfe der Detektoren auf der anderen Seite gemessen. Anschließend dreht sich der Patient ein wenig, etwa vom Rücken auf die Seite, und wieder wird

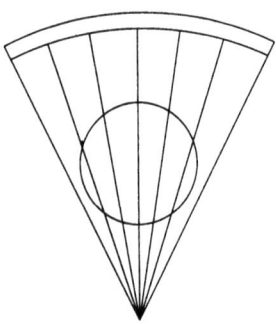

ein Bündel von Röntgenstrahlen durch ihn geschickt und auf der anderen Seite gemessen. Dieser Vorgang wiederholt sich in regelmäßigen Zeitabständen, wobei sich der Patient zwischen den einzelnen Messungen jedesmal ein wenig weiterdreht. Auf diese Weise erhalten wir bei jeder Messung eine ebene (= zweidimensionale) Röntgenprojektion des Patienten, wobei jeder Detektor die Intensität eines ankommenden Strahles und, weil wir ja die Intensität des Strahles am Ausgangspunkt der Röntgenröhre kennen, somit die gesamte Intensitätsabnahme dieses Strahles entlang des (geraden) Weges (der Linie) von der Röhre als Ausgangspunkt durch den Körper bis zum Detektor als Endpunkt mißt.

In der Praxis braucht sich der Patient natürlich nicht zu bewegen. Er wird in Ruhelage gehalten, während Röhre und Detektoren in einer Schnittebene um den betreffenden Körperteil so rotieren, daß nach jeweils 1° ein fein gebündelter Strahl ausgesandt und dessen Absorption gemessen wird. Das Bündel von Strahlen mißt dann eine »Scheibe« des Körpers. Bei den zur Zeit benutzten CT-Scannern werden etwa 700 Detektoren verwendet und an 700 bis 1400 Positionen von Röntgenröhre und Detektoren gemessen, so daß etwa 500 000 Daten pro Ebene (= pro »Scheibe«) zur Verfügung stehen. Aus diesen Daten wird dann die Gewebedichte in der Ebene rekonstruiert und als Ergebnis auf einem Bildschirm dargestellt, der über 512×512 Pixels (picture elements) verfügt. Anhand der Daten hat der Arzt zu entscheiden, ob in dem betrachteten Körperteil ein Tumor oder Blutungen vorhanden sind, welche Veränderungen sich seit der letzten Aufnahme vollzogen haben, welche Lage und Größe so ein Tumor eventuell hat usw. Wir sehen also, wie wichtig eine genaue Rekonstruktion dessen ist, was im Körper angetroffen wird; wir können uns auch vorstellen, welche

Auswirkungen falsche Rekonstruktionen und Fehlinterpretationen haben können.

Was aber hat denn ein Mathematiker mit einem Computer-Tomographen zu tun, handelt es sich dabei doch zunächst mehr um physikalisch-technische Probleme? Müssen nicht schlicht Röntgenstrahlen ausgesendet werden, ihre Intensität gemessen werden, müssen diese Ergebnisse dann nicht einfach auf einem Bildschirm sichtbar gemacht werden? Wir wollen die mit diesem Problem verbundene mathematische Aufgabenstellung ein wenig erläutern und ein geeignetes mathematisches Modell dafür beschreiben – es wird sich herausstellen, daß nicht alles »schlicht« oder »einfach« ist, wie oben angenommen.

Jede Messung, die vorgenommen wird, bezieht sich auf eine bestimmte Position der Röhre, des Ausgangspunktes des Röntgenstrahles, und auf eine bestimmte Position des Detektors, des Empfängers des Strahles. Zwar hat jeder Röntgenstrahl eine gewisse Ausdehnung, eine gewisse Dicke, aber im Vergleich zum Körper ist er so dünn, daß diese nicht ins Gewicht fällt und deshalb nicht beachtet zu werden braucht. Außerdem stellen wir uns vor, daß die von der Röhre ausgehenden und im Detektor eintreffenden Strahlen für die verschiedenen Positionen von Röhre und Detektor alle in einer Ebene liegen; somit kann die von den Strahlen durchdrungene »Körperscheibe« als unendlich dünn angesehen werden.

Hier geschieht etwas, was bei jeder Modellbildung vorgenommen wird: Wir versuchen, Wesentliches von Unwesentlichem zu unterscheiden, um die Wirklichkeit vereinfachter darstellen zu können. Bei dieser Vereinfachung müssen wir allerdings darauf achten, daß die Wirklichkeit durch die Vereinfachung nicht verfälscht wiedergegeben wird. Ein vereinfachtes Modell der Wirklichkeit zu finden, das keine wesentliche Verfälschung aufweist, das ist die Kunst, die hier gefragt ist. Und in der Tat ist es nicht immer einfach, Wichtiges von Unwichtigem zu unterscheiden, um dann letzteres weglassen zu können. Dieses Aussortieren kann eigentlich nur in Gesprächen mit anderen Fachleuten geschehen, mit dem Ingenieur, dem Physiker, dem Chemiker, Biologen, Mediziner usw. – aus welchem Bereich das zu behandelnde Problem auch immer kommen mag. Deshalb ist es in einer solchen Situation unerläßlich für den Mathematiker, die Zusammenarbeit zu suchen; er muß die Sprache der anderen verstehen und darf in einem Gespräch nicht auf seiner »formalisierten« Mathematikersprache bestehen. Viele Mißverständnisse rühren von der Unfähigkeit oder der fehlenden Bereitschaft der Mathematiker, in einer anderen Sprache als der der Mathematik zu kommunizieren – ein Ergebnis falscher Hochschulerziehung.

Kommen wir zurück zu unserem Modell. Das folgende Bild soll verdeutlichen, wie die gewünschten Daten gesammelt werden können.

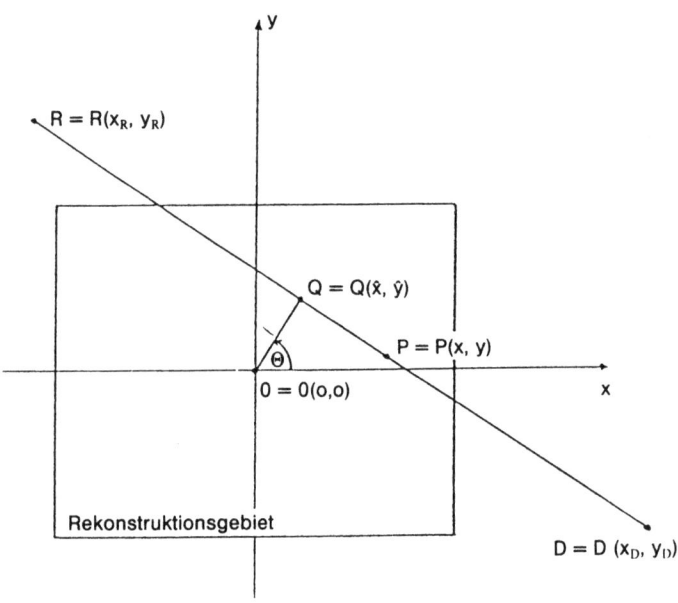

Die Position der Röhre werde durch den Punkt $R = R(x_R, y_R)$ und die des Detektors durch den Punkt $D = D(x_D, y_D)$ gekennzeichnet. Ist λ der Abstand der Geraden durch die Punkte R und D, die den Röntgenstrahl darstellt, zum Ursprung 0 und ist Θ der Winkel zwischen der x-Achse und der Senkrechten auf dieser Geraden durch den Ursprung, dann schneiden sich die Gerade und die Senkrechte darauf im Punkt $Q = Q(\hat{x}, \hat{y})$. Dabei ist $\hat{x} = \lambda \cdot \cos \Theta$ und $\hat{y} = \lambda \cdot \sin \Theta$. Nun läßt sich jeder Punkt $P = P(x, y)$ auf der Strecke $\overline{RD}$ mit Hilfe von λ, Θ und dem Abstand s des Punktes P von R beschreiben, denn es gelten für die Koordinaten (x, y) des Punktes $P = P(x, y)$ die Beziehungen

$$x = \lambda \cos \Theta + (s-\hat{s}) \sin \Theta$$
$$y = \lambda \sin \Theta + (s-\hat{s}) \cos \Theta,$$

wobei $\hat{s} = \sqrt{(x_R-\hat{x})^2+(y_R-\hat{y})^2}$ der Abstand von $Q = Q(\hat{x}, \hat{y})$ zu $R = R(x_R, y_R)$ ist. Ebenso ist $s_D = \sqrt{(x_D-x_R)^2+(y_D-y_R)^2}$ der Abstand von D zu R. Für $0 \leq s \leq s_D$ erhalten wir somit alle Punkte auf der Strecke $\overline{RD}$ und damit eine geometrische Beschreibung des Strahlenweges von der Röhre bis zum Detektor:

$$x = x(s) = \lambda \cos \Theta + (s-\hat{s}) \sin \Theta$$
$$y = y(s) = \lambda \sin \Theta - (s-\hat{s}) \cos \Theta \text{ für } 0 \leq s \leq s_D.$$

Da ja die Gewebedichte in dem von den Strahlen durchdrungenen Körperteil rekonstruiert werden soll, beschreiben wir diese Dichte mit Hilfe einer Funktion $f = f(x, y)$ in der Ebene. Für unser mathematisches Modell treffen wir ferner folgende physikalische Annahme: *Die Intensitätsabnahme* $-\Delta I$ *längs eines kleinen Stückes* Δs *des Strahles um den Punkt (x, y) ist proportional der Intensität I, der Dichte f in (x, y) und der Weglänge* Δs. Dies kann mathematisch durch folgende Gleichung beschrieben werden:

$$-\Delta I(x(s), y(s)) = c \cdot \Delta s \cdot I(x(s), y(s)) \cdot f(x(s), y(s)),$$
c Proportionalitätsfaktor.

Oder ausführlicher:

$$\Delta I(\lambda \cos \Theta + (s-\hat{s}) \sin \Theta, \lambda \sin \Theta - (s-\hat{s}) \cos \Theta)$$
$$= -c \cdot \Delta s \cdot I(\lambda \cos \Theta + (s-\hat{s}) \sin \Theta, \lambda \sin \Theta - (s-\hat{s}) \cos \Theta)$$
$$\cdot f(\lambda \cos \Theta + (s-\hat{s}) \sin \Theta, \lambda \sin \Theta - (s-\hat{s}) \cos \Theta)$$

Für $\Delta s \to 0$ erhalten wir dann

$$\frac{\frac{d}{ds} I(x(s), y(s))}{I(x(s), y(s))} = -c \cdot f(x(s), y(s)) \text{ ;}$$

dies stellt für festes λ und Θ eine einfache Differentialgleichung für I dar, deren Lösung

$$\frac{I_L(\lambda, \Theta)}{I_o(\lambda, \Theta)} = c_o \exp\left(-\int_0^{s_D} f(x(s), y(s))ds\right)$$

lautet; dabei ist I_o die Ausgangsintensität des Strahles und I_L die am Detektor gemessene Intensität des Strahles. Die gesuchte Gewebedichte längs des Strahles ist

$f = f(x, y) = f(\lambda \cos \Theta + (s-\hat{s}) \sin \Theta, \lambda \sin \Theta - (s-\hat{s}) \cos \Theta)$ und genügt also der Gleichung

$$c \int_0^{s_D} f(\lambda \cos \Theta + (s-\hat{s}) \sin \Theta, \lambda \sin \Theta - (s-\hat{s}) \cos \Theta) ds = -\ln \frac{I_L}{I_o}.$$

Oder kürzer:

$$c \int_0^{s_D} f(\lambda, \Theta; s) \, ds = -\ln \frac{I_L(\lambda, \Theta)}{I_o(\lambda, \Theta)}.$$

Der Mathematiker spricht bei einer solchen Gleichung von einer *Integralgleichung* (hier handelt es sich um die sogenannte *Radonsche Integralgleichung*). Auf der linken Seite dieser Gleichung steht für jedes λ und Θ ein Linienintegral über die unbekannte Funktion f, während uns die Größe auf der rechten Seite bekannt ist, weil sie sich aus der gemessenen Ausgangsintensität des Strahles und seiner am Detektor gemessenen Intensität zusammensetzt.

Für verschiedene Positionen von Röhre und Detektor sind auch der Winkel Θ und der Abstand λ verschieden und damit im allgemeinen auch die Größe auf der rechten Seite der Integralgleichung. Wir bekommen somit eine Vielzahl von Linienintegralen je nach Lage von Röhre und Detektor. Worin besteht nun unsere Aufgabe? Erinnern wir uns noch einmal daran, was wir eigentlich erfahren wollen: Wir möchten eine Auskunft über die Gewebedichte des untersuchten Körperteils haben, das heißt, wir wollen wissen, wie die Funktion f lautet, die diese Gewebedichte beschreibt. Unsere Aufgabe besteht somit darin, mit Hilfe einer Vielzahl von Gleichungen der Form

$$c \int_0^{s_D} f(\lambda, \Theta; s) ds = -\ln \frac{I_L(\lambda, \Theta)}{I_o(\lambda, \Theta)}, \text{ wobei für } \lambda \text{ und } \Theta \text{ viele}$$

verschiedene Werte gewählt werden können,

die Funktion f zu bestimmen und auf diese Weise die Gewebedichte zu rekonstruieren. Auch hier handelt es sich um ein inverses Problem, ein Identifizierungsproblem: Wir schließen aus Beobachtungen, Messungen indirekt auf die Gewebedichte f.

Schon 1917 untersucht Johann Radon (1887-1956) die Frage, ob eine Funktion zweier Veränderlicher aus ihren Linienintegralen eindeutig bestimmt werden kann, und gibt Lösungsformeln für die Funktion an. Erste Arbeiten, in denen Linienintegrale dann in der Computer-Tomographie auftauchen, stammen vom amerikanischen Physiker Allan Mac-Leod Cormack (geb. 1924) [64]. Basierend auf seinen Arbeiten, entwickelt der britische Elektroingenieur Godfrey Newbold Hounsfield (geb. 1919) den ersten Computer-Tomographen [65] und erhält zusammen mit Cormack 1979 den Nobelpreis für Medizin für diese Arbeiten.

Zwar liefert uns das Ergebnis von Radon die Gewißheit, daß eine Funktion f mit Hilfe aller ihrer möglichen Linienintegrale eindeutig bestimmt werden kann, aber in der Praxis ist die Bestimmung von f keineswegs so einfach zu lösen.

Schon eine viel einfachere Aufgabe zeigt einen Teil der Schwierigkeiten: Gegeben ist eine Funktion $g = g(x)$ mit $g(0) = 0$, gesucht ist eine Funktion f mit

$$\int_0^x f(t)dt = g(x).$$

»Das ist doch nicht schwer«, werden Sie sagen. »Die gesuchte Funktion f ist doch gerade die Ableitung von g, also $f = g'$.« Das ist richtig. Nun ist aber in der Praxis die Funktion g nicht exakt gegeben; es handelt sich oft um mit Fehlern behaftete Meßdaten. Leider hat unser Problem die äußerst unangenehme Eigenschaft, daß selbst kleinste Fehler in den Daten g, kleinste Abweichungen von den exakten Werten g zu großen Änderungen in der Lösung f, zu großen Fehlern im Ergebnis führen können. Es handelt sich um ein »schlecht gestelltes Problem«: kleine Ursachen – große Wirkungen. Nehmen wir zum Beispiel eine kleine Störung g in der Form $g_\varepsilon = g_\varepsilon(x) = g(x) + \varepsilon \sin nx$ an, so ist der Unterschied zwischen beiden Funktionen

$$\max_x |g(x) - g_\varepsilon(x)| = \max_x |\varepsilon \cdot \sin nx| = \varepsilon, \ (\varepsilon > 0),$$

für sehr kleine positive Zahlen ε eben sehr gering; auch gilt $g_\varepsilon(0) = 0$. Als Ergebnis für die gesuchte Funktion f erhalten wir aus der Gleichung

$$\int_0^x f(t)dt = g_\varepsilon(x) = g(x) + \varepsilon \cdot \sin nx$$

aber $f_\varepsilon(x) = g'_\varepsilon(x) = g'(x) + \varepsilon \cdot n \cdot \cos nx = f(x) + \varepsilon \cdot n \cdot \cos nx$. Der Fehler, der Unterschied zwischen f und f_ε, ist dann aber abhängig von n, weil

$$\max_x |f_\epsilon(x)-f(x)| = \max_x |\epsilon \cdot n \cdot \cos nx| = \epsilon \cdot n, \ (n > 0),$$

und kann für große Zahlen n schließlich beliebig groß werden. Wir sehen also: Haben noch so kleine Fehler in den Daten g die »richtige Form«, so ergeben sich beliebig große Fehler bei der Bestimmung der gesuchten Funktion f, das heißt bei der Rekonstruktion der Gewebedichte. Man kann diese Fehler dann als »echt«, in der Computer-Tomographie zum Beispiel als Tumor interpretieren, was fatale Konsequenzen haben kann.

Weitere Probleme liegen in der Tatsache, daß man mit Hilfe der Formel von Radon die Funktion f nur dann exakt bestimmen kann, wenn *alle* möglichen Linienintegrale zur Verfügung stehen; in der Praxis werden wir aber nur endlich viele Messungen durchführen können. Selbst wenn diese Messungen den Wert des Linienintegrals exakt wiedergeben, reichen endlich viele von ihnen nicht aus, f genau zu bestimmen. Auch hier lauert wieder so ein »Geistertumor« im Hintergrund. Überdies will man die Anzahl der Messungen so gering wie möglich halten – jede Messung ist eine Röntgenbestrahlung und damit eine Belastung für den Patienten. Schließlich brauchen wir in der Praxis einen effizienten Algorithmus, der uns schnell eine gute Annäherung der Funktion f und

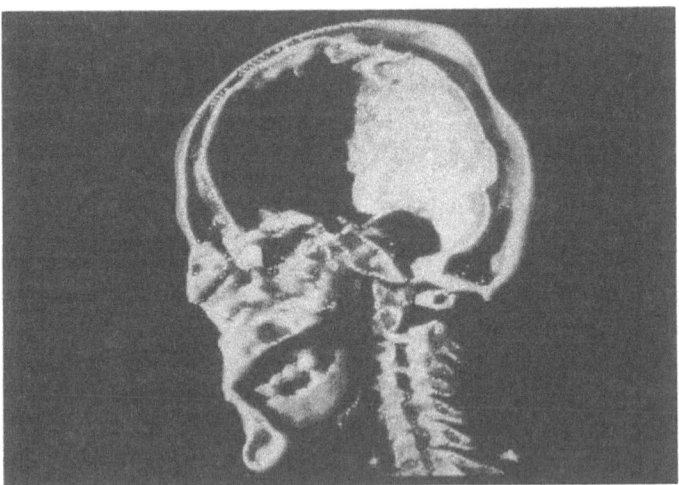

Computer-Tomographie (Schädel) IBM

damit eine gute Rekonstruktion der Gewebedichte liefert; ein solcher Algorithmus ist ebenfalls nicht einfach zu bestimmen. Eine Fülle von mathematischen Aufgaben muß also gelöst werden, damit der Arzt mit Hilfe des Computer-Tomographen eine exakte Diagnose über den Zustand des Patienten geben kann.

Wir haben in diesem Kapitel nur einige Beispiele für mathematische Modellbildung aufgegriffen, die aus dem Bereich der Optimierung und der inversen Probleme stammen. Man kann beliebig fortfahren – fast jedes technische oder wissenschaftliche Problem benötigt eine gewisse Form mathematischer Modellbildung.

Modellieren ist aber mehr als Fachwissenschaft, mehr als Mathematik, mehr als Informatik. Es ist eine schwierige, kreative Arbeit, die besondere Fähigkeiten verlangt – dies hat August Leopold Crelle (1788-1855), der preußische Oberbaurat und Gründer des ältesten deutschen mathematischen Journals, um die Mitte des letzten Jahrhunderts in prägnanter und noch heute gültiger Form zum Ausdruck gebracht:* »Eine ersprießliche und naturgemäße Anwendung der Mathematik auf das Bauwesen kann schon nicht anders als von jemand gemacht werden, der Mathematiker und Practiker, beides in zureichendem Umfange, zugleich ist. Aber auch das reicht noch nicht hin, und die Anwendung kann dennoch wenig naturgemäß ausfallen, wenn ein Drittes fehlt, welches beide Arten von Kenntnissen und Einsichten, die theoretischen und practischen, gleichsam beherrscht und lenkt. Dieses Dritte ist ein eigenthümliches Talent, die Gegenstände der Praxis mathematisch zu erfassen und zu durchschauen, und die Mathematik nur so wirken zu lassen, wie sie es bei der Natur complicirter Dinge vermag: in die Erscheinungen nicht bloß mathematische Formeln zu bringen, sondern sie mit mathematischem Geist zu durchschauen und zu durchdringen.« [61], [62], [63].

---

* Wir verdanken den Hinweis auf den Text im Archiv der Akademie der Wisssenschaften der (ehemaligen) DDR Herrn Kollegen Purkert vom Karl-Sudhoff-Institut in Leipzig.

7. Mathematik und Computer

Unter der Überschrift »Der Zahl Pi auf der Spur« kann man in einem im September 1989 erschienenen Artikel in deutschen Zeitungen folgendes lesen: »Mathematiker der New Yorker Columbia-Universität sind der Unendlichkeit näher gekommen – um gut 500 Millionen Stellen hinter dem Komma. Die Niederlassung der amerikanischen Computerfirma IBM in Stuttgart teilte am Samstag mit, den US-Wissenschaftlern sei es mit Hilfe zweier Supercomputer gelungen, die Zahl Pi mit einer Genauigkeit von einer Milliarde Dezimalstellen hinter dem Komma zu ermitteln. Damit hätten sie ihren eigenen Rekord vom Juni übertroffen, bei dem sie diese mathematische Größe bis auf 480 Millionen Dezimalstellen genau bestimmt hätten. Pi steht für das Verhältnis von Kreisumfang zu Kreisdurchmesser. Diese Zahl ist theoretisch unendlich (3,1415...). [Gemeint ist natürlich ›unendlicher Dezimalbruch‹; als Zahl ist π natürlich endlich.] ›Mit der Ermittlung weiterer Dezimalstellen von Pi erhöht sich die Wahrscheinlichkeit, eine eventuelle Gesetzmäßigkeit in der Zahlenfolge zu erkennen‹, hieß es in der Mitteilung von IBM« [66].

Wiederholt haben wir darauf hingewiesen, daß durch solche und ähnliche Zeitungsnotizen im Bewußtsein der Öffentlichkeit die Bedeutung der Mathematik in der modernen Welt im besonderen Maße durch Computer symbolisiert wird. Ja, viele halten die Beschäftigung und das Arbeiten mit Computern für die mathematische Arbeit schlechthin. »Was tut denn ein Mathematiker, wenn er nicht am Computer sitzt oder als Lehrer oder Hochschullehrer anderen Mathematik zu vermitteln versucht?« ist eine Frage, die uns schon im ersten Kapitel begegnete. Obgleich für die meisten Menschen die Bedeutung der Mathematik mit der Leistungsfähigkeit von Rechenanlagen verbunden zu sein scheint, gibt es viele Mathematiker, denen ein Rechner nicht allzusehr vertraut ist. Einige von ihnen scheinen sogar zu befürchten, daß in der mathematischen Forschung phantasiereiche, schöpferische Überlegungen des einzelnen durch weniger einfallsreiche, rein mechanische Forschungsweisen des Computers in den Hintergrund gedrängt oder gar ersetzt werden. Andere teilen zwar diese Befürchtung nicht, bezeichnen aber den Computer als für die Mathematik unwichtig. So bekennt Paul R. Halmos, den wir schon in der Auseinandersetzung zwischen reiner und angewandter Mathematik zu Wort kommen ließen, 1981 in einem Interview auf die Frage, ob Computer für die Mathematik und für ihn als Mathematiker wichtig seien: »Als Mathematiker, nein, nicht im geringsten.« Er führt dies näher aus: »Ich gebe zu, daß für eine Anzahl meiner Freunde, meistens Zahlentheoretiker und Topologen, die sich mit kleinen Zahlen und niedrig-dimensionalen Räumen beschäftigen, der Computer ein kolossaler Schmierblock ist. Aber dieselben Freunde, vielleicht in anderer Gestalt, sind vor fünfundzwanzig Jahren, bevor der Computer ein Schmierblock wurde, auch ganz gut zurechtgekommen, indem sie anderes Schmierpapier benutzt haben. Vielleicht waren sie nicht so effizient, aber Mathematik hat es nicht eilig. Effizienz hat keine Bedeutung. Verstehen ist das, was zählt. So, ist der Computer wichtig für die Mathematik? Meine Antwort ist nein. Er ist wichtig, aber nicht für die Mathematik« [67, S. 130/132].

Völlig anders wird die Bedeutung des Computers für die Mathematik von dem Mathematiker Stanislaw Marein Ulam (1909-1984) eingeschätzt, der 1979 in einem Interview seine Überzeugung bekennt, daß letztlich auch Computer in der Lage sein werden, formale Beweise zu produzieren und symbolisch so zu arbeiten, wie es Mathematiker heute tun, wenn sie über Mathematik nachdenken [68, S. 360].

Beide Standpunkte beleuchten die Bedeutung des Computers *innerhalb* der Mathematik. Sie beschäftigen sich mit der Frage, welche Hilfe der Computer etwa beim Beweisen von Sätzen leisten kann. Sie geben aber keine Antwort auf die Frage, was der Computer für die Anwendungsmöglichkeiten der Mathematik bedeutet, und sie sagen auch nichts dazu, welchen Einfluß die Mathematik auf die Computerwissenschaft hat. Wir wollen auf die beiden letztgenannten Fragen später noch ausführlich eingehen, uns zunächst aber noch ein wenig mit der Auseinandersetzung um die Bedeutung des Computers »innerhalb« der Mathematik beschäftigen – ein »Fall« mag hier Klarheit verschaffen.

Unter den Mathematikern werden unmittelbar nach der Veröffentlichung des Beweises der »Vierfarben-Vermutung« 1976 solch unterschiedliche Auffassungen über die Verwendung von Computern in der Mathematik besonders sichtbar. Woran scheiden sich die Geister?

Kenneth Appel und Wolfgang Haken liefern einen Beweis für die Vermutung, daß jede »beliebige« Landkarte in der Ebene oder auf einer Kugel so eingefärbt werden kann, daß dazu nur vier Farben notwendig sind; die einzigen Bedingungen, die dabei erfüllt werden müssen, sind die, daß die Länder zwar jede beliebige Gestalt besitzen dürfen, aber zusammenhängen müssen, und daß zwei Länder, die eine gemeinsame Grenze besitzen, nicht mit derselben Farbe gekennzeichnet werden dürfen, es sei denn, die beiden Länder treffen nur in einem einzigen Punkt aufeinander. Daß zu diesem Zweck vier Farben genügen würden, wird schon seit sehr langer Zeit angenommen, doch erst 1852 wird dieses Problem als mathematische Vermutung von Francis Guthrie formuliert.

Natürlich ist das kein reines Problem der Geographie - es hat eher etwas damit zu tun, was wir uns unter einem zusammenhän-

Vogelbild von M. C. Escher © 1997 Cordon Art – Baarn – Holland

genden Gebiet vorstellen. Da können die verrücktesten Gestalten nicht ausgeschlossen werden, vielfach verästelnde Gebilde, die wie in dem Bild von Escher aneinandergrenzen, ein ganzes »Pflaster« bilden.

Guthrie hat einfach gesagt, wie viele Farben man braucht, um auch das verrückteste Pflaster »bunt« zu machen: Aneinanderliegende Steine haben verschiedene Farben. Man kann ruhig Buntstifte und Bleistift nehmen und die Phantasie hinsichtlich der Form spielen lassen: Es scheinen immer vier Farben zu genügen. Aber wie beweist man so etwas für jede mögliche Pflasterung? Immer wieder haben es Mathematiker versucht – es ist eine Herausforderung, schon weil es nicht leicht ist. So ist für manche eben auch die Eiger-Nordwand eine Herausforderung: Man will sich selbst bewähren. Wird so eine Wand dann zum erstenmal bezwungen, ist dies dann auch einer Meldung für die Öffentlichkeit wert. Genauso ist es in der Mathematik: Allein die Tatsache, daß ein so altes mathematisches Problem endlich gelöst wird, ist ein Ereignis, das sich zumindest in der mathematischen Welt wie ein Lauffeuer verbreitet.

Der Beweis von Appel und Haken hat aber noch eine Eigenart, genauer eine Methode, so ungewöhnlich, daß sie äußerst gegensätzliche Gefühle bei Mathematikern hervorruft. Ein wesentlicher Teil beansprucht nämlich die Hilfe eines Computers, das heißt, der veröffentlichte Beweis enthält Computerprogramme sowie den Output, der sich aus den Berechnungen nach den Programmen ergibt, nicht aber die Einzelschritte, in denen die Programme durchgeführt werden. Dieser Teil des Beweises basiert eben nicht auf einer neuen brillanten Idee und der Zurückführung auf als bereits gesichert angesehene Ergebnisse, sondern wird aufgrund der Komplexität nur durch den Einsatz eines Hochleistungscomputers bewältigt. Haken und Appel stellen ihre Arbeit als einen vollständigen Beweis vor, bei dem die vom Computer geleistete Arbeit ein wesentlicher Bestandteil ist, der von Menschenhand nicht nachgerechnet werden kann. Genau aus diesem Grund ruft dieser Beweis auch so kontroverse Reaktionen hervor.

Die einen stellen die Vollständigkeit des Beweises in Frage, weil ihr Glaube an die Richtigkeit des Vierfarbensatzes nicht nur vom Vertrauen in die eigene Fähigkeit abhängt, mathematische Argumente zu verstehen und zu verifizieren. Man muß auch davon überzeugt sein, daß Maschinen richtig funktionieren und das leisten, was man von ihnen sagt. Bei einer solchen Art von Beweisführung hat sich für diese Leute der Grad der mathematischen Gewißheit verringert, handelt man sogar gegen den Geist der Mathematik. Für sie ist dieser Beweis allenfalls ein Grund dafür, nicht weiter nach einem Gegenbeispiel der Vierfarbenvermutung zu suchen. In ihren Augen dient der Computer bestenfalls dazu, Daten zu liefern, mit deren Hilfe man eine Vermutung gewinnen oder verbessern kann. (Eine Hoffnung in dieser Richtung wird auch in dem anfangs zitierten Zeitungsartikel formuliert, die Hoffnung nämlich, eine eventuelle Gesetzmäßigkeit bei der Zahl Pi hinsichtlich der Zahlenfolge hinter dem Komma zu erkennen.) Die Anhänger dieser Auffassung finden zum Beispiel die Vermutung von Christian Goldbach (1690–1764), jede gerade Zahl kann als Summe zweier ungerader Primzahlen dargestellt werden (1 gilt nicht als Primzahl), dadurch bestätigt, daß ein Rechner sie für eine enorm große Anzahl gerader Zahlen, etwa für jede gerade Zahl kleiner als 2 000 000, nachgewiesen hat. (Man versuche einmal, für alle geraden Zahlen bis 50 die Goldbachsche Vermutung zu prüfen.) Einen Beweis, daß eine solche Vermutung für alle geraden Zahlen gilt, kann der Computer natürlich wirklich nie erbringen – für unendlich viele Zahlen würde er eine unendlich lange Zeit benötigen, wie schnell er auch die Vermutung für eine Zahl bestätigen könnte.

Aber wie ist es denn, wenn man unendlich viele oder wenn man vielleicht sehr viele und schwer zu entscheidende Fälle hat, die zwar jedes Menschenleben, aber nicht die Fähigkeit des Rechners übersteigen? Ist es dann »beweisfähig«?

Dieselben Leute akzeptieren auch die Tatsache, daß ein Computer dazu benutzt werden kann, eine angenäherte Lösung zu berechnen, wenn es keine Methode zur Berechnung der exakten Lösung gibt (aber was heißt das schon: $x^2 = 2$ hat die exakte Lösung $\sqrt{2}$; will man aber $\sqrt{2}$ als Dezimale darstellen, so gibt es immer nur angenäherte Lösungen wie 1.4, 1.41, 1.414 usw.) und das zu lösende Problem eine numerische Antwort verlangt, die dann innerhalb oder außerhalb der Mathematik weiterverwendet werden soll. Für sie ist es dann wichtig, mit Hilfe einer mathematischen Theorie zu beweisen, daß die errechnete Lösung in einem gewissen Sinne der exakten Lösung nahe kommt – die Theorie aber ist dann keineswegs auf den Computer angewiesen.

Angesprochen auf den Beweis von Haken und Appel, bekennt

auch Halmos, daß für ihn der Beweis ein Hinweis dafür ist, nicht weiter nach einem Gegenbeispiel der Vierfarbenvermutung zu suchen, und fährt fort: »Ich habe einen religiösen Glauben, daß eines schönen Tages, vielleicht in sechs Monaten, vielleicht in sechzig Jahren, irgend jemand einen Beweis für den Vierfarbensatz liefern wird, der sechzig Seiten im *Pacific Journal of Mathematics* [eine mathematische Fachzeitschrift] benötigen wird. Schon bald danach, vielleicht sechs Monate oder sechzig Jahre später, wird ein anderer einen Vier-Seiten-Beweis liefern, einen Beweis, der auf Konzepten aufbaut, die wir inzwischen entwickelt, studiert und verstanden haben. Das Ergebnis wird zu der großartigen, ruhmreichen, architektonischen Struktur der Mathematik gehören, vorausgesetzt, Haken und Appel und der Computer haben keinen Fehler gemacht« [67, S. 131].

Wir spüren bei diesen Vorbehalten und Argumenten, wie sehr »Mathematik betreiben« gleichgesetzt wird mit »beweisen« – und das heißt hier: Zurückführen auf Bekanntes, wobei diese Zurückführung auf klar verständlichen logischen Einzelschritten beruht. Die Verwendung des Computers verletzt die Verständlichkeit der Einzelschritte. Nun ist freilich »Verständlichkeit« nicht eindeutig definiert, wie jeder Schüler weiß: Der eine versteht, der andere nicht. Hier bedeutet »Verständlichkeit«: Etwas, was jeder gut ausgebildete Mathematiker mit nicht zuviel Mühe nachvollziehen kann. (Hier sei trotzdem bemerkt, daß man in vielen mathematischen Texten Halbsätze wie »Man sieht leicht, daß . . .« findet und mancher einigermaßen gebildete Mathematiker dann eine halbe Stunde und mehr benötigt, um diese leichte Aufgabe zu bewältigen – alles ist eben relativ!) Etwas schöner beantwortet Halmos die Frage, was Mathematik für ihn sei: »Sie ist Sicherheit, Gewißheit, Wahrheit, Schönheit, Einsicht, Struktur, Architektur. Ich sehe die Mathematik, den Teil des menschlichen Wissens, den ich Mathematik nenne, als eine Sache – eine große, glorreiche Sache. Ob es sich um Differentialtopologie oder Funktionalanalysis oder homologische Algebra handelt, es ist alles eine Sache. Sie alle haben miteinander zu tun, und selbst wenn ein Differentialtopologist nichts aus der Funktionalanalysis kennt, hört sich jedes bißchen, was er hört, jedes Gerede über das andere Gebiet, das zu ihm kommt, wie etwas an, was er kennt. Sie sind innig miteinander verbunden, und sie alle sind Facetten desselben Gegenstandes. Diese gegenseitige Verbindung, diese Architektur ist gesicherte

Wahrheit und ist Schönheit. Das ist Mathematik für mich« [67, S. 127]. Mathematik treiben heißt, die eine Wahrheit suchen, und sie ist schön. Schönheit und Computerprogramm passen aber nicht zusammen – daraus folgt: Haken und Appel haben nichts eigentlich Mathematisches getan. Ob Schönheit nicht doch etwas Relatives ist, abhängig von der eigenen Erziehung, Ausbildung usw.? Ob sich über Geschmack nicht doch streiten läßt?

Wir haben bisher die eine Art möglicher Reaktionen auf den Computerbeweis geschildert. Andere Mathematiker akzeptieren den Beweis voll und ganz, weil jeder Schritt eben nachprüfbar ist. Für sie ändert die Tatsache, daß ein Computer diesen Schritt vollzieht, indem er in wenigen Stunden mehr Daten verarbeiten kann als ein Mensch in seinem ganzen Leben, nichts am fundamentalen Konzept des mathematischen Beweises. Für sie hat sich nicht die Theorie, sondern die Praxis der Mathematik verändert. Sie verweisen auf die Fehlbarkeit der Vernunft, die so oft, ja fast alltäglich, erfahren wird, und sehen im Computer einen sehr viel zuverlässigeren Rechner, als sie selber je sein können.

»Die meisten Mathematiker, die vor der Entwicklung schneller Rechner ausgebildet wurden, neigen dazu, den Computer nicht einfach als Routinewerkzeug zu sehen, das in Verbindung mit anderen, älteren und theoretischeren Werkzeugen einzusetzen ist. Sie empfinden intensiv, daß eine Beweisführung, die Teile enthält, die nicht von Hand verifizierbar sind, auf ziemlich unsicheren Füßen steht. Es besteht die Tendenz, Computerresultate, die durch unabhängige Computerprogramme verifiziert wurden, nicht mit derselben Überzeugung als richtig anzuerkennen wie herkömmlich bewiesene Sätze, die von Hand überprüft werden können.

Dieser Standpunkt ist für Beweise, die nicht allzu lang und sehr theoretisch sind, durchaus vernünftig. Ist ein Beweis jedoch lang und ausgesprochen rechnerisch, wagen wir zu behaupten, daß – selbst da, wo eine Überprüfung von Hand möglich ist – die Wahrscheinlichkeit menschlicher Fehler höher zu veranschlagen ist als die von Fehlern der Maschine«, schreiben Appel und Haken in einem Übersichtsartikel über ihre Arbeit [zitiert in 41, S. 407/408].

Und der amerikanische Mathematiker Garrett Birkhoff (geb. 1911), Sohn des bekannten Mathematikers George David Birkhoff (1884–1944), bekennt 1982 in einem Gespräch mit G. L. Alexanderson und C. Wilde: »Beide, die Menschen und die Computer, sind fehlbar, selbst wenn sie in gewisser Weise äußerst genau sind. Ich glaube, daß beide Beweise [der des Vierfarbensatzes und daß es keine unbekannten endlichen einfachen Gruppen gibt] in der öffentlichen Meinung denselben Status haben sollten. Beide Beweise sind sehr sorgfältig ausgearbeitete Kontrakte, entstanden in einer technologisch hochentwickelten Zivilisation. Die Experten glauben an ihre Richtigkeit« [69, S. 13].

Die Auseinandersetzungen um den Beweis des Vierfarbenproblems vermitteln einen besonderen Einblick in das, was es unter Mathematikern an Vorstellungen über einen strengen Beweis selbst gibt. Unbestritten ist die Akzeptanz des Computers als ein heuristisches Hilfsmittel, das unter Umständen dazu beiträgt zu entscheiden, was man glauben, welche mathematische Vermutung man aufstellen soll, ja sogar, wie überzeugt man von seiner Vermutung sein kann. Unbestritten ist, daß er das Einfachheitsprinzip und damit auch die Schönheit der Mathematik verletzt.

Soviel zur »innermathematischen« Bedeutung des Computers. Wir wollen uns als nächstes der umgekehrten Richtung, nämlich dem Einfluß der Mathematik auf die Computerwissenschaft, zuwenden. Zunächst sollte man sich daran erinnern, daß es Mathematiker waren, die den Computer geschaffen haben. Über zweihundert Jahre schon spukt die Idee einer rechnenden Maschine in den Köpfen der Menschen herum. 1623 beginnt der Astronom und Mathematiker Wilhelm Schickard (1592–1635) mit dem Bau einer solchen Maschine. Sein Werk gerät in Vergessenheit, und erst in jüngster Zeit wird man auf diesen Vorläufer modernster Technologie aufmerksam. Besser bekannt und von uns schon erwähnt worden ist, daß Blaise Pascal 1640 eine Addiermaschine und Gottfried Wilhelm Leibniz 1672 ein Multiplizierwerk bauen. Leibniz ist auch als Theoretiker in die Geschichte der Rechenmaschinen eingegangen; von ihm stammt die Idee des Dualsystems, jenes Systems, das sich auf zwei Zeichen, beispielsweise 0 und 1, beschränkt. Wir wollen auf die anderen Mathematiker, die einen entscheidenden Einfluß auf die Computerwissenschaft hatten – man denke nur an George Boole (1815–1864); die nach ihm benannte »Boolesche Algebra« spielt heute eine beachtliche Rolle in der Informatik; ferner an Alan Mathison Turing (geb. 1912), der in England eine Maschine baute, um den Geheimcode der deutschen Wehrmacht im Zweiten Weltkrieg zu knacken –, nicht weiter eingehen, sondern nur noch den schon im vorigen Kapitel erwähnten John von Neumann nennen und näher vorstellen.

John von Neumann kommt am 28. Dezember 1903 in Budapest, der zweiten Hauptstadt der österreichisch-ungarischen Donaumonarchie, als ältester von drei Söhnen des Bankiers Max von Neumann zur Welt. Der Wohlstand der Familie erlaubt zunächst eine private Erziehung, bis er im Alter von zehn Jahren, 1914, bei Ausbruch des Ersten Weltkrieges, in das Gymnasium eintritt. Recht bald fällt seine rechnerische Begabung auf; er gilt als »Wunderkind«. Als er 1921 sein Abitur ablegt, ist er schon ein bekannter Mathematiker, der seine erste Arbeit bereits mit siebzehn Jahren veröffentlicht hat.

Während der nächsten vier Jahre ist er als Student an der Universität in Budapest eingeschrieben, wo es vor allem Leopold Fejér (1880-1959), der seit 1911 als Ordinarius an der Universität lehrt, zu verdanken ist, daß der junge von Neumann sich dem Mathematikstudium zuwendet. Aber die meiste Zeit verbringt er an der Eidgenössischen Technischen Hochschule in Zürich, wo er 1926 ein Diplomexamen in Physik und Chemie ablegt. Am Ende eines jeden Semesters erscheint er in Budapest, um die Semesterprüfungen in Mathematik abzulegen, ohne jemals die Vorlesungen besucht zu haben. Dennoch promoviert er 1926 bei Leopold Fejér in

John von Neumann
Ullstein Bilderdienst

Mathematik. 1928 habilitiert (Habilitation ist eine zweite Prüfung nach dem Doktorexamen, umfangreicher und anspruchsvoller als dieses, und berechtigt zum Lehren an einer Universität) er sich in Berlin, wo er seit 1927 als Privatdozent an der Universität lehrt. In den folgenden Jahren hält er meistens seine Vorlesungen im Sommersemester in Berlin, im Wintersemester als Gastprofessor an der Princeton University. 1931 bis 1933 lehrt er als jüngstes Mitglied unter anderem mit Albert Einstein am dortigen Institute for Advanced Studies. Vor und während des Zweiten Weltkrieges arbeitet er mit an Forschungsvorhaben der Armee und der Marine.

Bereits in Göttingen gilt seine Arbeit Fragen der Beweistheorie und den mathematischen Grundlagen der Quantenmechanik. Doch als vielseitig Begabter verkörpert er das Talent, als Mathematiker in die Erfahrungswissenschaften hineinzuwirken. (Auf seinen Anteil an der Entwicklung des ersten programmgesteuerten Computers kommen wir noch zurück.) 1928 wird er mit dem Beweis des sogenannten Minimaxsatzes zum Vater der Spieltheorie, die heute in der sogenannten mikroökonomischen Theorie aufgegangen ist und zum Bereich der quantitativen Ökonomie (wir würden lieber sagen: zur Wirtschaftsmathematik) gehört, er befaßt sich ebenso mit der Axiomatik der Mengenlehre, mit der Funktionalanalysis, mit Problemen der Statistik und liefert Beiträge zu Schrödingers Wellenmechanik. Im Alter von nur dreiundfünfzig Jahren stirbt John von Neumann am 8. Februar 1957 im Walter Reed Hospital in Washington, D. C.

1945 veröffentlicht John von Neumann einen grundlegenden Gedanken zur Computerentwicklung, der wesentlich zur Entwicklung der modernen Digitalrechner beitragen sollte. Es handelt sich um die schon von Konrad Zuse (geb. 1910) erwogene Möglichkeit – die dieser allerdings nicht verwirklicht hat –, das Programm, das heißt die Handlungsanweisung an den Computer, selbst in diesen (als Zahlenfolge verschlüsselt) einzuspeichern und dieses Programm dadurch veränderlich, genauer von Zwischenresultaten der Rechnung, abhängig zu machen. Seine als »logisches Konzept« vorliegende Maschine nennt John von Neumann EDVAC (Electronic Discrete Variable Automatic Computer). Der erste moderne Computer ist geboren.

Theoretisch ist es auch ohne weiteres möglich, Lebewesen und Maschinen als verschiedene Beispiele analoger Systeme zu betrachten. Der entscheidende Impuls zu dieser Betrachtungsweise unserer Welt stammt von dem Mathematiker Norbert Wiener (1894-1964), aber auch Konrad Zuse ist unabhängig davon und aus ganz anderen Beweggründen heraus zu analogen Ergebnissen gekommen. Norbert Wiener wird klar, daß es in ganz unterschiedlichen Forschungsgebieten wie der Physik, der Medizin, der Biologie, der Soziologie und der Technik Abläufe gibt, die mit denselben mathematischen Modellen beschrieben werden können. Wir erinnern hier an das Bild des Querdenkers (S. 78). Selbst die Analogie zwischen technischer Rechnerkapazität und menschlichem Gehirn wird Gegenstand von Forschungen, indem man versucht, die Gehirnprozesse zu elementaren logischen Operationen in Beziehung zu setzen. Der Computer lernt zu lernen.

Welche Rolle die Mathematik in aktuellen Bereichen der Informatik, etwa im Bereich der künstlichen Intelligenz, spielen kann, wollen wir anhand des Problems der »Mustererkennung« etwas verdeutlichen. Wenn wir in der Fußgängerzone spazierengehen, schauen wir in viele Gesichter, die unser Gehirn weitgehend unbewußt registriert. Trotzdem erkennen wir in der Menge einen alten Freund, den wir zehn Jahre nicht mehr gesehen haben und der sich deshalb auch etwas verändert hat. Es bedarf keiner langen Überlegung, um zu verstehen, daß unser Gehirn dabei eine gewaltige Leistung zu vollbringen hat: Millionen von Daten werden registriert und verglichen mit dem Inhalt unseres Gedächtnisses. Die Vergleiche müssen nicht nur Gleichheit, sondern Ähnlichkeiten feststellen – Ähnlichkeiten, die die ganze Bandbreite eines Gesichtes bei verschiedenen Ausdrücken, Beleuchtungen, ja Veränderungen durch Alterung etc. erfaßt. »Muster« sind solche Bilder von Gesichtern, die wir wahrnehmen, die wir einem uns schon bekannten Gesicht (einem »Idealmuster«) zuordnen oder nicht. Dazu müssen wir erst die typischen Merkmale, die »charakteristischen Züge« des Gesichtes (»features«) herausarbeiten, um dann diese »Karikatur« zu klassifizieren: Es könnte Hans, es könnte Anna sein! »Feature Extraction« und Klassifikation sind zwei Prozesse im Verlauf der Mustererkennung, aber schon vorher, wenn wir ein Gesicht »kennenlernen«, ein Idealmuster bilden und in unserem Gedächtnis speichern, ist ein Lernprozeß, eine Anpassung unseres Speichers an die Charakteristik dieses Gesichts, notwendig. Die Leistung, die unser Gehirn bei solchen Erkennungsaufgaben vollbringt, liegt natürlich noch weit über den Fähigkeiten moderner Computer.

Aber selbst wenn man viel bescheidener ist, wenn man zum Beispiel nur drei Flaschenformen (etwa für Bier, Wein und Milch) unterscheiden will, um eine automatische Flaschensortiermaschine zu konstruieren, muß man die Fragen: »Was ist das Typische einer Bierflasche?«, »Welche mit einer Kamera erfaßten Bilder einer Flasche ordne ich der Klasse Weinflasche zu?« und »Wie bringe ich dem Rechner bei, was eine typische Milchflasche ist?« in mathematische Aufgaben verwandeln und lösen: Der Rechner in der Sortiermaschine führt Rechenvorschriften, Algorithmen aus, um zu sortieren, er »rechnet« eben – und um ihm zu sagen, was er rechnen soll, bedarf es der Mathematik. So wird ein Bild etwa in 25×25 kleine Bildelemente, den Pixels, unterteilt, und in jedem Pixel ist mit dem Bild eine bestimmte Lichtintensität gegeben (wir denken hier nur an Schwarzweißbilder; bei Farben muß man die Intensitäten in Abhängigkeit von der Lichtfrequenz geben).

Ein Bild kann so als eine Folge von 625 Intensitätswerten, als Vektor im R^{625} betrachtet werden. »Ähnliche« Bilder sind solche, die durch bestimmte Transformationen aus einem festen Bild hervorgehen, beispielsweise durch Parallelverschiebungen (die Flasche steht etwas »daneben«), durch Drehungen (eine Flasche ist umgefallen), durch Spiegelungen (das Licht fällt von der entgegengesetzten Seite auf die Flasche) usw. Hinzu muß man noch Unschärfen des Bildes rechnen – die Vektoren des R^{625} für eine Flasche in gleicher Stellung und Beleuchtung liegen immer noch nicht aufeinander, bilden ein »Cluster«. Passende Abstände zwischen solchen Vektoren müssen gefunden werden, Methoden, um aus einem Bild die typischen Flaschenumrisse herauszuarbeiten, usw. Dies ist ein Gebiet intensivster mathematischer Forschung, die von Informatikern und Mathematikern zusammen betrieben werden muß.

Praktische Aufgabenstellungen gibt es dazu in Hülle und Fülle: Man will Unterschriften automatisch lesen, den Wert von Banknoten identifizieren, aus Luftbildern von Landschaften archäologische Strukturen erkennen, aus Blutbildern Krankheiten herauslesen, in Röntgenaufnahmen Tumore finden usw. Immer muß man mit dem Fachmann (etwa dem Archäologen oder Mediziner) zusammen klären, was charakteristisch, entscheidend für die Beantwortung der anstehenden Frage ist, muß dies in Mathematik, in Eigenschaften der Vektoren übersetzen, muß Algorithmen finden, um diese Charakteristik herauszupräparieren, muß passende Abstände definieren, die uns sagen, was »nahe sein« heißt im Sinne der Fragestellung. Man muß dazu die Ursache der Bildunschärfe verstehen, das heißt, etwas über die Fehlerstatistik wissen, und sie geeignet einarbeiten. Kurz: Mustererkennung oder, wie man auch sagt, Bild- oder Signalverarbeitung, definieren eine Fülle schwieriger und spannender Aufgaben für den Mathematiker, denen er gemeinsam mit den Fachwissenschaftlern und den Informatikern zu Leibe rücken muß. »Künstliche Intelligenz« ist eine Aufgabe für »natürliche Intelligenz«, eine Aufgabe, die noch für lange Zeit als nicht vollständig gelöst zu betrachten sein wird – obwohl wir uns schon bemühen, Strukturen und Computer zu entwickeln, die unseren Gehirnstrukturen ähnlich sind, die »neuronale Netze« bilden.

Soviel zum Einfluß der Mathematik auf die Computerwissenschaft. Es bleibt noch der wichtigste Bereich im Zusammenhang von Mathematik und Computer, nämlich der Einfluß des Rechners auf die Anwendungsmöglichkeiten der Mathematik.

In den letzten Jahren ist die Entwicklung der Rechenanlagen dermaßen fortgeschritten, daß inzwischen mathematische Modelle untersucht und ausgewertet werden können, die früher wegen der Komplexität erst gar nicht in Betracht gezogen wurden. Die einst gewaltigen und teuren Anlagen sind heute zu kompakten, handlichen und bequemen Geräten mit bemerkenswerten Speicherkapazitäten geworden, so daß dem Theoretiker, der früher nur seinen Bleistift, das Papier und einfachste Instrumente benutzte, ein modernes, äußerst effizientes Hilfsmittel in die Hand gegeben wird. Selbst in der Geometrie zeigt sich der Computer als ein wesentlich wirkungsvolleres Zeicheninstrument als alle Schablonen des traditionellen technischen Zeichnens. Wir brauchen nur einmal die nuancenreichen farbigen Bilder der Computergraphik zu betrachten, die Bilder von Objekten, die nur mathematisch oder durch ein Programm definiert sind. Ohne Computergraphik, die das Wesentliche von Berechnungen so anschaulich herauszustellen vermag, sind wir den Massen von nahezu unverdaulichen Listen von Daten geradezu ausgeliefert.

Immer mehr Mathematiker und Physiker begreifen, daß ein Computer viel mehr ist als ein Schmierblock, daß er »viel mehr als ein großes Rechenbrett schlechthin ist, dessen Nutzung eine unter der Würde des Wissenschaftlers liegende Beschäftigung wäre« [47, S. 34]. Mehr noch, ein neuer Bereich der Wissenschaft entsteht, der mit »scientific computing« oder »wissenschaftliches Rechnen« oder – wie bei Samarskii – mit »Computerexperiment« bezeichnet wird. Es hat dieselbe Aufgabe wie ein normales Experiment, nämlich ein mathematisches Modell zu testen, zu verbessern, seine Richtigkeit zu prüfen, indem es mit der Realität verglichen wird. Auf diese Weise wird die Natur selbst befragt, zwar nicht direkt, aber mit Hilfe des Computers. Auf die Frage, wie ein Computerexperiment aufgebaut ist, worin es besteht, womit es anfängt und womit es endet, antwortet Samarskii: »Gesetzt den Fall, es handelt sich um einen physikalischen Prozeß. Eine Kette von Ereignissen, von denen eines dem anderen folgt, bildet ein Computerexperiment, das aus den Bestandteilen ›Objekt-Modell-Algorithmus-Programm-Ergebnisanalyse-Objektsteuerung‹ besteht. Das Kernstück ist hier die Triade Modell-Algorithmus-Programm« [47, S. 34/35].

Am wichtigsten dabei ist natürlich die Aufstellung des mathe-

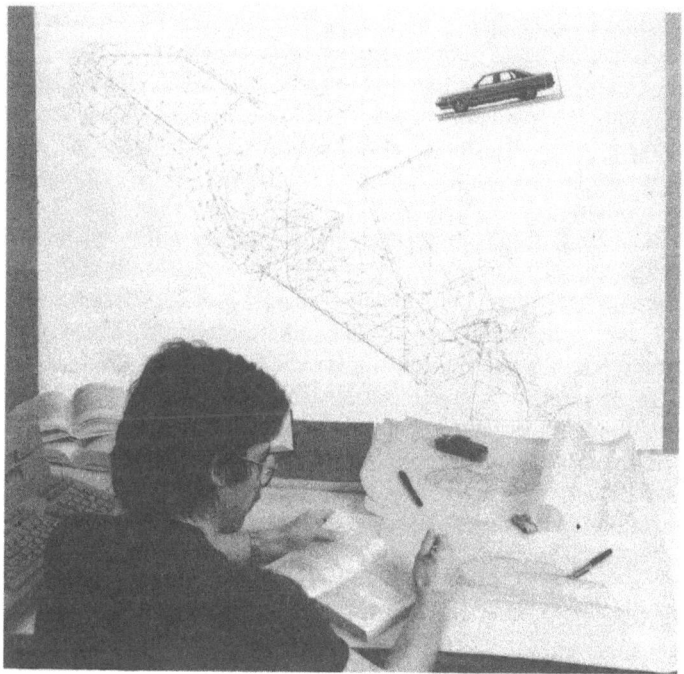

PC mit Automodell

matischen Modells für das Untersuchungsobjekt, denn ein gutes und adäquates Modell ist schon der halbe Erfolg des Computerexperiments. Bei der Aufstellung müssen alle erforderlichen mathematischen Abhängigkeiten beschrieben werden, man muß sich überlegen, welche von ihnen im konkreten Fall wichtig und welche zweitrangig sind, wo man mit der größtmöglichen Genauigkeit arbeiten muß und wo eventuell eine grobe Annäherung ausreicht. Ist das Modell einmal erstellt, dann muß seine »Zulässigkeit« überprüft werden. Es muß geklärt werden, ob die gegebene mathematische Aufgabe, die »Modellgleichungen«, Lösungen haben, und wenn ja, wie viele. Hier spielen oft auch traditionelle analytische Methoden eine Rolle: die Suche nach partiellen Lösungen, die Betrachtung von Extremfällen. Wichtig ist, die Abhängigkeit der Lösung von den Parametern festzustellen: Trägt sie stetigen Charakter, kann sie unbegrenzt anwachsen, haben kleine Änderungen in den Parametern eventuell verheerende Folgen in den Lösungen? Modelle müssen widerspruchsfrei sein – Hertz nennt sie »logisch zulässig« –, und dies ist nachzuprüfen. Findet man auf diese Fragen keine befriedigenden Antworten, so wird man sich mit einem »Zwischenmodell« behelfen, in dem nur einige Eigenschaften der mathematischen Ausgangsaufgabenstellung erfaßt bleiben, in der Hoffnung, nach Auswertung des »Zwischenmodells« ein »richtiges« vollständiges Modell des Objekts entwerfen zu können.

Schließlich muß ein Rechenalgorithmus entworfen werden – man sucht nach der besten, rationellsten Lösungsmethode für die zugrundeliegenden Gleichungen. Dabei ist auch darauf zu achten, daß der zeitliche Rechenaufwand möglichst gering ist, daß der entworfene Algorithmus die numerische Lösung der Gleichungen nicht mit wesentlichen Fehlern versieht. Schließlich muß ein Programm entworfen werden, das diesen Algorithmus realisiert. Die »Variantenvielfalt« und »Modellvielfalt« des Computerexperiments machen es notwendig, das Programm so zu strukturieren, daß es ohne besondere Schwierigkeiten sowohl in seinen Einzelteilen als auch insgesamt verändert werden kann. Die von Mathematikern erstellten Algorithmen müssen den Rechnern angepaßt werden, die Computer müssen den Forderungen der Algorithmen entsprechend weiterentwickelt werden.

Am Ende steht die Überprüfung des Modells auf seine »Richtigkeit«: Mathematische Schlußfolgerungen werden mit Messungen verglichen, die Ergebnisse des Computerexperiments interpretiert und den Ergebnissen aus physikalischen, technischen oder anderen Experimenten gegenübergestellt. Wenn die Ergebnisse des Computerexperiments mit der erforderlichen Genauigkeit mit den Daten des Naturexperiments zusammenfallen, so kann das mathematische Modell als »richtig« im Sinne von Hertz angesehen werden – das Modell ist abgeschlossen. Wenn jedoch die mit Hilfe des Modells gewonnenen Daten von der Realität abweichen, der »Richtigkeitsbereich« des Modells nicht mit dem Teil der Welt übereinstimmt, der durch dieses Modell adäquat beschrieben werden soll, dann ist eine Veränderung des Modells unumgänglich, und der gesamte Zyklus wiederholt sich. Jeder »Arbeitszyklus« des Computerexperiments soll durch die Gegenüberstellung mit der Realität ein besseres Modell erzeugen, bis ein Modell gefunden ist, das in adäquater Form den zu untersuchenden Naturprozeß oder die zu untersuchende Realität beschreibt.

Es ist wohl jetzt auch klargeworden, daß die Erstellung, Durchführung und Auswertung des Computerexperiments nur von einem Team durchgeführt werden kann, in dem Fachwissenschaftler, Mathematiker und Informatiker Hand in Hand zusammenarbeiten. Dies setzt voraus, daß der Fachwissenschaftler und der Informatiker bereit sind, sich mit den mathematischen Methoden auseinanderzusetzen, daß andererseits der Mathematiker bereit ist, sich mit den Möglichkeiten der Rechenmaschine auseinanderzusetzen und sich in die technische oder physikalische Problemstellung einzuarbeiten – kurz: Jeder im Team muß bereit sein, dem anderen zuzuhören und mit ihm zusammenzuarbeiten, um gemeinsam eine zufriedenstellende Lösung des Problems zu bekommen. »Das Computerexperiment ist in Wirklichkeit eine Art Mannschaftsmehrkampf, in dem man nur in dem Fall Erfolg erzielen kann, wenn der ›Arbeitszyklus‹ geschlossen ist. Das heißt, alle Etappen, von der Aufgabenstellung durch die Fachleute bis hin zur Ergebnisanalyse, die ebenfalls durch ihre Hände geht, auf Höchstniveau zu absolvieren« [47, S. 44]. Das Computerexperiment, das ein systematisches Herangehen an jedes Problem erlaubt, liefert uns die Möglichkeit, jene komplizierten Erscheinungen und Prozesse in der Natur, Technik und Wirtschaft, vor denen wir heute stehen, zu erkennen und besser zu verstehen.

Wir wollen auch diese Arbeitsweise des »wissenschaftlichen Rechnens« mit Hilfe eines Beispiels aus unserer eigenen Praxis verdeutlichen. Aufgrund früherer wissenschaftlicher Arbeiten bekamen wir den Auftrag, die Umströmung der europäischen Raumfähre »Hermes« beim Wiedereintritt in Höhen zwischen 130 km und 70 km zu berechnen. In diesen Höhen ist die Luft so dünn, daß sie nicht wie auf der Erdoberfläche als Kontinuum betrachtet werden kann, sondern jedes einzelne Molekül in seiner Individualität eine Rolle spielt – das Shuttle spürt die Moleküle. Andererseits aber ist die Luft noch nicht so dünn, daß die Stöße der Moleküle gegen die Fähre und untereinander vernachlässigt werden können.

Man stellt sich am besten ein riesiges Poolbillard vor: In den tiefen Luftschichten ist der Billardtisch so voll von Kugeln, daß diese sich, auch wenn nur eine Kugel angestoßen wird, als Ganzes hin und her bewegen. In den mittleren Höhen, denen unser Interesse gilt, sind zwar immer noch viele Kugeln auf dem Tisch, die angestoßene Kugel bewegt sich aber erst ein Stück geradlinig, ehe sie die eine oder andere Kugel trifft und diese ebenfalls in Bewegung setzt – man sieht noch die Bewegung der einzelnen Kugeln, die sich aber gegenseitig beeinflussen. In größeren Höhen liegen noch ein oder zwei Kugeln auf dem Tisch, die sich, wenn nicht ein geübter Billardspieler das beabsichtigt, unabhängig voneinander bewegen. Nun ist unser Poolbillard wirklich riesig: Pro m^3 sind es hier unten um 10^{24} Kugeln, in mittleren Höhen ca. 10^{18} Kugeln – diese allerdings winzig. Sie fliegen etwa 10 cm, bis sie aufeinandertreffen – sie treffen auch auf die Fähre und beginnen sie aufzuheizen. Diese Fähre kommt bekanntlich mit 25facher Schallgeschwindigkeit angerast, und vor ihrer Nase bildet sich eine Art »Bugwelle«, auch »Schock« genannt, in dem das Gas bis zu 11 000° Kelvin heiß wird. Von dieser Hitze darf verständlicherweise nicht zuviel auf und in die Fähre gelangen – deshalb die gekachelte Nase.

Natürlich will man vor dem ersten Flug wissen, wie heiß die Bugwelle wirklich werden kann, welchen Einfluß Form und Oberflächenkonstruktion auf den Wärmeübergang haben. Dies alles läßt sich ja schlecht in einem Windkanal testen, dieser Flug mit 25 Mach in dünnem Gas mit so hohen Temperaturen. Man muß also rechnen, vorhersagen – und das heißt, ein mathematisches Modell für Gas und Fähre entwickeln, es mit Hilfe von Computern auswerten und die wichtigen Größen wie Auftrieb, Wärme, Druck vorhersagen. Ob das Modell in etwa stimmt, kann man dann für Flugdaten, die im Windkanal zu reproduzieren sind, nachprüfen.

Aber ganz sicher kann man nie sein – man muß auch ein wenig an das Modell glauben.

Ein einfaches Modell haben wir schon erwähnt: Man kann das Gas wie ein dreidimensionales Poolbillard betrachten, dessen Rand das Shuttle ist. Aber 10^{18} Kugeln pro m³ auf dem Rechner nachzuspielen, ihre Kollisionen zu berechnen, das ist selbst für den größten heute bestehenden Superrechner noch viel zu aufwendig. Warum nehmen wir nicht eine Stichprobe – das funktioniert doch bei Hochrechnungen an Wahlabenden auch ganz gut? Sind 1 Prozent aller Stimmen ausgezählt, so kann man wenigstens den Trend schon ganz gut erkennen. Man kann nun nachrechnen, daß man wenigstens 100 000 Kugeln pro m³ benötigt, um einigermaßen genaue Ergebnisse zu erhalten – dennoch immer noch viel zu viele Kugeln für unseren modernsten Superrechner.

Am aufwendigsten sind die Berechnungen der Orte und Geschwindigkeiten bei Zusammenstößen: Wenn wir ein anderes Modell, ein anderes Billardspiel fänden, das einfacher nachzurechnen wäre, das aber trotzdem »richtig« im Hertzschen Sinne wäre, könnten wir erfolgreich sein. Wohlgemerkt: Es kann viele richtige Modelle geben, von denen wir dann das sparsamste wählen. »Richtig« sein heißt hier: Die uns hier interessierenden makroskopischen Größen wie Auftrieb, Druck, Wärmeübertragung werden naturgetreu wiedergegeben – ob das Ganze im makroskopischen Bereich stimmt, interessiert aber nicht.

Ein solches einfaches Spiel kann in der Tat gefunden werden: Die Wechselwirkung findet nicht mehr zwischen Teilchen statt, die einander begegnen – die Partner werden vielmehr nach einer bestimmten Regel einander zugelost. Dieses Zulosen ist viel einfacher zu spielen als »Begegnung«; daß es sich hierbei um ein richtiges Modell handelt, muß mathematisch bewiesen werden, ein schwieriger Beweis, der hier nicht einmal angedcutet werden soll. Aber immerhin gibt mit insgesamt 3 Millionen Kugeln unser Losbillard die Strömung sehr genau wieder, und es ist mit 12 Stunden Rechenzeit auf einem Superrechner wie dem Fujitzu VP400 berechenbar. Ohne solche Rechner hätte man keine Chance (das erste amerikanische Shuttle startete ohne solche vorherigen Berechnungen und hatte genau damit große Probleme), aber ohne mathematische Phantasie, Ideen und Beweise auch nicht. Natürlich braucht man auch den Chemiker und den Oberflächenphysiker; ohne sie kommt ebenfalls nichts Vernünftiges heraus.

Hier finden wir sie wieder, die Triade Fachwissenschaftler-Informatiker-Mathematiker. Wer Lust hat, in einem solchen Team den, sagen wir ruhig, »theoretischen« Part zu spielen, wer Abstraktion liebt, ohne zu vergessen, was und wovon abstrahiert wird, kann als Mathematiker (oder Technomathematiker) im Scientific computing seinen Beruf und sein Vergnügen finden.

8. Von der Verantwortung der Wissenschaftler

Natürlich – Mathematiker sind keine Gentechnologen, keine Energietechniker, schon gar keine Waffenkonstrukteure. Aber so ganz können sie sich von der Antwort auf die Frage nach der Verantwortung der Wissenschaftler nicht davonstehlen: In allen Technologien steckt auch Mathematik, an vielen sind Mathematiker beteiligt. Sie sitzen schon im gleichen Boot, wenn sie nicht im Elfenbeinturm »Universität« sitzen – und wie viele können das schon! Wir glauben, daß sich jeder der Frage nach der Verantwortlichkeit seines Tuns stellen muß, obwohl es natürlich bequemer ist, mit dem Finger auf den anderen zu zeigen. Alle Wissenschaftler sind davon betroffen, in Forschung und Ausbildung, und viele Menschen, gerade jene in den glücklichen Nischen unserer Gesellschaft, profitieren oft auch davon, daß sich andere »die Finger schmutzig« machen.

Also: Was darf ein Wissenschaftler, ein Mathematiker tun, was nicht? Zunächst will er etwas herausbringen, etwas wissen. Darf man nicht alles wissen wollen? Dieses Wissenwollen ist sicher der Hauptantrieb eines Wissenschaftlers – er ist schlicht neugierig. Natürlich kann man auch mit Wissenschaft Geld verdienen; der Geschäftstrieb, der einen dazu treibt, unterscheidet den Wissenschaftler nicht von anderen Menschen. Aber wir wollen zunächst von jemandem sprechen, der Wissenschaft vor allem um ihrer selbst willen macht, von jemandem, den die Neugier leitet. Sie gehört zum Menschen – wer nicht neugierig ist, dem fehlt etwas. »Alle Menschen streben von Natur aus nach Wissen« lautet der erste Satz der Metaphysik des Aristoteles [15]. Für ihn ist alles, was mit der technischen Beherrschung der Natur zusammenhängt, keine Wissenschaft. Eine solche soll in erster Linie die Neugier befriedigen, »dem Lebensgenuß dienen«; daß sie auch bei »Lebensnotwendigkeiten« hilft, ist von nachrangiger Bedeutung. Darum ist für Aristoteles auch die Philosophie das höchste: »Alle anderen Wissenschaften mögen notwendiger sein, keine aber besser«. Na ja – die Frage ist nur, ob man davon auch leben kann.

Immerhin, Aristoteles' Lehrer Platon bezieht die Mathematik mit ein: »Die Erkenntnis, nach der die Geometrie strebt, ist die Erkenntnis des Ewigen« [70].

Was will man wissen, was soll man, folgt man diesem Weisen, wissen wollen? Früher sagte man: Am besten alles – die leitende Idee war die »Universalität des Wissens« (daher kommt auch der Gedanke der Universität). Heute hat man diese Hoffnung längst aufgegeben: Jeder hat Spezialwissen, ist Spezialist – oder kürzer: Er weiß »Alles über Nichts«, weil eben Generalist zu sein bedeutet, »Nichts über Alles« zu wissen. Worauf ist man denn so im allgemeinen neugierig? Manche wollen wohl wissen, was die »Welt im Innersten zusammenhält«, wie der Kosmos entstanden ist, das Leben sich gebildet hat; andere interessieren sich dafür, wie etwas funktioniert, wieder andere dafür, wie ein König seinen Thron oder ein Feldherr seine Schlacht verlor. Schließlich gibt es auch viele, die den höchsten Berg, das tiefste Meer, den besten Fußballverein usw. kennen wollen. Oft sind es spezielle Fragen, auf die man jetzt konkret neugierig ist, aber das Interesse erstreckt sich auf ein ganzes Gebiet. Und – manche glauben es kaum – man kann auch ganz gespannt darauf sein, ob ein mathematischer Satz stimmt, wie die Lösung einer Gleichung aussieht, warum ein Begriff wichtig ist. Man wird immer neugieriger, wenn man sich mit einem Problem längere Zeit auseinandersetzt.

Und selbstverständlich: Oft interessiert man sich für die Antwort auf eine Frage, weil man mit ihr etwas anfangen kann, weil man etwas damit machen kann, ja: weil sie nützlich ist. Der Standpunkt der Zweckfreiheit, der »reinen Neugier«, läßt sich nicht durchhalten. Schon Descartes, der ja nicht nur das kartesische Koordinatensystem erfand, schwenkte da ganz ein. »Die technische Anwendbarkeit des Wissens zur Erleichterung der Arbeit, zur besseren Befriedigung der menschlichen Bedürfnisse, zur Steigerung der Gesundheit, zur Errichtung staatlicher und gesellschaftlicher Verhältnisse, schließlich gar zur Erfindung der richtigen Moral galten für Descartes als entscheidende Antriebe zur Wissenschaft« [71, S. 46]. So ist heute mancher neugierig, wie der neue PC funktioniert, damit er darauf mehr Computerspiele spielen kann. Auch Neugier ist manchmal mehr »rein«, manchmal mehr »angewandt« – Übergänge sind fließend. Festhalten wollen wir aber: Das Hauptmotiv für Wissenschaft ist Neugier.

Nun sind die Motive eines Handelns eine Sache und die Ergebnisse desselben Handelns eine andere. Was man mit erlangtem Wissen anfängt, ist oft völlig verschieden davon, weshalb man das Wissen erlangen wollte. Das zeigt sich eigentlich besonders deutlich in der Mathematik: Man interessiert sich für die Lösung einer bestimmten Gleichung, vielleicht um dieser Gleichung selbst willen (das heißt als Homo ludens) oder weil diese Gleichung das Verhalten einer Fischpopulation beschreibt. Aber weil die mathematische Sprache abstrahiert, beschreibt dieselbe Gleichung vielleicht ein ökonomisches Verhalten und gibt Hinweise, wie man ein Monopol erlangt – und genau dafür wird diese Lösung dann angewandt. Das Newtonsche Gesetz »Kraft gleich Masse mal Beschleunigung« gilt ebenso für den Apfel, der vom Baum fällt, wie für die Rakete, die ihr Ziel finden soll. Gerade die Tatsache, daß Mathematik die dahinterliegenden Ordnungsstrukturen freilegt und nutzt, macht sie zu einem »multipurpose instrument«. Es wird ja von vielen angezweifelt, daß Wissenschaft selbst wertfrei ist – die Mathematik ist es auf jeden Fall. Was »Macher« mit den Ergebnissen der Mathematik machen, mag gut oder schlecht sein, das Ergebnis selbst, der Satz, der Algorithmus ist es zunächst in einem ethischen Sinne nicht. Wir glauben aber, daß man in allen Wissenschaften wenigstens gedanklich zwischen Erkennen und Machen trennen soll.

Eine solche Trennung offenbart sich auch in der Auffassung, daß eine Fähigkeit »als solche« oder »an sich« als gut oder wenigstens als nicht schlecht angesehen wird und ausschließlich durch ihren Mißbrauch schlecht wird. So ist es gut, die Macht der Rede zu besitzen, aber es ist schlecht, mit ihrer Hilfe andere Menschen zu betrügen oder sie gar in ihr Verderben zu führen. Es ist sicher gut, Naturvorgänge durch mathematische Modelle beschreiben zu können, aber es ist ebenso unleugbar schlecht, diese Modelle gar zur Vernichtung der Menschheit zu mißbrauchen.

Daß Erkenntnis sogar dazu verwandt werden kann, die Gattung »Mensch« fundamental zu verändern oder gar auszurotten, ist den Naturforschern des 18. Jahrhunderts geradezu fremd; für sie ist die Ausbeutung der Natur durch den Menschen kein Problem. Ihrer Meinung nach hat der Mensch zwar die Fähigkeit, verändernd in die Natur einzugreifen, aber nicht die Möglichkeit, diese und damit auch die Menschheit selbst zu vernichten, weil Gott selbst sich Schöpfung und endgültige Vernichtung vorbehalten hat. Noch 1886 offenbart Werner von Siemens (1816–1892) seinen ungebrochenen Glauben an die technische Machbarkeit menschlicher Zukunft, wenn er prophezeit: »Die Naturwissenschaften werden die Menschen ›moralischen und materiellen Zuständen zuführen, die besser sind, als sie je waren‹, weil Machtfülle der Wissenschaft die Menschheit auf ›eine höhere Stufe des Daseins‹ erhebt« [72, zitiert in 73, S. 5].

Heute hat für uns das Wissen wegen dieses Machens seine Unschuld verloren. Wissen und Vermehrung des Wissens werden nicht mehr ohne Vorbehalte als positive Güter angesehen. Skepsis stellt sich oft - auch unter den Wissenschaftlern - dem reinen Fortschrittsdenken entgegen. Dies gilt vor allem im technisch-naturwissenschaftlichen Bereich. Je größer durch dieses Wissen die Macht des Menschen über die Natur wird, desto größer werden auch die Möglichkeiten ihrer mißbräuchlichen Anwendung und der daraus resultierenden Gefahren für die Zukunft unserer Erde. Ja, es erscheint nicht einmal mehr ausgeschlossen, daß die Anwendung einer Erkenntnis im Großen, sei sie in noch so guter Absicht unternommen, immer bedrohlicher werdende Wirkungen mit sich führt, die untrennbar mit den beabsichtigten und nächstliegenden »guten« Wirkungen verbunden sind und diese am Ende vielleicht sogar weit übertreffen.

Wie kann man so etwas vermeiden, was kann die Gesellschaft, vor allem aber auch der Wissenschaftler selbst, tun, um negative Folgen der wissenschaftlichen Erkenntnis zu vermeiden? Die Antwort scheint einfach: Man muß zunächst wissen oder festlegen, was gut und schlecht ist, und dann das Schlechte verbieten. Eine solche Antwort klingt nicht nur zu einfach, sie scheint fast naiv zu sein - obwohl fast alle gängigen Rezepte auf dieses einfache Muster, in etwas verbrämter Form, hinauslaufen. Wir setzen also unseren Gedankengang fort: Hauptmotiv für die wissenschaftliche Erkenntnis ist Neugier - was man mit dieser wissenschaftlichen Erkenntnis anfängt, entspringt anderen Motiven. Erkennen und Machen haben also verschiedene Antriebe.

Nun haben wir schon von den »guten« und »schlechten« Wirkungen der Wissenschaft gesprochen. Jene will man fördern, die anderen verhindern. Aber ganz so einfach ist das nicht: Zuerst müssen wir wissen, was »gut« und was »schlecht« überhaupt ist. Schon »wahr« und »falsch« sind keine einfachen Begriffe, »gut« und »schlecht« viel weniger. Hier geht es weniger um »Tatsachen«, sondern um Werte. Und diese Werte müssen in eine Rangordnung, eine Hierarchie gebracht werden; es gibt positive und negative Werte wie eben gut und schlecht, schön und häßlich, vielleicht auch angenehm und unangenehm usw. Wenn wir uns entscheiden – nicht nur in der Wissenschaft und ihren Anwendungen –, tun wir das gemäß unserer Werteskala. So gesehen ist kein Tun »wertfrei«, auch nicht Wissenschaft. Der Bonner Theologe Franz Böckle schreibt: »Alles wissenschaftliche Tun verlangt freie Entscheidungen, die durch Ziele und Werte motiviert sind, die Verpflichtungen und Verantwortungen auferlegen. Dies gilt schon für die Entscheidung, überhaupt Wissenschaft zu betreiben, dafür seine Kräfte und Mühe einzusetzen, vielleicht wissenschaftliche Forschung zur Lebensaufgabe zu wählen. Es ist nicht minder eine Entscheidung, eine bestimmte Forschungsrichtung zu wählen, bestimmte Forschungsziele zu verfolgen und dafür bestimmte Methoden einzusetzen. Das alles sind menschliche Entscheidungen, die sehr verschieden motiviert sein können, jedenfalls aber menschlich gerechtfertigt und verantwortet werden müssen. Wissenschaft als menschliche Tätigkeit ist niemals völlig wertfrei oder wertindifferent« [73, S. 9]. Man kann noch hinzufügen: Wissenschaft ist der Wahrheit verpflichtet, verlangt nach intellektueller Redlichkeit. Nichts ist schlimmer, als Messungen zu fälschen, um die eigene Theorie zu stützen, und geistiger Diebstahl, Plagiat ist eine Todsünde. (Eigentlich begeht diese Todsünde jeder Schüler oder Student, der abschreibt, aber er ist eben noch kein Wissenschaftler, und deshalb ist es wahrscheinlich eine Sünde, gewiß eine Dummheit, aber doch keine »Todsünde«.)

Also: So gesehen ist kein menschliches Tun wertfrei, aber natürlich wird die Frage der Wertrangfolge viel brennender, wenn das eigene Tun große Bedeutung für *andere* Menschen gewinnt. Und dies gilt eben für die Anwendungen der Wissenschaft; da kommt man mit Begriffen wie »der Wahrheit verpflichtet« nicht mehr weit. Jetzt muß man wissen, ob zum Beispiel eine bestimmte technische Konsequenz »gut« oder »böse« ist. Und das ist gar nicht so einfach. Ob beispielsweise die Verwendung von Waffen gut oder schlecht ist, ob man sie rechtfertigen kann oder nicht, hängt von der Einschätzung der konkreten Situation ab: Bin ich bedroht? Ist mein Leben oder das meiner Freunde echt in Gefahr? Und es hängt von meiner Werteskala ab: Bin ich lieber »rot als tot«, wie man einige Zeit fragte, bin ich lieber »Sklave als tot«, wie man es neutraler formulieren würde? Heute sind Waffen, zumindest in dieser Quantität und Qualität, nach unserer Meinung nicht zu rechtfertigen, und ein Wissenschaftler, der an ihrer Vermehrung und Verbesserung mitarbeitet, muß eigentlich in Konflikte geraten. Aber natürlich folgt dies aus unserer Einschätzung, daß weder unser Leben noch unsere Freiheit ernstlich bedroht ist.

Die Frage, ob Freiheit oder Leben der höhere Wert ist, scheint in unserer Gesellschaft ebensowenig geklärt wie der Streit zwischen Wohlergehen und Schutz der Natur. Das alles sind keine technischen Fragen, es sind Fragen der Ethik. Was ich wem gegenüber verantworten kann und was nicht, was ich tun darf und was nicht: für diese Entscheidungen brauchen wir ethische Richtlinien. Aus dem wissenschaftlichen Fortschritt entsteht der Bedarf, ja die Notwendigkeit solcher ethischen Richtlinien. Die aus der Wissenschaft entsprungene Macht über die Natur und damit natürlich auch über den Menschen gibt der ethischen Problematik neues, ungeheures Gewicht. »Nicht die Lösung der technischen, sondern die der ethischen Probleme wird unsere Zukunft bestimmen«, schreibt schon 1972 Hans Sachsse (geb. 1906), früher Chemiker in der Industrie und jetzt Naturphilosoph [74, S. 122]. Und Odo Marquard, einer der führenden deutschen Philosophen, ausgestattet mit einer glänzenden Formulierungsgabe, sagt: »So scheint es, als müsse bei der modernen Wissenschaft die Wahrheitsbindungsklausel durch weitere Bindungsklauseln – etwa Sozialbindungsklauseln – ergänzt und möglicherweise limitiert werden. Solche Bindungen – Pflichten – zu formulieren, ist Sache der Ethik, zumindest auch der Ethik. Solange diese weiteren Bindungen und Pflichten unformuliert bleiben, besteht also – das ist inzwischen weithin herrschende Meinung – ein Ethikdefizit der modernen Wissenschaften« [75, S. 15].

Wer behebt denn nun so ein Ethikdefizit? Nach unserer Auffassung können es weder Natur- oder Geisteswissenschaftler allein, sondern nur beide zusammen, jeder mit einem offenen Ohr für den anderen. Gerade hierbei könnten insbesondere auch Mathematiker hilfreich sein, da Mathematik ja ein geistes- und ein naturwissenschaftliches Gesicht hat; bisher ist von ihnen aber leider wenig zu hören. Jedenfalls gibt es neue Impulse für eine Zusammenarbeit der »zwei Kulturen«, und es gibt drängende Fragen. Braucht man eine neue Ethik, oder müssen nur traditionelle ethische Prinzipien neu interpretiert werden? Reichen formale ethische Grundsätze wie etwa der kategorische Imperativ (»Handle so, daß du wollen kannst, daß die Maxime deines Handelns zum Prinzip einer allgemeinen Gesetzgebung wird.«), braucht man Erweiterungen dieses Prinzips wie die des Hans Jonas (geb. 1903): »Handle so, daß die Wirkungen deiner Handlung nicht zerstörerisch sind für die künftige Möglichkeit echten menschlichen Lebens«? Erfahren wir die ethischen Richtlinien, indem wir unser Gewissen befragen, oder sollen wir in Diskussionen aller Beteiligten einen sozialen Konsens herstellen? Oder kommt so eine Ethik »von außen«, aus einer religiösen Grundüberzeugung, wie sie etwa bei den Vätern des Grundgesetzes zu finden war? Das Besondere unserer Zeit liegt ja nicht nur darin, daß die Probleme größer geworden sind, sondern auch darin, daß keine allgemein gültige, von allen akzeptierte Werteskala mehr zur Verfügung steht, daß eine religiöse Weltanschauung, wie sie etwa in der jüdischen Schöpfungslehre und in der christlichen Heilsauffassung beschrieben ist, nicht mehr von allen, vielleicht nicht einmal mehr von der Mehrheit getragen wird.

Da war es im Europa des Mittelalters einfacher: Alles Sein ist von einem Schöpfer erschaffen und von ihm gutgeheißen, er schuf den Menschen nach seinem Ebenbild und machte ihn zum Verwalter der Erde. Daraus ergeben sich dann bestimmte Verpflichtungen, etwa die, daß der Mensch als Ebenbild Gottes in seinem Fortbestehen nicht gefährdet sein darf und deshalb sein Handeln danach auszurichten hat. Von einer solchen gemeinsamen religiösen Grundlage aus läßt sich ein System von Lebensregeln und Pflichten, läßt sich ein Wertesystem entwickeln. Aber eben: Diese Glaubenssicht scheint heute nicht mehr ausreichend.

Ob die oben angedeuteten Ansätze die Lücken füllen, bleibt fragwürdig. Wir Wissenschaftler, wir Mathematiker kommen da allein nicht weiter. Vielleicht gibt es auch keine Lösung, wie Arthur Schopenhauer (1788-1860) meint: »Moral predigen ist schwer, Moral begründen unmöglich.« Auch der Sprachphilosoph Wittgenstein, der einen strengen, fast mathematischen Begriff von Sprache hat, meint, daß man über »alles, was wichtig ist im Leben«, nicht sprechen kann. Für ihn ist die Vernunft nur dann ein Werkzeug des Guten, wenn sie die Vernunft eines guten Menschen ist. Und dieses Gute des guten Menschen stammt nicht aus seinem Verstand, aus seiner Rationalität. Für Wittgenstein ist Ethik eine Form zu leben, keine Ansammlung von Regeln. »Es gibt keine ethischen Sätze, nur ethische Handlungen.« Vielleicht genügt es wirklich schon, daß jeder sich dieser ethischen Dimension bewußt wird, daß er seine Handlungen daraufhin kontrolliert, ob sie »gut« sind, ohne daß eine »Stiftung Wertetest« einem sagt, was das Gesamturteil »gut« verdient. Doch wieder das alte Gewissen? Warum nicht – man muß es nur wecken, damit es sich auch rührt. Aber es mag auch christliche Überzeugung oder politischer Konsens sein – wir wollen, ja müssen annehmen, daß jeder seine Wertehierarchie kennt, also auch weiß, was nach seiner Auffassung gut und schlecht ist, wenn er nur darauf achtet.

Dann sind wir einen Schritt weiter, aber noch lange nicht am Ende: Wissenschaft entsteht aus Neugier, ihre Folgen können, gemessen an unserer Wertvorstellung, schlecht sein. Wie verhindern wir solche Folgen? Grundsätzlich gibt es dazu zwei Strategien. Strategie A lautet: Man verhindere schon das Wissen, das Erkennen jener Dinge, die schädliche Konsequenzen haben können. Strategie B macht den Schnitt zwischen Erkennen und Machen, verhindert also das Anwenden des Wissens, ohne die Erkenntnis selbst zu beschränken.

Schauen wir uns erst Strategie A näher an: Schränkt man das Nachdenken ein, verbietet man, daß jemand erkennt, so geht dies nur durch ein »Neugierverbot« oder durch Erteilung einer »Neugierlizenz«, wie dies Marquard formuliert. Das hat es schon mal gegeben: Der griechischen Auffassung, daß man Wissen um des Wissens willen erlangt, daß Theorie das Glück bedeutet, »über die Betrachtung des fernsten Kosmos die Leiden der nächsten Welt vergessen zu können« [Hans Blumenberg (geb. 1920), zitiert in 75, S. 16], widersprach das mittelalterliche Christentum: »Der Mensch kann seiner Leidenswelt nicht durch Vergessen entkommen, sondern nur auf dem Wege der Erlösung durch jenen Gott, der selber die Leiden dieser Leidenswelt auf sich nimmt, um diese durch die Sünde korrumpierte Welt aufzuheben: durch eschatologische Weltvernichtung. Theorie reicht da nicht aus: ... So muß die Theorie entweder ... in den Dienst des Glaubens treten, oder sie wird geächtet.« Neugier wird »theologisch gesprochen eine Sünde, ethisch gesprochen ein Laster« [75, S. 16/17]. Dieses christliche Neugierverbot war nach unserer heutigen Auffassung unsinnig und sinnlos – moderne Wissenschaft entstand gerade aus der Ablehnung dieser Haltung: Neugier wird zur Antriebstugend.

Hier stimmen wir mit Marquard völlig überein: Es ist eine historisch erworbene Errungenschaft, daß man wissen darf, was man wissen will. Wie die Leibeigenschaft wurde auch die »Geisteigenschaft« überwunden. Solche Freiheiten sollte man nicht aufgeben oder durch Einmischung von außen ruinieren lassen. Um es noch deutlicher zu sagen: Die heute oft angesprochenen Rechtfertigungszwänge und Wissenschaftstribunale sind nichts als neue Formen des Neugierverbots. Solche Denkverbote sind nach unserer Meinung abzulehnen – sie hatten auch in der Vergangenheit nur negative Folgen. Deshalb ist Strategie A zu verwerfen.

Marquard argumentiert aber weiter und schafft so die Brücke zu »seiner« Strategie B. Wer in der Wissenschaft Wahrheit sucht und will, muß allerdings auch den Irrtum zulassen; Wahrheit ist ohne Irrtum nicht zu haben; wer somit den Irrtum verbietet, verhindert auch die Wahrheit. »Wissenschaft ist . . . die Institution für folgenlose Irrtümer, und Wissenschaftler im modernen Sinn . . . sind Leute, deren Leidenschaft es ist, sich folgenlos zu irren. Wahrheitsfindung ist vor allem Irrtumslizenz: Darum wird durch die Wahrheitsfindungsklausel gerade die Lizenz zum folgenlosen Irrtum geschützt« [75, S. 21]. Allerdings: Folgenlos kann der Irrtum nur dann werden, wenn auch die Wahrheit folgenlos wird. Und da ist es nun, das Verbot der Anwendung – damit eben Wissen und Irrtum keine (negativen) Folgen haben können. Die Brücke von der Wissenschaft zur Praxis erhält eine Schranke.

Das würde vielleicht funktionieren, wenn das Bild von der Brücke stimmen würde; aber es gibt unzählige kleine Stege von diesem Ufer zu jenem; Theorie und Praxis sind vielfältig und eng verzahnt. Es ist oft kaum zu trennen, wo das Erkennen aufhört und das Machen anfängt. Wie will man Prozesse verstehen, ohne sie nachzuahmen? Wo ist die Grenze zwischen Genforschung und Gentechnologie? Gibt es wirklich reine ohne angewandte Mathematik? Marquard sieht die Probleme, kapituliert aber nicht vor ihnen: »Mir ist klar, daß gerade hier – wegen der modernen Verklammerung von Erkennen und Machen in den ›harten‹ Wissenschaften und weil ihre Anwendbarkeit sie zum Ökonomikum und häufig schon die Größenordnung von Forschungskomplexen sie zum Politikum macht – die schwierigsten Probleme lauern: Aber Praxisnähe ist eine Wissenschaftsnot, keine Wissenschaftstugend; denn die Neugierfreiheit lebt von der Praxisferne: Die Wissenschaft muß alles denken dürfen; wer aber alles, was er denkt, auch tun will, darf sehr schnell nur noch das wenige denken, was ihm dann zu tun noch erlaubt bleibt. Der Kurzschluß von Theorie und

Praxis korrumpiert beide: Der Praxis trägt er Weltfremdheit, der Theorie Denkverbote ein. Ich plädiere, was die Wissenschaft betrifft, für soviel Elfenbeinturm wie möglich: Dabei sollte dann Elfenbein fortentwickelt werden zum Material, das geeignet ist als Berstschutz für Gedanken« [75, S. 25/25].

Ist das eine Lösung? Diese Kaste priesterähnlicher Wissenschaftler, ein Geheimbund, der sich wichtig macht, ohne wichtig zu sein? Das mag ja einige wenige reizen – im großen und ganzen funktioniert es aber nicht, weil es gegen die menschliche Natur ist. Wer etwas entdeckt hat, will, daß andere davon erfahren, daß andere – und wenn möglich nicht nur die Mitglieder des Geheimbundes – etwas damit anfangen. Das jedenfalls ist unsere Erfahrung in der Mathematik: Auch die weltabgewandtesten Mathematiker waren zufrieden und froh, wenn sie erfuhren, daß ihre Ergebnisse bei der Lösung eines praktischen Problems halfen. Natürlich wollen sie es nicht selbst tun – sie sind ja eben »weltabgewandt«; aber sie werden ihr Wissen kaum vor der Öffentlichkeit verbergen, wenn diese denn davon hören will.

Nein, hier folgen wir Marquard nicht mehr: So einen generellen elfenbeinernen Berstschutz der Gedanken gibt es nicht. Aber das heißt noch nicht, daß Strategie B vollständig versagt. Man müßte ja kein generelles Handlungsverbot erlassen, könnte dies ja nur auf die gefährlichen Anwendungen einschränken oder für unschädliche Bereiche Handlungslizenzen erteilen. So etwas versucht beispielsweise Hans Jonas. Er schlägt eine »Heuristik der Furcht« vor und meint damit folgendes: »Wenn man eine unheilvolle Aussicht gegen eine der ebenso möglichen günstigen Perspektiven abwägen kann, soll man dem Unheilvollen ein größeres Gewicht einräumen – dem einfachen Prinzip gemäß, daß der Mensch zwar ohne das größere Gut, nicht aber mit dem größten Übel leben kann. Das Vermeiden des Schlechten hat, auch in der herkömmlichen Moral, den Vorrang vor der Herstellung eines Guten« [76, S. 84].

Man merkt aber schnell, daß auch ein solches Prinzip seine Haken hat. Wir brauchen es nur auf den Bereich der Zeugung oder Geburt menschlichen Lebens anzuwenden: Was sind denkbare unheilvolle Folgen, wenn man einem Kind zum Leben verhilft? Nun, es kann ja zum Mörder werden, es kann – das ist doch heute denkbar – zur Vernichtung der Menschheit beitragen. Um dieses Schlechte zu vermeiden, so lehrt uns die Heuristik der Furcht, muß ich das Kind vermeiden. Und obwohl es in der Tat junge Leute gibt, die solch absurden Gedanken anhängen: Wenn alle nach diesem Prinzip handeln würden, gäbe es bald keine Menschen mehr. Dies aber ist nun sicher nicht im Einklang mit der Jonasschen Fassung des kategorischen Imperativs, den wir in etwas abgeänderter Form wiederholen wollen: Handle so, daß die Folgen deines Tuns verträglich sind mit dem Anspruch der Menschheit, auf unbeschränkte Zeit zu überleben.« Man sieht: Prinzipien zur Anwendung von Strategie B haben so ihre Tücken.

Strategie A verworfen, Strategie B ohne allgemeingültiges Realisierungsrezept: Endet die ganze Frage nach der Verantwortung der Wissenschaftler daher im Nichts? Nein, so aussichtslos ist es nicht, wenn auch die heute gängigen, viel verkündeten Rezepte nicht wirken. Wir glauben, wie schon erwähnt, daß durchaus eine Menge gewonnen wäre, wenn jeder einzelne sich vor seinem eigenen Gewissen verantwortet. In jeder konkreten Anwendung von Wissenschaft verfolgt man einen bestimmten Zweck: Wenn er sich nicht verantworten läßt, muß man diese Anwendung sein lassen – auch wenn sie ökonomisch noch so reizvoll wäre. Einfacher: Wenn ich glaube, daß es mehr als genug Waffen auf der Welt gibt, werde ich nicht in einer Forschergruppe mitarbeiten, die Waffen entwickelt oder verbessert. Aber wenn ich immer frage, ob mein Tun in anderem Zusammenhang mißbraucht werden kann, um es auch dann mit einem Verbot zu belegen, so muß ich als Wissenschaftler aufgeben.

Ich kann also bei der Entwicklung der europäischen Raumfähre »Hermes«, die ja als Projekt der ESA nur friedlichen Zwecken dienen kann, mitarbeiten – obwohl eine spätere militärische Anwendung der dabei gewonnenen Kenntnisse nicht auszuschließen ist. Ich kann gentechnologische Experimente vornehmen, wenn der Zweck, den ich oder mein Auftraggeber mit ihnen verfolge, meinem ethischen (und nicht nur meinem ökonomischen) Grundsatz entspricht. Ich muß sie lassen, wenn eine ernsthafte Gewissensprüfung dagegenspricht. Es sind ja meist nicht die Zweifelsfälle, die großen Schaden anrichten. Wenn nur jene Wissenschaftler an Waffen arbeiten würden, die von deren Notwendigkeit überzeugt sind, gäbe es sicher keinen millionenfachen Overkill. Das Problem ist, daß viele nicht über die Konsequenzen ihres Tuns nachdenken, solches Nachdenken aus Bequemlichkeit oder aus Wirtschaftlichkeit verdrängen, ihr Gewissen eingeschläfert haben oder es schlicht nicht befragen. Übereinstimmung von

Überzeugung und Handeln, die »innere Harmonie«, ist nach unserer Meinung das Ziel, das es zu erreichen gilt, will man seiner Verantwortung als Mensch und insbesondere auch als Wissenschaftler nachkommen.

Die Auseinandersetzung mit Fragen der Ethik, die Diskussion darüber mit anderen, das Studium der Antworten, die Religion und Philosophie bieten, ist ein Weg dazu – und er muß schon früh, in Schule und Studium, betreten werden. »Fachidioten«, etwa jene Nur-Mathematiker, denen alle nichtmathematischen Fragestellungen lästig sind, sind gefährdeter als technische Anwender der Mathematik, die sich um solche Fragen bemühen. Niemand, so ist das Ergebnis unserer Überlegungen, hat ein alleinseligmachendes Rezept – aber die Beschäftigung mit diesen Rezepten schärft die Sinne für ethische Fragen. Man muß über den Tellerrand der Fachwissenschaft hinausblicken, um zu verstehen, was man da eigentlich tut und ob man es dann auch verantworten kann.

Werte sind ebenso wie Gefühle keine Sache des Verstandes – sie lassen sich nicht ordnen, auch nicht mit den besten mathematischen Ordnungsstrukturen. Es ist der Teil des Menschen, der der Mathematik, aber natürlich nicht dem Mathematiker, verschlossen bleibt: Liebe und Haß, Freude und Trauer, Schönheit und Häßlichkeit sind nicht mathematisch faßbar. Es wäre ein Fehler, wenn Wissenschaftler diesen Bereich leugnen oder vernachlässigen würden – sie würden zu halben Menschen. Aber genauso ist es ein Fehler, Bereiche, die der Vernunft, der sachlichen Argumentation zugänglich sind, nur emotional zu behandeln. Beide Fehler werden gemacht – und beide sind schädlich für den einzelnen und für die Gemeinschaft.

So ist Mathematiker sein nicht alles – aber es kann einen wesentlichen Teil des Lebens ausmachen. Bleibt man sich des anderen Bereiches, über den man nach Wittgenstein nicht sprechen kann, obwohl er so wichtig ist, bewußt, so kann dieses Dasein als Mathematiker wirklich wunderbar sein: voller Phantasie und Kreativität, voller Abenteuer und Genugtuung, voller Spaß und Freude. Jeder, der eine Ader für Mathematik hat, kann das erfahren.

Anhang

Literaturverzeichnis

[1] **Hofstadter, Douglas R.**: Gödel, Escher, Bach, Stuttgart: Klett, 1979
[2] **David, Edward E.**: Toward Renewing a Threatened Resource: Findings and Recommendations of the Ad Hoc Committee on Resources for the Mathematical Sciences. Notices of the American Mathematical Society, vol. 31(2), 141-145, 1984
[3] **Kleinert, Andreas**: Mathematik und anorganische Naturwissenschaften. In: Wissenschaften im Zeitalter der Aufklärung, Rudolf Vierhaus (Hrsg.), Göttingen: Vandenhoeck und Ruprecht, 1985
[4] **Schriften der Fürstlich Jablonowskischen Gesellschaft.** In: Die wissenschaftlichen Vereine und Gesellschaften im 19. Jahrhundert, Bibliographie ihrer Veröffentlichungen seit ihrer Begründung bis auf die Gegenwart Bd. I, Johannes Müller, 331-334, Repr. der Ausgabe von 1883-1917, Hildesheim: Olms, 1965
[5] **An Interview with Michael Atiyah.** The Mathematical Intelligencer vol. 6(1), 9-19, 1984
[6] **Garding, Lars; Hörmander, Lars**: Why is there no Nobel Prize in Mathematics. The Mathematical Intelligencer vol. 7(3), 73-74, 1985
[7] **The New York Times** (7. Nov. 1979), The Guardian (4. Nov. 1979)
[8] **Lawler, Eugene L.**: The Great Mathematical Sputnik of 1979. The Mathematical Intelligencer vol. 2(4), 191-198, 1980
[9] **Dudley, Underwood**: What To Do When the Trisector Comes. The Mathematical Intelligencer vol. 5(1), 20-25, 1983
[10] **Smorynski, Craig**: Mathematics is a Cultural System. The Mathematical Intelligencer vol. 5(1), 9-15, 1983
[11] **Wilder Raymond Louis**: The Evolution of Mathematical Concepts, an Elementary Study. New York-London-Sydney-Toronto: John Wiley & Sons, 1968

[12] **Hofmann, Karl Heinrich:** Eine Stilkunde des Raumbegriffs – Spekulationen zwischen Kunst- und Mathematikgeschichte. In: Jahrbuch Überblicke Mathematik 1982, S. D. Chatterji u. a. (Hrsg.), Mannheim–Wien–Zürich: Bibliographisches Institut, 1982

[13] **van der Waerden, Bartel Leendert:** Erwachende Wissenschaft, ägyptische, babylonische und griechische Mathematik. Deutsch von H. Habicht, Basel–Stuttgart: Birkhäuser, 1966

[14] **Kedrovskij, Oleg Ivanovič:** Wechselbeziehungen von Philosophie und Mathematik im geschichtlichen Entwicklungsprozeß. Deutsch von A. Pester, Leipzig: Teubner, 1984

[15] **Aristoteles:** Metaphysik. Deutsche Bearbeitung von Friedrich Bassenge, Berlin: Aufbau-Verlag, 1960

[16] **Galilei, Galileo:** Dialog über die beiden hauptsächlichen Weltsysteme, das ptolemäische und das kopernikanische. Deutsch von Emil Strauss, Reprograph. Nachdruck der Ausgabe Leipzig 1891, Darmstadt: Wiss. Buchges., 1982

[17] **Janik, Allan; Toulmin, Stephen:** Wittgensteins Wien. Deutsch von Reinhard Merkel, München–Zürich: Piper, 1987

[18] **Klein, Felix:** Vorlesungen über die Entwicklung im 19. Jahrhundert, Teil I. Berlin–Heidelberg–New York: Springer, 1979

[19] **von Randow, Thomas:** Carl Friedrich Gauss. In: Die Großen Bd. VII/1, Kurt Fassmann (Hrsg.), Zürich: Kindler, 1977

[20] **Strubecker, Karl:** Bernhard Riemann. In: Die Großen Bd. VIII/2, Kurt Fassmann (Hrsg.), Zürich, Kindler, 1977

[21] **Prigogine, Ilya:** Vom Sein zum Werden: Zeit und Komplexität in den Naturwissenschaften. München–Zürich: Piper, 1979

[22] **Schmid, Stephan:** S-Reversibility, A Mechanically Motivated Concept of Reversibility and its Characterization in Hilbert Space. Transport Theory and Statistical Physics 18(1), 103–113, 1989

[23] **Halmos, Paul R.:** Applied Mathematics Is Bad Mathematics. In: Mathematics Today – Twelve Informal Essays, Lynn Arthur Steen (Ed.), Berlin–Heidelberg–New York: Springer, 1978

[24] **Boas, Ralph P.:** Are Mathematicians Unnecessary? The Mathematical Intelligencer vol. 2(4), 172–173, 1980

[25] **Frauenthal, James C.:** Change in Applied Mathematics is Revol.utionary. The Mathematical Intelligencer vol. 3(1), 19, 1980

[26] **Evgrafov, M.:** But was there a marriage? Literaturnaya Gazeta 49 (5. Dec.), 12, 1979

[27] **Newman, Donald J.:** A Problem Seminar. Berlin–Heidelberg–New York: Springer, 1982
[28] **Thom, René:** Modern Mathematics: Does is exist? In: Developments in Mathematical Education, A. G. Howson (Ed.), Cambridge: Cambridge University Press, 1973
[29] **Kline, Morris:** Mathematical Thought from Ancient to Modern Times. New York: Oxford University Press, 1972
[30] **Klein, Felix:** Elementarmathematik vom höheren Standpunkt aus, I. Berlin: Springer, 1933, Nachdruck 1968
[31] **Gardiner, Anthony D.:** Human Activity: The Soft Underbelly of Mathematics? The Mathematical Intelligencer vol. 6(3), 22–27, 1984
[32] **Lebesgue, Henri:** Measure and Integral. San Francisco: Holden-Day, 1966
[33] **Plessner, Helmuth:** Zur Soziologie der modernen Forschung und ihrer Organisation in der deutschen Universität. In: Diesseits der Utopie, H. Plessner, Düsseldorf–Köln: Suhrkamp, 1974
[34] **Scheler, Max:** Probleme einer Soziologie des Wissens. In: Die Wissensformen und die Gesellschaft, M. Scheler, Bern–München: Francke, 1960
[35] **Koblitz, Neal und Ann:** Mathematics and the External World: An Interview with Prof. A. T. Fomenko. The Mathematical Intelligencer vol. 8(2), 8–17, 25, 1986
[36] **Möbius, Paul Julius August:** Über die Anlage zur Mathematik. Leipzig: Barth, 1907
[37] **Littlewood, John Edensor:** The Mathematician's Art of Work. The Mathematical Intelligencer vol. 1(2), 112–118, 1978
[38] **Luchins, Edith H.:** Sex differences in mathematics: How *not* to deal with them. The American Mathematical Monthly vol. 86, 161–168, 1979
[39] **Hadamard, Jacques:** An Essay on the Psychology of Invention in the Mathematical Field. New York: Dover, 1954
[40] **Poincaré, Henri:** Mathematical Creation. In: The Foundations of Science, New York: Science Press, 1913
[41] **Davis, Philip J.; Hersh, Reuben:** Erfahrung Mathematik. Aus dem Amerikanischen von Jeanette Zehnder, Basel–Boston–Stuttgart: Birkhäuser, 1986
[42] **Dress, Andreas:** Repitition und Metamorphose – zum Symmetriebegriff in der Mathematik. In: Symmetrie und Kunst, Na-

tur und Wissenschaft, Bernd Krimmel (Red.), Darmstadt, 1986
[43] **Wille, Rudolf:** Symmetrie – Versuch einer Begriffsbestimmung. In: Symmetrie und Kunst, Natur und Wissenschaft, Bernd Krimmel (Red.), Darmstadt, 1986
[44] **Popper, Karl R.; Eccles, J. C.:** Das Ich und sein Gehirn. München: Piper, 1979
[45] **von Neumann, John:** Der Mathematiker. In: Mathematiker über die Mathematik, Michael Otte (Hrsg.), Berlin–Heidelberg–New York: Springer 1974
[46] **Hertz, Heinrich:** Die Prinzipien der Mechanik. Leipzig: Barth, 1910
[47] **Samarskii, Alexander Andrejewitsch:** Computer interviewen die Natur. Wissenschaft in der UdSSR Nr. 3, 32–46, 65, 1987
[48] **Struckmeier, Jens:** Ein einfacher Identifikationsalgorithmus für nichtlineare Systeme. Diplomarbeit FB Mathematik, Kaiserslautern, 1987
[49] **Gause, George F.:** The Struggle for Existence. New York: Dover Publ., 1964
[50] **vol.terra, Vito:** Leçons sur la théorie mathématique de la lutte pour la vie. Paris: Gauthier-Villars, 1963
[51] **Braun, Martin:** Differentialgleichungen und ihre Anwendungen. Berlin–Heidelberg–New York: Springer, 1979
[52] **Fleckenstein, Joachim Otto:** Die Mathematikerfamilie Bernoulli. In: Die Großen Bd. VI/1, Kurt Fassmann (Hrsg.), Zürich: Kindler, 1977
[53] **Fellmann, Emil Alfred:** Leonard Euler. In: Die Großen Bd. VI/2, Kurt Fassmann (Hrsg.), Zürich: Kindler, 1977
[54] **Courant, Richard; Robbins, Herbert:** What is Mathematics? London–New York–Toronto: Oxford University Press, 1969
[55] **Hildebrandt, Stefan; Tromba, Anthony:** Mathematics and Optimal Form. New York: Scientific American Books, 1985
[56] **Almgren, F. G.:** Minimal Surface Forms. The Mathematical Intelligencer vol. 4(4), 164–172, 1982
[57] **Nitsche, Johannes C. C.:** Vorlesungen über Minimalflächen. Berlin–Heidelberg–New York: Springer, 1975
[58] **Otto, Frei:** Zugbeanspruchte Konstruktionen. Frankfurt–Berlin: Ullstein, 1966
[59] **Otto, Frei:** Natürliche Konstruktionen. Stuttgart: Deutsche Verlagsanstalt, 1982

[60] **Gläser, Ludwig:** The Work of Frei Otto. New York: The Museum of Modern Art, 1972
[61] **Herman, Gabor T.:** Image Reconstruction from Projections, the Fundamentals of Computerized Tomography. New York: Academic Press, 1980
[62] **Louis, Alfred Karl:** Inverse und schlecht gestellte Probleme. Stuttgart: Teubner, 1989
[63] **Natterer, Frank:** The Mathematics of Computerized Tomography. Stuttgart: Wiley and Teubner, 1986
[64] **Cormack, Allan Mac-Leod:** Representation of a function by its line integrals, with some radiological applications. J. Appl. Phys. 34, 2722–2727, 1963
[65] **Hounsfield, Godfrey Newbold:** Constructive transverse axial scanning tomography: Part I, description of the system. Br. f. Radiol. 46, 1016–1022, 1973
[66] **Die Rheinpfalz** (10. 9. 1989)
[67] **Albers, Donald J.:** Paul Halmos Interviewed by Donald J. Albers. In: Mathematical People Profiles and Interviews, Donald J. Albers, G. L. Alexanderson (ed.), Boston-Basel-Stuttgart: Birkhäuser, 1985
[68] **Barcellos, Anthony:** Stanislaw M. Ulam, Interviewed by Anthony Barcellos. In: Mathematical People Profiles and Interviews, Donald J. Albers, G. L. Alexanderson (ed.), Boston-Basel-Stuttgart: Birkhäuser, 1985
[69] **Alexanderson, G. L.; Wilde, Carroll:** Garrett Birkhoff, Interviewed by G. L. Alexanderson and Carroll Wilde. In: Mathematical People Profiles and Interviews, Donald J. Albers, G. L. Alexanderson (ed.), Boston-Basel-Stuttgart: Birkhäuser, 1985
[70] **Platon:** Der Staat. Deutsch von O. Apelt, Leipzig: Teubner, 1916 Neuauflage 1978
[71] **Jaspers, Karl; Rossmann, Kurt:** Die Idee der Universität. Berlin-Göttingen-Heidelberg: Springer, 1961
[72] **Schipperges, Heinrich:** Utopien der Medizin, Geschichte und Kritik der ärztlichen Ideologie des 19. Jahrhunderts. Salzburg: Müller, 1968
[73] **Böckle, Franz:** Verantwortung der Wissenschaft: Rede anläßlich der Rektoratsübergabe am 18. Oktober 1983. Bonn: Bouvier, 1983
[74] **Sachsse, Hans:** Technik und Verantwortung. Probleme der Ethik im technischen Zeitalter. Freiburg: Rombach, 1972

[75] **Marquard, Odo:** Neugier als Wissenschaftsantrieb oder die Entlastung von der Unfehlbarkeitspflicht. In: Ethik der Wissenschaften? Philosophische Fragen, Elisabeth Ströker (Hrsg.), München-Paderborn-Wien-Zürich: Fink-Schöningh, 1984

[76] **Jonas, Hans:** Warum wir heute eine Ethik der Selbstbeschränkung brauchen. In: Ethik der Wissenschaften? Philosophische Fragen, Elisabeth Ströker (Hrsg.), München-Paderborn-Wien-Zürich: Fink-Schöningh, 1984

Personenregister

Alexanderson, G. L. 216
Algarotti, Francesco 17 ff.
Anaximander 37
Anaximenes 37
Appel, Kenneth 212 ff., 216
Aristarchos von Samos 45
Aristoteles 40, 229 f.
Arouet, Francois Marie s. Voltaire
Atiyah, Michael F. 18, 20

Bach, Johann Sebastian 16
Bach-Familie 171
Bartels, Johann Christian Martin 58
Behnisch, Günter 195
Bernoulli, Daniel I. 172 f.
Bernoulli, Jakob 171 ff.
Bernoulli, Johann 171 ff., 182
Bernoulli, Niklaus II. 172 f.
Bernoulli-Familie 173
Bessel, Friedrich Wilhelm 62, 105
Birkhoff, Garrett 216
Birkhoff, George David 216
Blumenberg, Hans 236
Boas, Ralph P. 75
Boltzmann, Ludwig 54, 90, 146 f.
Boole, George 217
Bosch, Hieronymus 102
Bourbaki, Nicolas 52
Brahe, Tycho de 47
Breughel, Pierre 102
Bruno, Giordano 45 f.

Cartan, Henri 52
Cauchy, Augustin-Louis 62
Crelle, August Leopold 209

D'Ancona, Umberto 170
David, Edward E. 16 f., 144
Davis, Philip 122, 125
Debrau, Gérard 18
Descartes, René 32, 49, 171
Dickson, Leonard Eugene 114
Dieudonné, Jean Alexandre 52
Diogenes 90
Dirichlet, Peter Gustav 66 f., 187
Donatello 45
Douglas, Jesse 189
Dress, Andreas 128
Dürer, Albrecht 45

Eckert, John Prosper jr. 146
Eco, Umberto 87
Einstein, Albert 67, 98, 129, 140, 219
Eisenstein, Gotthold 66
Escher, Maurits Cornelis 16, 213
Euklid 59
Euler, Leonhard 64, 171-174
Euler, Paul 172
Evgrafov, M. 76, 79

Faltings, Gerd 16, 20 f.
Fejér, Leopold 218
Fermat, Pierre de 20
Feyerabend, Paul 32
Fields, John Charles 19
Fomenko, Anatoly 99-102
Francesca, Piero della 45
Frauenthal, James C. 76
Freud, Sigmund 54
Friedrich der Große 59, 171, 174

Galilei, Galileo 44 ff., 105
Gall, Joseph 104 f.
Gardiner, Anthony D. 84
Gauß, Carl Friedrich 51, 58-67, 105, 110 f., 118, 181 f.
Gauß, Gerhard Dietrich 58
Germain, Sophie 105
Giacometti, Alberto 148
Goldbach, Christian 214

Hadamard, Jacques 114, 116
Haken, Wolfgang 212 ff., 216
Halmos, Paul R. 74-77, 88, 211, 215
Haselberger, Lothar 128
Helmholtz, Hermann Ludwig Ferdinand von 119, 147
Heron von Alexandria 176 f., 179
Hersh, Reuben 122, 125
Hertz, Heinrich 147, 149 f., 225, 227
Hilbert, David 20, 55
Hirzebruch, Friedrich 20
Hobbes, Thomas 32
Hofmann, Karl Heinrich 35 f., 42, 50
Hofstadter, Douglas R. 16
Humboldt, Alexander von 63

Jablonowski, Joseph Alexander 18
Jacobi, Carl Gustav 66
James, William 90, 115
Janik, Allan 54
Jonas, Hans 235, 238

Kant, Immanuel 32, 128
Katharina II. von Rußland 174
Kekulé, Friedrich August 114
Kepler, Johannes 47 f., 105
Khachiyan, L. G. 21, 25
Kirchhoff, Gustav Robert 64
Klein, Felix 64, 66 f., 84, 140
Kline, Morris 83 f., 110
Klitzing, Klaus von 16
Kokoschka, Oskar 54
Kopernikus, Nikolaus 45 f.

Labriola, A. 90
Lagrange, Joseph Louis 105, 171
Lakatos, Imre 32, 125
Lebesgue, Henri 85
Legendre, Adrian Marie 64
Leibniz, Gottfried Wilhelm 30, 49 f., 145, 171, 217
Levi-Strauss, Claude 53
Liebig, Boris 107
Lions, Jacques-Louis 15
Littlewood, John Edensor 106 f., 114 f., 120 f.
Luchins, Edith H. 108 f.

Mac-Leod Cormack, Allan 207
Mach, Ernst 54, 90, 147
Malthus, Thomas Robert 157 f.
Manchly, John W. 146
Marquard, Odo 77, 234, 236 ff.
Mittag-Leffler, Magnus Gustaf 19
Möbius, August Ferdinand 104, 191
Mordell, Louis Joel 20 f.
Moreau de Maupertius, Pierre-Louis 49, 173
Morgenstern, Christian 163
Mozart, Wolfgang Amadeus 119

Neumann, John von 144, 146, 218 f.
Neumann, Max von 218
Newbold-Hounsfield, Godfrey 207
Newton, Isaac 17, 30, 49 f., 105, 115, 171
Nietzsche, Friedrich 87
Nobel, Alfred 19

Pappus 97
Pascal, Blaise 145, 217
Paul V. 45
Peter der Große 172

Plateau, Joseph Antoine Ferdinand 99, 189
Platon 31 f., 41, 230
Plessner, Helmuth 89 f., 92 f.
Poincaré, Henri 51, 117 f.
Popper, Karl Raimund 32, 123, 125
Prigogyne, Ilya 72
Pythagoras von Samos 40, 89, 140, 178

Radó, Tibor 189
Radon, Johann 206
Randow, Thomas von 125
Riemann, Georg Friedrich Bernhard 51, 64–68, 128, 187
Russell, Bertrand 32

Sachsse, Hans 234
Samarskii, Alexander A. 150 f., 223
Scheler, Max 89, 94 ff.
Schickard, Wilhelm 217
Schiller, F. C. 90
Schönberg, Arnold 54, 119
Schopenhauer, Arthur 235
Schumacher, Heinrich Christian 59
Schwartz, Laurent 52
Schwarz, Hermann Amadeus 194
Siemens, Werner von 231 f.
Snellius van Royen, Willibrod 177
Sokrates 41
Steiner, Jakob 179, 186, 192

Thales von Milet 37 f., 40, 89
Thom, René 81
Tizian 56 f.
Tobies, Renate 18
Toulmin, Stephen 54
Turing, Alan Mathison 217

Ulam, Stanislaw Marein 211

Valéry, Paul Ambroise 119
Valera, Eamon de 15
Verhulst, Pierre Francois 160
Voltaire 18
Volterra, Vito 170

Weber, Max 89 f.
Weber, Wilhelm 64–67
Weierstraß, Karl 62, 105
Weil, André 52
Wiener, Norbert 220
Wilde, C. 216
Wilder, Raymond L. 33 f., 37
Wille, Rudolf 135–138
Wittgenstein, Ludwig 54, 235, 240

Zimmermann, August Wilhelm 58
Zuse, Konrad 219 f.

MIX
Papier aus verantwortungsvollen Quellen
Paper from responsible sources
FSC® C105338

If you have any concerns about our products,
you can contact us on
ProductSafety@springernature.com

In case Publisher is established outside the EU,
the EU authorized representative is:
**Springer Nature Customer Service Center GmbH
Europaplatz 3, 69115 Heidelberg, Germany**

Printed by Libri Plureos GmbH
in Hamburg, Germany